U0813984

地球物理反演理论

（第三版）

DIQIU WULI FANYAN LILUN

朱培民　袁悦锋　王家映　编著

中国地质大学出版社
ZHONGGUO DIZHI DAXUE CHUBANSHE

图书在版编目(CIP)数据

地球物理反演理论/朱培民,袁悦锋,王家映编著. 3 版. —武汉:中国地质大学出版社,2024. 7. —ISBN 978 - 7 - 5625 - 5866 - 8

Ⅰ. P31

中国国家版本馆 CIP 数据核字第 2024JD6147 号

地球物理反演理论(第三版) 朱培民 袁悦锋 王家映 **编著**

责任编辑:王 敏 选题策划:王 敏 责任校对:何澍语

出版发行:中国地质大学出版社(武汉市洪山区鲁磨路 388 号) 邮政编码:430074

电 话:(027)67883511 传 真:(027)67883580 E - mail:cbb @ cug. edu. cn

经 销:全国新华书店 http://cugp. cug. edu. cn

开本:787 毫米×1092 毫米 1/16 字数:339 千字 印张:13. 25

版次:2024 年 7 月第 1 版 印次:2024 年 7 月第 1 次印刷

印刷:武汉中远印务有限公司

ISBN 978 - 7 - 5625 - 5866 - 8 定价:48. 00 元

第三版前言

自王家映教授1998年编写的《地球物理反演理论》由中国地质大学出版社出版以来，该书作为研究生和高年级本科生的教材在中国地质大学（武汉）和其他高等学校得到了广泛使用。2002年该书经过高等教育出版社再版（第二版），作为全国研究生通用教材。该教材重点放在地球物理反演的理论上，简洁明了，系统深入，内容广泛，是一本很好的入门教材，获得了广泛的赞誉。

这本教材已经出版超过20年。在这期间，地球物理反演理论逐渐发展，不断有新的反演方法出现，老的反演方法也得到了完善和改进，特别是地球物理反演的应用广泛且深入，使得旧版教材的内容显得有点陈旧，不能完全反映地球物理反演理论的最新发展。同时，这本教材在使用的过程中，被发现有不少印刷错误，需要修正。这是编写新教材的主要原因和目的。

这本新教材在王家映教授《地球物理反演理论（第二版）》的基础上，主要进行了如下扩展：

（1）从数据的随机性出发，增添了从统计和概率视角理解反演的概念和理论的内容。

（2）贝叶斯（Bayes）反演的理论和方法。

（3）反演过程中地质信息的约束方法。

（4）多种数据的联合反演理论和方法。

（5）一些新的反演方法，如子空间法、粒子群法等。

（6）在各章增添反演应用的例子，如层析成像法、全波形反演法等。

（7）地球物理反演理论的数学基础是泛函分析，鉴于一部分研究生和本科生没有学习过相关数学内容，本教材增添了一个附录，简单地讲述了本教材所涉及的泛函分析相关的数学概念和理论。

（8）新增了一个反演工具箱软件包（Inversion Toolbox for Matlab），包含了本教材大部分反演算法的源代码，并有交互界面，可以为初学者提供帮助（软件包在中国地质大学出版社数字出版平台上，读者可自行下载）。

上述新增添的内容，有些从文献和应用中而来，有些是笔者及其博士生和硕士生（杨修伟、蒋锦朋、邓健、刘乃征、王君、徐钦、刘佳雨等）的长期研究成果。笔者相信，这些新的内容将有利于研究生和本科生的学习和研究，特别是扩展研究生的研究思路，增强其创新意识，使他们达到融会贯通、举一反三的目的，有利于提高研究生的研究和应用水平。但是，由于本教材在业余时间成稿，挂一漏万，难免有不当甚至错漏之处，敬请读者批评指正，并将您的宝贵意见发送至 zhupm@cug. edu. cn，不胜感激。

朱培民
2024年1月

前　言

宇宙万物都在矛盾中存在着、运动着。任何事物都是一分为二、对立统一的，既有正面，也有反面。在初等数学中有指数和对数，三角函数和反三角函数，双曲函数和反双曲函数等；在高等数学中有傅里叶变换和傅里叶反变换，拉普拉斯变换和拉普拉斯反变换，褶积和反褶积等；同样地，在地球物理学中有正(演)问题和反(演)问题。

如果我们用已知自变量 x 去求函数 $y=f(x)$ 的值，已知一个函数 $f(x)$ 去求其变换 $F=L[f(x)]$，已知一个地球物理模型去求其响应函数，这类问题叫正问题。那么由 $f(x)$ 求 x，由 $L[f(x)]$ 求 $f(x)$，由地球物理观测资料去反推地球物理模型，这类问题就统称为反问题。

反问题是相对正问题而言的。比如，微分方程的正问题是研究如何描述与刻画物理过程、系统状态等现象(即建立微分方程)，以及根据过程与状态的特定条件(初始或边界条件)去求解这一定解问题，从而得到过程与状态的数学描述；而微分方程的反问题，是指从微分方程解的某些泛函去确定微分方程的系数(或其右端项)。很明显，这里有两类反演问题：第一类是确定过程的过去状态；第二类是借助解的某些泛函去确定微分方程的系数。

无论地球物理学中哪一类反问题，都属于本学科的研究范围。因此，“剔除”具体反演问题的物理内容，地球物理反演就可以概括为：地球物理学中的反演理论就是研究把地球物理学中的观测数据映射到相应的地球物理模型的理论和方法。

地球物理学涉及的内容广泛，有地震学、重力学、电磁学、热学、地球年龄学等，即使在同一学科分支中也有各种不同的资料采集方法，如地震学中有反射法和折射法，电磁法中有直流电法和交流电法(或电磁法)等。在各种方法中，又有许多变种，如交流电法中有人工源和天然源之分。尽管地球物理学家研究地球所依据的物性参数不同，方法各异，正演公式也千差万别，但是观测资料的反演方法却有许多共同之处。作为反演理论，本教材只涉及各种地球物理观测数据反演方法的共同理论、反演中所遇到的共同问题，以及解决这些问题所必须采取的共同措施(假定读者已经熟悉各种地球物理的正演问题)。然而，为说明各种反演方法的实际效果，我们又不得不以某些具体地球物理问题为例，从而不可避免地会涉及一些具体的正演问题。

绝大多数地球物理问题都是非线性问题。然而，在一定条件下非线性问题可以线性化，即把非线性问题转化成线性问题。众所周知，地球物理反演问题有线性反演和非线性反演之分，前者指观测数据和地球物理模型之间存在线性关系(线性函数或线性泛函)，而后者是非线性关系(非线性函数或非线性泛函)。线性反演法已经形成了完整、系统的理论，近 60 年来获得了广泛的应用。非线性反演法几十年来发展迅速，日新月异，已成为反演理论研究的重要领域。按照在实现反演映射时是否需要迭代，可把反演方法分为间接反演法和直接反演法，需要迭代的叫间接反演法，反之称为直接反演法。按照应用的领域，人们又常把反演方法分为地震反演法、重力反演法等，甚至有人以反演方法的提出人命名，如高斯-牛顿法、马夸特法等。

反演理论虽然已在地球物理的各个领域获得了广泛而成功的应用，但它毕竟是近60年才发展起来的地球物理学的新兴分支，还不能说它的理论(特别是非线性反演理论)已经完备和准确。与任何新兴学科或新生事物一样，它还有许多问题亟待解决，就是现有的方法和理论也需要在实践中不断改进、补充和完善。

应该指出，既不应该把地球物理学中的反演理论当成与地球物理问题无关的纯抽象的数学问题来学，也不应该把它看成一种纯方法技术问题，忽视其理论性和一般指导原则，否则就是片面的。作者认为，只有具备一定的数理基础，同时又较好地懂得地球物理学的人，才能更好地完成反演工作所面临的任务。

如果我们把地球物理问题分为资料采集、数据处理和反演解释3个阶段，那么，资料采集是基础，数据处理是手段，反演解释才是地球物理工作的目的。反演解释工作是地球物理工作中最重要的一个阶段。随着地球物理工作的不断深入和发展，随着科学技术特别是计算技术的发展，反演理论将日臻完善，越来越显示出强大的生命力，为当今地球科学的发展做出自己的贡献。

本教材主要面向地球物理学、勘探地球物理学、地球信息科学，相关专业的高年级本科生、硕士研究生和博士研究生，以及科学家和工程师。本教材所涉及的反演问题和解决方法尽管都是数学问题，但在本教材的写作过程中，笔者不追求把反演理论数学化，而是注重概念和物理意义，力图使读者在理解反演理论的基础上，能将其应用于解决具体的地球物理问题。

编著者

1998年12月

本教材所用部分数学符号及意义

$C^n[a,b]$：闭区间$[a,b]$上的实值函数（实函数）线性空间，其元素为 n 阶连续可导函数；

$CL_1[a,b]$，$CL_2[a,b]$：由 $C^0[a,b]$生成的 L_1 和 L_2 赋范空间，它们是更一般的赋范空间 $L_1[a,b]$和 $L_2[a,b]$的子空间；

$\mathbb{H}$ ：希尔伯特空间（Hilbert space），完备的内积空间；

$\mathbb{I}$ ：内积空间（inner product）；

$\mathbb{M}^{M\times N}$：$M\times N$ 维矩阵空间；

$\mathbb{R}$ ：实数组成的空间，简称实空间，即一维欧氏空间；

$\mathbb{R}^N$，$\mathbb{E}^N$：N 维欧氏空间；

$\Re$：实数域；

δ_{ij} ：kronecker 符号；

$\boldsymbol{I}_M$：M 阶单位矩阵。

目　录

第 1 章　反演理论概述

1.1　反演问题

目前，人类对地球内部的物理性质（包括速度、密度、电导率、温度等）和矿产资源的分布已经有了不同程度的了解。这些知识多数来自对地表地质和地球物理、地球化学资料的分析和解释。对地球表层的了解是如此，对深层更是如此。通过大陆深钻和海洋深钻获取地壳深处的地质、地球物理信息是必要的，但是它毕竟耗资巨大，而且深度有限，所获得的资料也仅来自一孔之见。少花钱多办事的途径之一是应用地球物理方法，在采集到可靠的第一手资料后，加强资料的处理和反演解释，以获取更接近于真实的地球物理和地球化学模型。

不管是纯粹的地球物理研究或是勘探地球物理研究，都需要经过野外观测、数据分析与处理、反演和地质解释这 4 个步骤。地球物理反演就是将观测得到的地球物理数据（观测数据）用数学方法定量求取地下地球物理参数（模型）的过程，研究这一反演过程和方法的相关理论被称为地球物理反演理论。反演的基础是必须确定观测数据和地球模型参数之间的关系，使科学家和工程师既可根据给定的模型参数计算出相应观测数据，即实现正演计算，也可以根据观测数据求取地球物理模型的参数，实现反演映射。显然，正演是反演的前提和条件，只有解决了正演计算，不管是靠解析的方法还是数值的方法，才有可能实现反演映射。遗憾的是，并不是对所有地球物理问题，科学家都弄清了它们的机理，确定了它们的数学物理模型，如天然地震预报、地磁场的起因和向西漂移等就是这类问题的典型代表。毫无疑问，对这类问题，目前反演是无能为力的。下面我们举一些例子来说明地球物理模型和地球物理场（观测数据）之间的关系。

例 1　重力场的垂直分量，可由下式计算得到：

$$g_z(\boldsymbol{x}_r) = G\iiint_V \rho(\boldsymbol{x}) \frac{z - z_r}{|\boldsymbol{x} - \boldsymbol{x}_r|^3}\mathrm{d}v \tag{1.1}$$

式中：G 为引力常数；$\rho(\boldsymbol{x})$ 为空间某点 $\boldsymbol{x}=(x,y,z)$ 的密度值；$g_z(\boldsymbol{x}_r)$ 为观测点 $\boldsymbol{x}_r=(x_r,y_r,z_r)$ 处的垂直分量重力场（加速度）值；V 为质量集中的区域。

例 2　地震波传播过程的声波波场满足：

$$\frac{\partial^2 P(\boldsymbol{x},t)}{\partial t^2} - c^2(\boldsymbol{x})\nabla^2 P(\boldsymbol{x},t) = F(\boldsymbol{x}_s,t) \tag{1.2}$$

式中：$P(\boldsymbol{x},t)$为点$\boldsymbol{x}=(x,y,z)$处t时刻的压力波场；$F(\boldsymbol{x}_s,t)$为位于$\boldsymbol{x}_s$处的震源函数；$c(\boldsymbol{x})$为速度；$\nabla^2=\frac{\partial^2}{\partial x^2}+\frac{\partial^2}{\partial y^2}+\frac{\partial^2}{\partial z^2}$为拉普拉斯算子。

例 3 基于地震旅行时的层析成像，地震波传播的旅行时满足：

$$t=\int_{\mathrm{Ray}}\frac{\mathrm{d}r}{V(r)}=\int_{\mathrm{Ray}}s(r)\mathrm{d}r \tag{1.3}$$

式中：Ray 为从震源出发到检波点的地震射线；$V(r)$为射线过r点的地震波速度；$\mathrm{d}r$为射线在r点的射线弧长。这个公式是地震层析成像的基础公式。为了表示方便，也常用慢度$s(r)$代替速度$V(r)$，慢度和速度之间的关系为$s(r)=1/V(r)$。

在实际的地震层析成像中，我们常把介质离散成网格状（图 1-1），若记网格的慢度编号为$s_1,s_2,\cdots,s_J$，射线编号为$R_1,R_2,\cdots,R_I$，并记第i条射线在第j个网格中的射线路径长度为$a_{i,j}$，则式(1.3)可离散为

$$t_i=\sum_{j=1}^{J}a_{ij}s_j,(i=1,2,\cdots,I)$$

改写上式为矩阵形式，有

$$\begin{bmatrix} a_{11} & a_{12} & \cdots & a_{1j} & \cdots & a_{1J} \\ a_{21} & a_{22} & \cdots & a_{2j} & \cdots & a_{2J} \\ \vdots & \vdots & \cdots & \vdots & \cdots & \vdots \\ a_{i1} & a_{i2} & \cdots & a_{ij} & \cdots & a_{iJ} \\ \vdots & \vdots & \cdots & \vdots & \cdots & \vdots \\ a_{I1} & a_{I2} & \cdots & a_{Ij} & \cdots & a_{IJ} \end{bmatrix}\begin{bmatrix} s_1 \\ s_2 \\ \vdots \\ s_j \\ \vdots \\ s_J \end{bmatrix}=\begin{bmatrix} t_1 \\ t_2 \\ \vdots \\ t_i \\ \vdots \\ t_I \end{bmatrix}$$

简记上式为

$$\boldsymbol{As}=\boldsymbol{t} \tag{1.4}$$

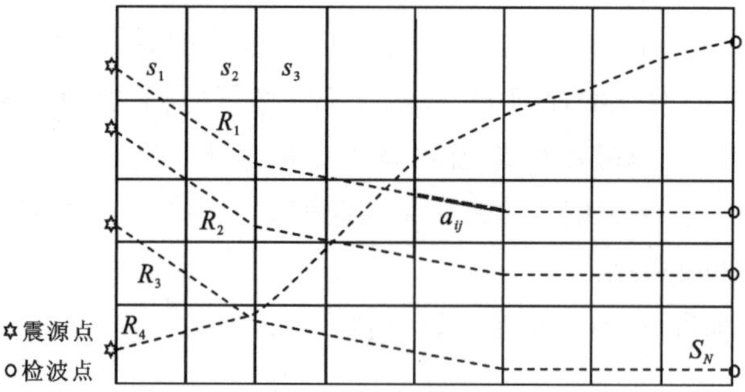

图 1-1 介质离散和射线分布图

上述 3 个例子中，垂直重力分量$g_z(\boldsymbol{x}_r)$、随时间变化的压力波场$P(\boldsymbol{x},t)$和地震波沿射线的旅行时t就是观测数据；密度$\rho(\boldsymbol{x})$、速度$c(\boldsymbol{x})$和慢度$s(r)$这 3 个物理量就是我们要反演的模型参数。从这 3 个例子，我们可以抽象化地球物理正演和反演问题为

$$\text{正演问题}: F: m \to d$$

$$\text{反演问题}: F^{-1}: d \to m$$

其中，m 表示模型，可以是一个连续函数，也可以是离散后一个由多个模型参数组成的列矩阵（向量）；d 表示数据，数据既可以是连续的数据，也可以是离散的数据。但在实际工作中，观测数据基本上都是离散数据。所有离散数据组成一个列矩阵（向量）。F 表示一个从模型到数据的映射，可以记为

$$d = F(m) \tag{1.5}$$

F^{-1} 表示对应映射 F 的逆映射，可记为

$$m = F^{-1}(d) \tag{1.6}$$

F 和 F^{-1} 的形式，既可以是矩阵、积分算子、微分算子，也可以是泛函等。例如式(1.1)的正演映射是一个积分算子，式(1.2)是微分算子，式(1.3)是泛函，式(1.4)式是矩阵算子。

观测数据和模型之间的关系可以是显式，例如式(1.1)、式(1.3)、式(1.4)，也可以是隐式，有时它们需要用复杂的偏微分方程来描述，例如式(1.2)。值得指出的是，模型 m、数据 d 和映射 F 都是空间坐标 $\boldsymbol{x}$ 的函数，即

$$d(\boldsymbol{x}) = F[m(\boldsymbol{x}), \boldsymbol{x}] \tag{1.7}$$

为了书写方便，在后续的公式中必要的时候才会出现坐标 $\boldsymbol{x}$。

另外，映射 F 除了与坐标有关系之外，重要的是，它是物理规律或定理的表达。例如，式(1.1)表示的是万有引力定律，式(1.2)是胡克定律和牛顿第二定律的共同表现形式，式(1.3)和式(1.4)则是费马定理的直接体现。映射 F 与坐标的关系，实际上反映了场源和观测位置的关系，在地球物理中，我们称这种关系为观测系统。

从式(1.5)和式(1.6)可以看出，反演问题是一个数学问题，它的求解与常规数学物理方程的求解相似。正如著名的反演理论学家 Parker 在其著名的论文 *Understanding Inverse Theory* 中所概括的那样，反演理论必须解决四大问题。

(1)解的存在性。即给定一组观测数据后，是否一定存在一个能拟合观测数据的解或模型。

(2)模型构制。如果存在性是肯定的，如何求得或构制能拟合观测数据的模型。

(3)解的非唯一性。能拟合观测数据的模型是唯一的，还是多解的或非唯一的。

(4)结果的评价。如果解是非唯一的，如何才能从构制的模型中提取关于真实模型的地球物理信息。

在地球物理反演中，解的存在性已被大量的理论文章和实际资料所证实。研究解的存在性是对所研究的地球物理问题的数学物理模型及其假设条件的正确性的检验，具有重大的理论意义和明显的实际价值。

模型构制、解的非唯一性和结果的评价是本教材要讲解的主要内容，在后面几章中将要详细阐述。有的反演理论学家将解的稳定性问题也作为反演理论必须研究的重要问题之一，我们将在 1.6 节中加以介绍。

1.2 线性与非线性反问题

在地球物理学中，将观测数据和地球的物理模型参数联系起来的数学表达式叫作数学物理模型。不同的地球物理问题，其数学物理模型是不同的，就算是同一个地球物理问题，观测方式不同，近似条件有变化，其地球物理模型也不一样。

地球物理问题虽然千差万别，但把观测数据和物理模型参数联系起来的数学表达式却只有线性和非线性两大类。如以 m 表示模型参数，d 表示观测数据，F 表示联系 m 和 d 的函数或泛函表达式，则满足：

$$F(m_1+m_2)=F(m_1)+F(m_2)=d \tag{1.8}$$

$$F(\alpha m)=\alpha F(m)=d \tag{1.9}$$

两个条件时，称 F 为线性函数或线性泛函，其中 α 为常数。

凡不满足式(1.8)和式(1.9)中任何一个的函数或泛函就是非线性问题。在地球物理学中，绝大多数观测数据和模型参数之间都不满足线性关系。但是，在一定近似条件下均可简化或近似简化为线性关系。线性反演和非线性反演都是本教材要论述的重点。

无论是在线性反演，还是在非线性反演中，都涉及地球响应函数(或理论观测值)的计算。正演是反演的前提和条件，只有准确地计算出地球的响应函数，才有可能求得可靠的地球物理模型。

如果观测数据和地球物理模型之间存在确定的显函数关系，这种正演计算在计算机程序中是不难实现的，我们称这种解为解析解。但是，在许多情况下，如二维、三维时，观测数据和地球物理模型之间并不存在明显的函数关系，或呈隐函数关系，这时就应借助数值的方法，比如用有限差分法、有限单元法、积分方程法和边界元法等来实现正演计算，我们称这种解为数值解。

地球物理正演计算中，在模型简单的情况下，无论是线性的或是非线性的数学物理方程，一些正问题都有解析解，但是，在模型复杂的情况下，要寻求解析解是十分困难的，这时就需要数值解法。

1.3 模型构制

现在来讨论模型构制，即平常所讲的“反演方法”问题，这是本教材将要研究的重点。在这一节中，我们将简要地介绍模型构制的基本思路和基本方法，让读者有粗略的了解，为后面章节的学习打下基础。

设地球物理模型 $\boldsymbol{m}$ 与观测数据 $\boldsymbol{d}$ 的数学物理关系是一个典型的线性方程：

$$\boldsymbol{d}=\boldsymbol{G}\boldsymbol{m} \tag{1.10}$$

式中：$\boldsymbol{d}$ 为 $M\times1$ 维向量；$\boldsymbol{G}$ 为 $M\times N$ 阶矩阵；$\boldsymbol{m}$ 为 $N\times1$ 维向量。显然，这里有4种情况：

(1)当 $M=N=r$，且 $\boldsymbol{G}^{-1}$ 存在时，方程(1.10)是适定方程，有唯一解。这里 r 是矩阵 $\boldsymbol{G}$ 的秩，而 $\boldsymbol{G}^{-1}$ 表示矩阵的逆。

(2)当 $M>N=r$ 时，方程(1.10)是超定方程，无常规意义下的解，但有最小方差解。

(3)当 $N>M=r$ 时，方程(1.10)是欠定方程，也无常规意义下的解，但有 $\|m\|_p=\min$，即 L_p 范数为最小意义下的最小长度解。

(4)当 $\min(M,N)>r$ 时，方程(1.10)的问题是混定问题。这时，只有同时在两种限制条件(即最小方差和模型最小长度条件)限制之下，方程才有解。

这里讲到的方差或模型长度都是指在 L_2 范数意义下的欧几里得空间的长度。当然，也可以在其他测度($L_1,L_3,\cdots,L_\infty$)为最小的意义下估算模型参数。测度定义不同，对模型参数和观测数据加权方式不同，就会派生出各种不同的反演方法。

以上讨论了地球物理模型参数为离散情况下(包括将连续模型离散化以后的情况)模型构制的基本思路和基本方法。下面，将介绍在连续介质条件下如何反演。

介质的物性是空间坐标的连续函数，有以下3种情况：

(1)$m=m(z)$，即介质的物性仅是一个空间坐标，比如深度的函数，即一维模型。一维模型假定其他两个水平方向的物性参数不随水平坐标而变化。

(2)$m=m(x,z)$，即介质的物性是两个空间坐标 x、z 的函数，即二维模型。这时，我们常称 x 为二维模型的倾向，垂直于 x 的水平坐标方向 y 为二维模型的走向。

(3)$m=m(x,y,z)$，表示三维介质，这时介质没有明显的走向。实际的地球物理模型都是三维的，只是在一定近似条件下方可视为二维的，甚至一维的。为什么要把实际地球物理模型近似为二维的和一维的呢？因为一维、二维的正演公式简单，计算方便。这种近似，在较小的空间范围内和一定精度意义下是允许的。

在连续介质情况下，根据有限个观测数据 $d_j(j=1,2,\cdots,M)$，求取无限个未知数的连续函数，无疑是不可能的，必须附加一些已知的限制条件或先验信息，附加的条件越多、越严格，求得的模型越接近于真实情况。这一点，我们还要在以后的章节中详细加以论述。

由上面的讨论可以看出，在模型构制时，如何处理观测数据和模型参数，有3种不同的观点和方法：

第一，把观测数据视为随机变量，把模型看成由一些确定参数所决定的。反演的任务是估算这些待定的参数和它们可能具有的误差，这是本教材介绍的各种反演方法所持的主要观点。

第二，视观测数据为随机变量，模型为连续函数，形成一套连续介质的反演理论和方法，这是著名的Buckus-Gilbert反演法，也是本教材讨论的又一重点。

第三，观测数据和模型参数既可以是离散的变量，也可以是能用有限个参数表征的连续变量，都可看成随机变量，通过研究它们所遵循的概率分布对观测资料进行反演，这是本教材的重要观点之一。

1.4 解的非唯一性

正如前面所指出的，解的非唯一性是地球物理资料反演中最重要的问题之一。对所有地球物理问题都存在，只是程度不同而已。有的非唯一性问题小，有的非唯一性问题大。反演中的非唯一性问题，已经引起地球物理学家，特别是反演问题专家的严重关切。

非唯一性从何而来？反演理论之父——Buckus 和 Gilbert 认为："来源于观测数据的数目并非无限，以及观测数据具有误差。仅此而已！"

为了说明解的非唯一性，让我们来考查一下零向量和零空间的概念。在模型可用离散参数表示的情况下，有式(1.10)，即 $\boldsymbol{d}=\boldsymbol{G}\boldsymbol{m}$，这里的 $\boldsymbol{d}$ 和 $\boldsymbol{m}$ 分别为观测数据向量和模型参数向量，$\boldsymbol{G}$ 为数据核，或核矩阵。假设这个数据方程有两个非零解 $\boldsymbol{m}_1$ 和 $\boldsymbol{m}_2$，即解是非唯一的，则有

$$\boldsymbol{d}=\boldsymbol{G}\boldsymbol{m}_1$$

和

$$\boldsymbol{d}=\boldsymbol{G}\boldsymbol{m}_2$$

以上两式相减，得

$$\boldsymbol{G}(\boldsymbol{m}_1-\boldsymbol{m}_2)=\boldsymbol{0} \tag{1.11}$$

由于两个 $\boldsymbol{m}_1$ 和 $\boldsymbol{m}_2$ 是不相同的，因而其差 $\boldsymbol{m}^{\text{null}}=\boldsymbol{m}_1-\boldsymbol{m}_2$ 不是零。但是 $\boldsymbol{G}(\boldsymbol{m}_1-\boldsymbol{m}_2)=\boldsymbol{0}$，所以 $\boldsymbol{m}^{\text{null}}$ 称为模型的零向量，由模型的零向量组成的空间称为零空间。可见，任何具有零空间的线性反演问题的解都是非唯一的。

如果，设 $\boldsymbol{m}^{\text{par}}$ 是数据方程 $\boldsymbol{d}=\boldsymbol{G}\boldsymbol{m}$ 的一个非零解，或称特殊解，则 $\boldsymbol{m}^{\text{par}}+\alpha\boldsymbol{m}^{\text{null}}$ 也是一个非零解。这里 α 是一个不为零的任意常数。如果某线性问题有 R 个独立的零向量，则其一般解为

$$\boldsymbol{m}^{\text{gen}}=\boldsymbol{m}^{\text{par}}+\sum_{i=1}^{R}\alpha_i\boldsymbol{m}_i^{\text{null}} \tag{1.12}$$

式中，gen 代表一般解。

由式(1.12)可以看出，凡是和数据核 $\boldsymbol{G}$ 正交的模型空间中的向量均是零向量 $\boldsymbol{m}^{\text{null}}$。显然，对许多地球物理问题而言，$\boldsymbol{m}^{\text{null}}$ 不但存在，而且由零向量构成的零空间的范围是不小的。

与线性方程类似，如果模型参数是连续函数，存在

$$d_j=\int_0^{\infty}g(z,\tau_j)m(z)\mathrm{d}z \quad (j=1,2,\cdots,M) \tag{1.13}$$

式中：d_j 为第 j 个观测数据；$g(z,\tau_j)$ 为第 j 个核函数；$m(z)$ 为模型。上式也可以看成一种线性变换，有

$$d_j=L_j[m(z)] \tag{1.14}$$

这里 L 是线性算子。

与线性方程一样，如果式(1.13)有两个非零解，比如 $m_1(z)$ 和 $m_2(z)$，则

$$\int_0^{\infty} g(z,\tau_j)[m_1(z)-m_2(z)]\mathrm{d}z$$

$$=\int_0^{\infty} g(z,\tau_j)m^{\mathrm{anah}}(z)\mathrm{d}z \quad (j=1,2,\cdots,M)$$

$$=L_j[m^{\mathrm{anah}}(z)]=0$$

式中，$m^{\mathrm{anah}}(z)=m_1(z)-m_2(z)\neq 0$，称为零化子。由零化子组成的空间称为零化空间。因此，任何具有零化空间的线性积分方程的反演问题，其解都是非唯一的。

换言之，非唯一性问题意味着拟合观测数据的模型分别位于两个独立的空间，即 $\boldsymbol{m}^{\mathrm{par}}$ 和 $\boldsymbol{m}^{\mathrm{null}}$(或 m^{anah})之中，且有

$$\boldsymbol{d}=\boldsymbol{G}(\boldsymbol{m}^{\mathrm{par}}+\boldsymbol{m}^{\mathrm{null}})=\boldsymbol{G}\boldsymbol{m}^{\mathrm{par}}+\boldsymbol{G}\boldsymbol{m}^{\mathrm{null}}$$

或

$$d_j=L_j[m^{\mathrm{par}}+m^{\mathrm{anah}}]=L_j[m^{\mathrm{par}}]+L_j[m^{\mathrm{anah}}] \quad (j=1,2,\cdots,M)$$

模型空间 m^{par} 映射到数据空间与 d 相对应，而 m^{anah} 的映射只与 0 相对应，如图 1-2 所示。

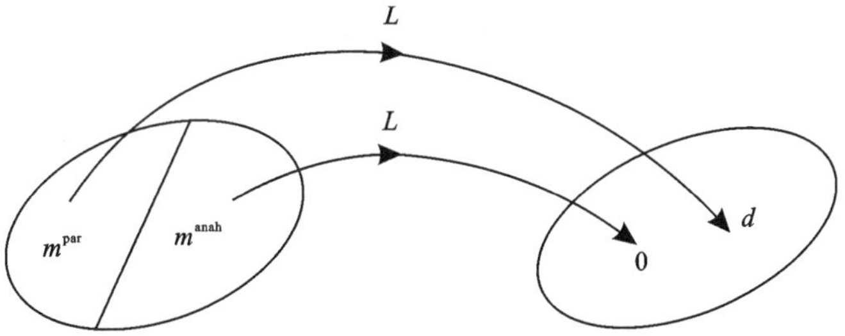

图 1-2 零空间示意图

可见，反演一组地球物理观测数据，是在模型空间中寻求一个特殊解，使之拟合观测数据。但是，如上所述，在这个特殊模型上加上任何一个零向量(或零化子)，所得到的模型均能拟合观测数据，所以解是非唯一的。

为了说明线性反演的非唯一性，我们分析以下简单实例。

例 4 设

$$d=\begin{bmatrix}\frac{1}{4} & \frac{1}{4} & \frac{1}{4} & \frac{1}{4}\end{bmatrix}\begin{bmatrix}m_1\\ m_2\\ m_3\\ m_4\end{bmatrix}$$

显然，其一个特解是 $\boldsymbol{m}^{\mathrm{par}}=[d \quad d \quad d \quad d]^{\mathrm{T}}$，而零向量可能是

$$\boldsymbol{m}_1^{\mathrm{null}}=\begin{bmatrix}1\\ -1\\ 0\\ 0\end{bmatrix}; \quad \boldsymbol{m}_2^{\mathrm{null}}=\begin{bmatrix}1\\ 0\\ -1\\ 0\end{bmatrix}; \quad \boldsymbol{m}_3^{\mathrm{null}}=\begin{bmatrix}1\\ 0\\ 0\\ -1\end{bmatrix}$$

故其一般解为

$$\boldsymbol{m}^{\text{gen}}=\begin{bmatrix}d\\d\\d\\d\end{bmatrix}+\alpha_1\begin{bmatrix}1\\-1\\0\\0\end{bmatrix}+\alpha_2\begin{bmatrix}1\\0\\-1\\0\end{bmatrix}+\alpha_3\begin{bmatrix}1\\0\\0\\-1\end{bmatrix}$$

式中：α_1、α_2、α_3 不为零。

十分清楚，上面所述的线性反演中的非唯一性问题，是十分重要而又必须认真对待的问题。应该说，原则上人们对非唯一性是承认的，然而，对其重要性和严重程度却不是人人都认识到的。

1.5 结果的评价

既然，所有地球物理反演问题，包括线性反演和非线性反演问题，解都是非唯一的，只是程度不同而已，那么，由反演所获得的解又有何价值呢？它是否包含了真实地球物理模型参数所具有的唯一信息呢？这就是结果评价所要研究的问题。

Backus 和 Gilbert 在其关于线性评价的文章中证明：在一定条件下，模型参数在平均函数 $\boldsymbol{A}$ 的作用范围内的平均值 $\langle\boldsymbol{m}\rangle=\boldsymbol{A}^{\mathrm{T}}\boldsymbol{m}$，是从观测数据 $\boldsymbol{d}$ 中所能求得的模型参数的唯一信息，而这种信息是不随解反演问题的方法及所加的条件而改变的。换言之，如果真实的地球物理模型为 $\boldsymbol{m}^{\mathrm{t}}$，其对应的观测数据为 $\boldsymbol{d}$，而 $\boldsymbol{m}_1,\boldsymbol{m}_2,\cdots,\boldsymbol{m}_N$ 均为拟合观测数据 $\boldsymbol{d}$ 的解，Backus-Gilbert 的评价理论说明，在平均函数 $\boldsymbol{A}$ 的窗口范围内（图 1－3），下式成立。

$$\langle\boldsymbol{m}\rangle=\boldsymbol{A}^{\mathrm{T}}\boldsymbol{m}_1=\boldsymbol{A}^{\mathrm{T}}\boldsymbol{m}_2=\cdots=\boldsymbol{A}^{\mathrm{T}}\boldsymbol{m}_N=\boldsymbol{A}^{\mathrm{T}}\boldsymbol{m}$$

因而，其平均值都是相等的，也是唯一能从观测数据中提取出来的有用信息。可见，任何能拟合观测数据的解，都是有意义的，因为它都包含了与真实地球物理模型相同的唯一信息。

这里简单解释一下什么样的函数可以作为一个窗口函数。窗口函数可以是连续函数，也可以是离散函数。原则上，任何一个平方可积的函数都可以作为窗口函数。平方可积的含义为函数平方后的积分值是有限的，例如，图 1－3 中的高斯函数：

$$g(x)=\frac{1}{\sqrt{2\pi\sigma}}\mathrm{e}^{-\frac{(x-x_0)^2}{2\sigma^2}} \tag{1.15}$$

是一个典型的平方可积函数，可以证明 $\int_a^b g^2(x)\mathrm{d}x\leqslant M$。这里 M 为一个大的正实数。参数 x_0 和 σ 控制了函数的峰值的位置和宽度。图中的另一个函数，雷克子波（Ricker wavelet）函数：

$$w(x)=\frac{1}{\sqrt{3\sigma\pi^{1/4}}}\left(1-\frac{(x-x_0)^2}{\sigma^2}\right)\mathrm{e}^{-\frac{(x-x_0)^2}{2\sigma^2}} \tag{1.16}$$

也被称为墨西哥帽子函数（Mexican hat wavelet），也是一个典型的平方可积函数；但这个函数有负值，不适合作为窗口函数使用。

Backus 和 Gilbert 的评价理论还说明，反演工作者应该把注意力集中在平均函数窗口(图 1-3)范围内的平均值$\langle \boldsymbol{m} \rangle$，而不应该仅关心在某一深度之处模型参数的数值。否则，就会得出错误的结论。由此可见，反演评价是对线性反演问题非唯一性进行估价的一种极其重要的方法，也是线性反演理论的重要组成部分。

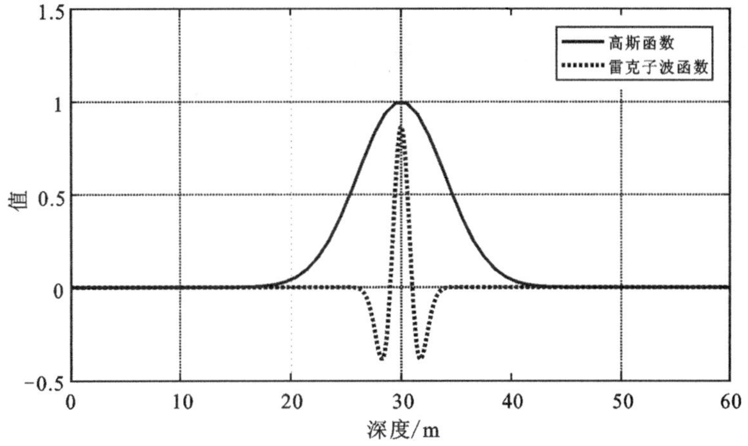

图 1-3　平均函数窗口

考虑模型是连续函数的情况，设 $A(z,z_0)$为平均函数，以下等式成立：

$$\begin{aligned}\langle m(z_0)\rangle &= \int_0^{\infty} A(z,z_0) m^{\mathrm{t}}(z)\mathrm{d}z \\ &= \int_0^{\infty} A(z,z_0) m_1(z)\mathrm{d}z \\ &= \\ &\cdots \\ &= \int_0^{\infty} A(z,z_0) m_N(z)\mathrm{d}z\end{aligned}$$

式中：$m^{\mathrm{t}}(z)$代表真实地球物理模型；$m_1(z)$，$\cdots m_N(z)$代表能拟合观测数据的、通过反演所求得的模型。

无论是离散模型还是连续模型，$\langle m(z)\rangle$能在多大程度上反映深度 z_0 之处地球物理参数的实际值，完全取决于平均函数 $A(z,z_0)$或它的形态。比如 $\boldsymbol{m}$ 代表速度时，且有

$$\boldsymbol{m}=[v_1,v_2,v_3,v_4,v_5,v_6,v_7,v_8]^{\mathrm{T}}$$

而平均函数

$$\mathbf{A}=\left[0,0,\frac{1}{4},\frac{1}{2},\frac{1}{4},0,0,0\right]^{\mathrm{T}}$$

则

$$\langle m\rangle = \mathbf{A}^{\mathrm{T}}\boldsymbol{m} = \sum_{i=1}^{8} a_i v_i$$

显然，可以认为$\langle m\rangle$是 v_4 的模型参数的局部平均值。但是，如果：

$$\boldsymbol{A}=\left[\frac{1}{8},\frac{1}{8},\frac{1}{8},\frac{1}{8},\frac{1}{8},\frac{1}{8},\frac{1}{8},\frac{1}{8}\right]^{\mathrm{T}}$$

则$\langle m\rangle$不再代表某一深度速度的局部平均值了。换句话说，该地球物理问题分辨力是很低的。

1.6 解的稳定性

如前所述，反演问题就是从数据空间到模型空间的映射问题。如果数据空间有一个小范围的变化，相应于模型空间存在一个大范围的变化，如图 1-4 所示，则称这种映射或反演是不稳定的。

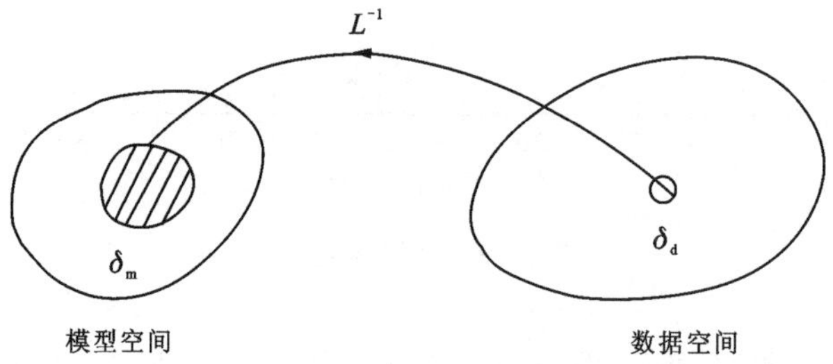

图 1-4　数据空间到模型空间的映射

实践证明，地球物理学中的反演问题大多是不稳定的，只是严重程度不同罢了。解不稳定，会造成迭代过程中的振荡，甚至会出现不收敛，给反演工作造成极大的麻烦。因此，提高解的稳定性，是反演中必须采取的重要措施。

如果观测数据是精确的观测数据，理论上，如图 1-4 所展示的映射，反演的过程是稳定的。但是，实际观测数据是有观测误差的，反演过程中的计算也是有误差的，因此，如图 1-4 所展示的映射，必然会出现不稳定的问题。

为了说明在地球物理资料反演中解的不稳定问题，让我们来研究在地球物理学中经常遇到的阿贝尔(Abel)方程的反演问题，其正演公式为

$$d(x)=\int_{x}^{r_0}\frac{m(r)}{\sqrt{r^2-x^2}}\mathrm{d}r \tag{1.17}$$

这是一个线性积分方程。如将 $d(x)$视为观测数据、$m(r)$视为模型，则 $g(r,x)=1/\sqrt{r^2-x^2}$ 是核函数。显然根据观测数据 $d(x)$求模型 $m(r)$是一个典型的连续介质的反演问题。值得庆幸的是式(1.17)中的 $m(r)$有解析表达式：

$$m(r)=-\frac{1}{\pi}\int_{r}^{r_0}\frac{d'(x)}{\sqrt{x^2-r^2}}\mathrm{d}x \tag{1.18}$$

从上式可以看出，观测数据 $d(x)$的微小变化，必然影响 $d'(x)$，导致模型 $m(r)$发生很大的变

化，出现反演的不稳定。下面，以解析的办法进行分析。

如果 $d(x)$ 有一观测误差 $\delta d(x)=a\cos kx$，则导数 $\delta d'(x)=-ak\sin kx$，代入式(1.18)，得

$$\delta m(r)=\frac{1}{\pi}\int_r^{r_0}\frac{ak\sin kx}{\sqrt{x^2-r^2}}\mathrm{d}x$$

若 $r=0$，则

$$\delta m(0)=\frac{1}{\pi}\int_0^{r_0}\frac{ak\sin kx}{x}\mathrm{d}x>0.452ak$$

可见，ak 只要足够大，观测数据 $d(x)$ 的微小扰动就会引起模型参数的巨大误差，导致反演结果变得极不稳定。

关于解的不稳定问题，许多学者又称之为解的病态问题。病态的严重程度取决于数据和(或)核函数之间是否相关。相关，说明稳定性低；不相关，说明稳定性高。关于这个问题，我们将在讲述核函数性质时详细论述。

1.7　线性反演问题综述

在这一节里，将从理论上进一步论述在线性反演问题中解的存在性、模型构制、非唯一性等问题。为使问题论述简单明了而又不失一般性，这里只限于一维问题。读者很容易把它推广到多维空间的地球物理反演问题上。

在连续介质条件下，由式(1.13)知：

$$d_j=\int_a^b g(z,\tau_j)m(z)\mathrm{d}z\quad(j=1,2,\cdots,M)$$

且模型参数 $m(z)$ 是平方可积的，即 $m(z)\in L_2[a,b]$。在观测数据数目有限的情况下，上式可改写为

$$d_j=d(\tau_j)=(g(z,\tau_j),m(z))=(g_j,m)\quad(j=1,2,\cdots,M)\tag{1.19}$$

式中，(g_j,m) 表示内积。

在讨论线性反演理论若干问题之前，先对观测数据和核函数作如下假设：

(1)d_j，$j=1,2,\cdots,M$ 是没有误差的精确数据。

(2)g_j，$j=1,2,\cdots,M$ 是线性无关的。

若

$$d_j=(g_j,m)\quad(j=1,2,\cdots,M)$$

满足上述两个假定条件。第一，用这组线性无关的核函数 $g_j(z)$ 构造成一组正交函数(可通过 Gram-Schmidt 正交化获得)，有

$$\psi_k(z)=\sum_{j=1}^{M}\alpha_{kj}g_j(z)\quad(k=1,2,\cdots,M)\tag{1.20}$$

必然，

$$(\psi_i,\psi_j)=\delta_{ij}\tag{1.21}$$

式中，δ_{ij} 为 Kronecker 符号。可见 $\boldsymbol{\psi}$ 或 $\boldsymbol{g}$ 是无限维 Hilbert 空间中的 M 维向量：

$$\boldsymbol{\psi}=\begin{bmatrix}\psi_1\\ \psi_2\\ \vdots\\ \psi_M\end{bmatrix};\quad \boldsymbol{g}=\begin{bmatrix}g_1\\ g_2\\ \vdots\\ g_M\end{bmatrix}$$

第二，以 α_{kj} 为系数，对观测数据 d_j 作一线性组合，并令其为 E_k，则有

$$\begin{aligned}E_k &= \sum_{j=1}^{M}\alpha_{kj}d_j = \sum_{j=1}^{M}\alpha_{kj}(g_j,m)\\ &= \left(\sum_{j=1}^{M}\alpha_{kj}g_j,m\right)\\ &= (\psi_k(z),m)\end{aligned} \tag{1.22}$$

可见，E_k 是模型 $m(z)$ 在正交坐标基 $\psi_k(z)$ 轴上的投影。

第三，因为在区间 $[0,\infty)$ 上的任何函数 $m(z)$ 都可表示为级数，即

$$m(z) = \sum_{k=1}^{\infty}\beta_k\varphi_k(z) \tag{1.23}$$

这里 $\varphi_k(z)$ 可以视为 Hilbert 空间的任意正交坐标基。如果将上式分解为两项，并取

$$\begin{aligned}&\varphi_k(z)=\psi_k(z)\quad (k=1,2,\cdots,M)\\ &\varphi_k(z)=\text{任意坐标基}\quad (k>M)\end{aligned} \tag{1.24}$$

则

$$m(z) = \sum_{k=1}^{M}\beta_k\psi_k(z) + \sum_{k=M+1}^{\infty}\beta_k\varphi_k(z) \tag{1.25}$$

可以证明 $\beta_k=E_k$，因为

$$\begin{aligned}E_k &= (\psi_k(z),m)\\ &= \left(\psi_k(z),\sum_{l=1}^{M}\beta_l\psi_l(z) + \sum_{l=M+1}^{\infty}\beta_l\varphi_l(z)\right)\\ &= \sum_{i=1}^{M}\beta_l(\psi_k(z),\psi_l(z)) + \sum_{i=M+1}^{\infty}\beta_l(\psi_k(z),\varphi_l(z))\\ &= \sum_{l=1}^{M}\beta_l\delta_{kl} + 0 = \beta_k\end{aligned}$$

将上式代入式(1.25)，得

$$\begin{aligned}m(z) &= \sum_{k=1}^{M}E_k\psi_k(z) + \sum_{k=M+1}^{\infty}\beta_k\varphi_k(z)\\ &= \sum_{k=1}^{M}E_k\psi_k(z) + m^{\text{anah}}(z)\end{aligned} \tag{1.26}$$

讨论：

(1)给定一组观测数据

$$d_j=(g_j,m)\quad (j=1,2,\cdots,M)$$

由上面的分析可以看出，只要满足两个假定条件，总可以找到一个如式(1.26)所示的能拟合观测数据的模型 $m(z)$ 与之对应。换言之，解是存在的。

(2)根据观测数据所构制的模型 $m(z)$ 始终由两部分组成。第一部分为

$$\sum_{k=1}^{M} E_k \psi_k(z)$$

它取决于观测数 $d_j=(g_j, m(z))$。

第二部分为

$$m^{\text{anah}}(z) = \sum_{k=M+1}^{\infty} \beta_k \varphi_k(z)$$

它与观测数据无关。由式(1.26)可知，模型的构制过程，本质上是对线性无关的核函数 $g_j(z)$ 实行正交变换，求得相应的新正交坐标基 $\psi_k(k=1,2,\cdots,M)$ 及模型在这个正交坐标基上投影的过程。

(3)式(1.26)表明，反演问题的解是非唯一的，因为反演构制出的模型由两部分组成。第一部分是特殊解，它与 M 个观测数据有关，为 M 维；第二部分是零空间中的零化子向量，与观测数据无关，有∞维。在特殊解上加以任何零化子向量所得到的模型，都可拟合观测数据，所以解是非唯一的。

将式(1.26)代入式(1.19)，则有

$$\begin{aligned} d_j &= (g_j, m(z)) = \left(g_j, \sum_{k=1}^{M} E_k \psi_k(z) + \sum_{k=M+1}^{\infty} \beta_k \varphi_k(z)\right) \\ &= \left(g_j, \sum_{k=1}^{M} E_k \psi_k(z)\right) + \left(g_j, \sum_{k=M+1}^{\infty} \beta_k \varphi_k(z)\right) \\ &= \sum_{k=1}^{M} \sum_{l=1}^{M} \alpha_{kl} d_l \sum_{i=1}^{M} \alpha_{ki}(g_i, g_j) + \sum_{k=M+1}^{\infty} \beta_k \left(g_j, \varphi_k(z)\right) \\ &= \sum_{k=1}^{M} \sum_{l=1}^{M} \alpha_{kl} d_l \alpha_{kj} + \sum_{k=M+1}^{\infty} \beta_k (g_i, \varphi_k(z)) \\ &= \sum_{k=1}^{M} \alpha_{kj}^2 d_j + \sum_{k=M+1}^{\infty} \beta_k (g_j, \varphi_k(z)) \\ &= d_j \quad (j = 1, 2, \cdots, M) \end{aligned} \tag{1.27}$$

在上式的推导过程中，我们利用了式(1.20)、式(1.22)、式(1.25)等。式(1.25)说明，在由 M 维观测数据决定的 M 维特殊解

$$\sum_{k=1}^{M} E_k \psi_k(z)$$

上加以零化向量 $m^{\text{anah}}(z)$ 模型，仍能拟合观测数据。这无可争辩地说明，线性反演的解是非唯一的，即解的非唯一性是存在的。

(4)在所有能拟合观测数据的模型中，L_2 范数为最小的模型，必然是

$$\| m^{\text{anah}}(z) \|^2 = 0$$

的模型，即“最小模型”。因为

$$\begin{aligned}\|m(z)\|^2 &= \left\| \sum_{k=1}^{M} E_k\psi_k(z) + m^{\mathrm{anah}}(z) \right\|^2 \\ &\leqslant \left\| \sum_{k=1}^{M} E_k\psi_k(z) \right\|^2 + \|m^{\mathrm{anah}}(z)\|^2 \\ &= \sum_{k=1}^{M} E_k^2 + \|m^{\mathrm{anah}}(z)\|^2\end{aligned}$$

欲使$\|m(z)\|^2$为最小，必须$\|m^{\mathrm{anah}}(z)\|^2=0$。显然，最小模型是能拟合观测数据，而又无零化空间影响的那个模型。最小模型是正交坐标系$\psi_k(z)(k=1,2,\cdots,M)$中的一个$M$维向量，可以把它看成核函数$g_j(z)$的一种线性组合，即

$$m(z) = \sum_{k=1}^{M} E_k\psi_k(z) = \sum_{j=1}^{M} r_j g_j(z) \tag{1.28}$$

总之，根据观测数据假设$\|m(z)\|^2$为最小，求得的模型是最小模型。最小模型是核函数的线性组合，而模型的构制过程，实际上就是寻找正交坐标基ψ_k的过程。

1.8 地球物理反演的策略

地球物理反问题是一个数学物理问题。一个数学物理定解问题，如果解存在、唯一，且解连续地决定于初始-边界条件，那么这样的定解问题称为适定问题(well-posed problem)，只要有一个条件不满足就称为不适定问题(ill-posed problem)(Hadamard and Acques，1902)。

通过前面的叙述可以看到，大多数情况下，地球物理反演是一个具有非唯一解、非线性、不稳定的反问题，这显然是不适定问题。这类问题在数学上都是难以求解的问题，目前还不能找出统一的普适的求解方法。

1)非线性问题的求解

我们先来看看非线性问题的解法。一些简单的非线性反问题可以直接求逆，被称为解析或解析近似方法；但大多数非线性问题都不能直接求逆，数学家连非线性的程度和性质都没有弄清楚，甚至一些非线性问题还无法用数学方程准确地描述出来。

由于非线性问题的复杂性，能解决的只是非常小的一部分，非线性问题系统的求解远比线性问题复杂和困难，理论和方法都不成熟。目前，非线性问题的求解分下列两种情况。

当非线性程度较弱时，非线性问题可以化解为一系列的线性问题来求解。这类求解方法有变分迭代法、摄动理论和 Adomian 分解等，但都不能提供一个便捷的途径，确保所求得的级数解收敛，从而确保所获得的解近似或足够精确。因此，就本质而言，传统的解析近似方法通常仅适用于弱非线性问题。

当非线性程度较强时，可以采用同伦分析方法——一种求解非线性方程级数解的一般方法(廖世俊，1994)，但这种方法仍然是一种线性化解法，它将一个非线性问题转化为无穷多个线性子问题来求解，而且能够保证收敛。

值得指出的是，大部分非线性问题都不能用线性近似的方法来求解，因此不能用线性工具代替非线性工具。可以采用线性工具研究非线性问题的原因在于：某些问题可以作局部的线性化。对于某些非线性因素很弱的问题可以用线性工具去作渐进分析，这些都是不得已而为之的。

2）非唯一解问题的求解

对于地球物理反问题，非唯一解的根源主要是由观测数据（或信息）不够和数据的噪声所造成的。因此，要获得唯一解，需要增加观测数据和降低观测误差，而这两者基本上都是不可行的。地球物理观测，特别是勘探地球物理的观测，受制于经费的限制，只要能达到勘探的目标，通常都尽量减少观测密度。观测误差的来源主要有两个：一个是观测仪器的精度和噪声水平；另一个是实际观测方式和观测环境的影响，例如，检波器与地表接触的紧密程度，重力仪附近是否有车辆和行人通过，等等。

降低非唯一性的可行方法是，在反演的过程中施加已知信息，或通过先验信息进行约束。这既可以是对观测数据的约束，也可以是对地球物理模型参数的约束，或者是对两者的联合约束。

3）不稳定反问题的求解

如 1.6 节所述，地球物理反演中广泛存在不稳定的反问题，实际观测数据的误差和计算过程的误差，会导致反演结果“面目全非”，我们把这种反演不稳定性称为病态问题。在病态问题的情况下，如何获得一个可靠和稳定的解，是地球物理反演所追求的目标之一。解决的办法是病态问题的正则化（regularization）方法，其主要思想是，利用对解和数据误差的先验估计，可以将问题的求解限定在某个较小范围内，对问题的提法进行适当的改造，原本病态或不适定的问题就可以转化为适定的最优化问题求解。

4）反演的最优化方法

地球物理学家面对这些非线性、非唯一解和不稳定的反问题，采用了数学上常用的最优化解法。最优化解法的基本思想是，设计一个目标函数，将实际的地球物理反演问题，转化成一个最优化问题来求解。从数学上说，最优化问题是一个泛函的极值问题，可以用变分法和一系列数值解法来求解。

最优化方法，可以很方便地施加约束、正则化，并将各种不同类型的非线性问题统一转化成最优化问题。

对于非线性反问题来说，目标函数有多个极值。在所有这些极值中，将它们分成两类：一类称为全局极值，一般一个目标函数只有一个全局极值；另一类称为局部极值，可能有很多个。我们定义局部极值较少的反问题为弱非线性问题，局部极值较多的为强非线性问题。值得指出的是，线性反问题对应的目标函数的极值只有一个，即全局极值，可以直接寻找到该极值，从而求得极值对应的解。

我们将在第 5 章中详细讲解非线性反问题的迭代类求解方法。我们知道，非线性反演是要寻找目标函数的全局极值，由此求得全局极值对应的模型参数解。但是，这种迭代类求解方法有一个固有的缺陷：严重依赖初始模型的选择，初始模型的选择若不靠近真实解，会在迭代过程中陷入局部极值。在实际的反演问题中，我们并不知道全局极值的位置，因此，迭代类求解方法有很高的概率找不到全局极值，不能获得最佳的模型参数。

在本教材第 6 章中所介绍的随机反演方法，可用以寻找全局极值，这类方法包括蒙特卡洛法、模拟退火法、遗传算法和粒子群算法等，其搜索过程是一个随机过程，在足够的搜索次数后，理论上可以达到全局极值。

5)统计反演

前面已经多次强调，实际的地球物理观测数据是有误差的，而且还有噪声(噪声也可以看成观测误差)。这些观测误差和噪声都是随机的。随机的观测误差和噪声，尽管可以用各种正则化方法来消除反演的不稳定性，但也使得反演所获得的结果——模型参数出现偏差。

为了消除或抑制这种偏差，应该从统计的角度，或者从概率的角度来进行反演。我们把反演看成获取模型参数最大概率意义下的解，即解的数学期望。典型的做法是在模型空间中经过多次抽样(随机抽取模型参数)，来拟合观测数据，很显然，越拟合数据的模型参数，其概率(或概率密度)应该越大，由此可以获得反演结果的后验概率分布。由于误差和噪声的影响，我们不能期望概率最大的模型一定是最正确的模型，但大量模型抽样统计的结果，会消除误差和噪声影响，其数学期望应该是我们最希望的那个模型，与此同时，还可通过大量抽样统计的结果——后验概率分布，获得模型参数的方差，由此可以确定模型参数的不确定性。

贝叶斯(Bayes)反演就是这样一种统计反演的方法，将在第 7 章中详细介绍。

6)联合反演

从地球物理反演的角度来说，越多的观测数据和信息，越有利于模型参数的反演。地球物理勘探经常在同一地区使用不同的物探方法对同一目标进行勘探，这样可以获取 2 种或者多种地球物理数据。我们知道，不同的地球物理数据，反映不同的地下介质物性参数，例如，地震数据所对应的模型参数是纵、横波速度和密度，电法数据所对应的是电阻率和介电常数，磁法数据所对应的是磁化率等，同时使用多种地球物理数据，如地震＋重力、地震＋大地电磁、地震＋电法、重力＋磁法等，来对同一目标区进行反演的方法，称为联合反演。

联合反演的优势是明显的。第一，可以集成两种或两种以上独立观测的地球物理数据到反演过程，这有助于降低反演结果的不确定性；第二，各种数据可以互补，以提高某些模型参数的反演精度。例如，砂岩和泥岩的密度接近，单用重力数据难以区分这两种岩石类型，但是砂岩和泥岩的电阻率差异明显，利用电法数据可以有效区分地下砂岩和泥岩。

本教材第 8 章研究和讨论联合反演方法。

第 2 章　连续介质的反演

连续介质的反演理论是反演理论之父——Backus 和 Gilbert 建立的，目前已形成一套完整、系统的理论，简称 BG 理论。它在地球物理资料的反演中，已获得了广泛应用。

BG 理论包括两大部分：第一部分，在连续介质情况下，如何处理数量有限而又有误差的观测数据；第二部分，在连续介质情况下，如何处理解的非唯一性（如何从众多的非唯一的解中提取观测数据所“给予”模型的真实信息），即 BG 评价理论。是盲目，甚至“自欺欺人”地把反演结果作为所谓的“最优解”接受下来，还是实事求是地对其进行合理的评价，是反演理论所必须解决的重大原则问题。这正是 BG 反演理论的重要内容，也是 Backus 和 Gilbert 对反演理论所做出的重大贡献。

2.1　精确数据情况下连续介质的反演理论

假定地球物理模型是空间坐标的连续函数，其数据方程可表示为

$$d_i = \int_{r_0}^{r} g(\xi, \tau_i) m(\xi) \mathrm{d}\xi = \int_{r_0}^{r} g_i(\xi) m(\xi) \mathrm{d}\xi = (g_i, m) \quad (i = 1, 2, \cdots, M) \tag{2.1}$$

式中：M 为观测数据的个数，M 个观测数据组成一个精确的不完整的数据集，构成 M 个积分方程；$d_i(i=1,2,\cdots,M)$ 为观测数据；$g(\xi,\tau_i)=g_i(\xi)=g_i$ 为核函数；$m(\xi)$ 为模型；$\tau_i(i=1,2,\cdots,M)$ 为参量；(g_i,m) 为内积。

下面，我们来讨论线性积分方程(2.1)的解法，即由 M 个观测数据 $d_i(i=1,2,\cdots,M)$ 如何求取模型 $m(\xi)$。显然，这是一个欠定问题。因为，连续模型 $m(\xi)$ 实际上是无限维的，欲用有限个观测数据求取需要无限个数才能准确表示的连续函数 $m(\xi)$ 是不可能的。按第 1 章中讲述的反演策略，必须用一些先验信息去约束或限制那些未知之处。换句话说，选择目标函数和限制条件，就是选择模型，即从众多的能拟合观测数据 $d_i(i=1,2,\cdots,M)$ 的模型中选择我们所需要的模型。

2.1.1　最小模型(smallest model)

如果我们需要一个模型参数的 L_2 范数为最小的模型，则可选择

$$E = \int_{r_0}^{r} (w(\xi) m(\xi))^2 \mathrm{d}\xi \tag{2.2}$$

作为目标函数。这里，r 和 r_0 代表深度，$w(\xi)$是任意选择的加权函数。在式(2.1)的限制下，用极小式(2.2)可求得。这种做法并不失去待求地球物理模型的基本特征，同时又能使反演问题大大简化，因而得到了广泛的应用。

在式(2.1)M个条件约束下，极小式(2.2)目标函数 E 的问题，就是条件极值问题。从最优化原理可知，如上的条件极值问题可以变化为求如下目标函数

$$E=\int_{r_0}^{r}(w(\xi)m(\xi))^2\mathrm{d}\xi+\sum_{i=1}^{M}\lambda_i\left(d_i-\int_{r_0}^{r}g(\xi)m(\xi)\mathrm{d}\xi\right) \tag{2.3}$$

的无条件极值问题。这里 $\lambda_i(i=1,2,\cdots,M)$为拉格朗日乘子。

根据变分原理中的欧拉方程，求形如：

$$\int_{r_0}^{r}F(x,y(x),y'(x))\mathrm{d}x \tag{2.4}$$

为最小的积分方程的解 $y(x)$，可代之以求解如下的微分方程：

$$F_y-\frac{\mathrm{d}}{\mathrm{d}x}F_{y'}=0 \tag{2.5}$$

式中，$F_y=\dfrac{\mathrm{d}F}{\mathrm{d}y}$，$y'=\dfrac{\mathrm{d}y}{\mathrm{d}x}$，$F_{y'}=\dfrac{\mathrm{d}F}{\mathrm{d}y'}$，但在式(2.3)中 y'不存在，只有 y[即 $m(\xi)$]，因此，式(2.5)可化为

$$F_y=0$$

与式(2.3)相应的式(2.5)为

$$\frac{\partial}{\partial m(\xi)}\left\{[w(\xi)m(\xi)]^2-\sum_{i=1}^{M}\lambda_i g_i(\xi)m(\xi)\right\}=0 \tag{2.6}$$

其解为

$$\hat{m}(\xi)=\frac{\sum\limits_{i=1}^{M}\lambda_i g_i(\xi)}{2w^2(\xi)}=\frac{\sum\limits_{i=1}^{M}\alpha_i g_i(\xi)}{w^2(\xi)} \tag{2.7}$$

式中

$$\alpha_i=\frac{\lambda_i}{2} \tag{2.8}$$

将式(2.7)代入式(2.1)，即得

$$\begin{aligned}d_i&=\int_{r_0}^{r}g_i(\xi)\sum_{k=1}^{M}\frac{\alpha_k g_k(\xi)}{w^2(\xi)}\mathrm{d}\xi\\&=\sum_{k=1}^{M}\alpha_k\int_{r_0}^{r}\frac{g_i(\xi)g_k(\xi)}{w^2(\xi)}\mathrm{d}\xi\\&=\sum_{k=1}^{M}\alpha_k G_{ik}\end{aligned} \tag{2.9}$$

式中

$$G_{ik}=\int_{r_0}^{r}\frac{g_i(\xi)g_k(\xi)}{w^2(\xi)}\mathrm{d}\xi=\left(\frac{g_i(\xi)}{w(\xi)},\frac{g_k(\xi)}{w(\xi)}\right) \tag{2.10}$$

如果将式(2.7)、式(2.9)分别改写，则有

$$\hat{m}(\xi)=\frac{1}{w^2(\xi)}\boldsymbol{\alpha}^{\mathrm{T}}\boldsymbol{g} \tag{2.11}$$

$$\boldsymbol{d}=\boldsymbol{G}\boldsymbol{\alpha} \tag{2.12}$$

$$\boldsymbol{\alpha}=\begin{bmatrix}\alpha_1\\ \alpha_2\\ \vdots\\ \alpha_M\end{bmatrix};\quad \boldsymbol{g}=\begin{bmatrix}g_1\\ g_2\\ \vdots\\ g_M\end{bmatrix} \tag{2.13}$$

$$\boldsymbol{G}=\begin{bmatrix}G_{11} & G_{12} & \cdots & G_{1M}\\ G_{21} & G_{22} & \cdots & G_{2M}\\ \cdots & \cdots & \ddots & \cdots\\ G_{M1} & G_{M2} & \cdots & G_{MM}\end{bmatrix} \tag{2.14}$$

我们称矩阵 $\boldsymbol{G}$ 为核矩阵。

由此不难看出，最小模型的反演步骤如下：首先，根据式(2.10)计算 $G_{ik}(i,k=1,2,\cdots,M)$，并根据式(2.14)组成矩阵 $\boldsymbol{G}$；其次，根据式(2.12)反演求取列向量 $\boldsymbol{\alpha}$，这里 $\boldsymbol{\alpha}=\boldsymbol{G}^{-1}\boldsymbol{d}$；最后，由式(2.11)计算连续模型 $\hat{m}(\xi)$。

2.1.2　最平缓模型(flattest model)

欲求一个 $m'(\xi)=\frac{\partial m(\xi)}{\partial \xi}$起伏最小的模型，则可选择

$$E=\int_{r_0}^{r}(w(\xi)m'(\xi))^2\mathrm{d}\xi \tag{2.15}$$

作为目标函数，其中 $w(\xi)$仍然是我们选择的加权函数。但是，数据方程式(2.1)中并不包括 $m'(\xi)$。为此，对式(2.1)进行分部积分，即

$$d_i=\int_{r_0}^{r}g_i(\xi)m(\xi)\mathrm{d}\xi=m(\xi)h_i(\xi)\Big|_{r_0}^{r}-\int_{r_0}^{r}m'(\xi)h_i(\xi)\mathrm{d}\xi$$

式中

$$h_i(\xi)=\int_{r_0}^{\xi}g_i(u)\mathrm{d}u \qquad h_i(r_0)=0 \tag{2.16}$$

假设

$$f_i(\xi)=m(r)h_i(r)-d_i \tag{2.17}$$

则有

$$\begin{aligned}f_i(\xi)&=m(r)h_i(r)-d_i\\&=\int_{r_0}^{r}m'(\xi)h_i(\xi)\mathrm{d}\xi\\&=(m'(\xi),h_i(\xi))\quad(i=1,2,\cdots,M)\end{aligned} \tag{2.18}$$

显然，式(2.18)就是新的数据方程组，可以作为极小目标函数式(2.15)的约束条件。与最小模型的求法相同，可得到 $m'(\xi)$ 的最小模型 $\hat{m}'(\xi)$，进而求得 $m(\xi)$ 的最平缓模型 $\widetilde{m}(\xi)$。设 $\beta_i=\frac{\lambda_i}{2}(i=1,2,\cdots,M)$，可得到具体计算步骤如下。

第一，按式(2.17)计算 $f_i(\xi)$ 及 $\frac{h_i(\xi)}{w(\xi)}$ 和 $\frac{h_k(\xi)}{w(\xi)}$ 的内积：

$$H_{ik}=\int_{r_0}^{r}\frac{h_i(\xi)}{w(\xi)}\frac{h_k(\xi)}{w(\xi)}\mathrm{d}\xi \tag{2.19}$$

并构成矩阵：

$$\boldsymbol{H}=\begin{bmatrix} H_{11} & H_{12} & \cdots & H_{1M} \\ H_{21} & H_{22} & \cdots & H_{2M} \\ \cdots & \cdots & \ddots & \cdots \\ H_{M1} & H_{M2} & \cdots & H_{MM} \end{bmatrix}$$

第二，按下式：

$$\boldsymbol{F}=\boldsymbol{H\beta} \tag{2.20}$$

计算向量 $\boldsymbol{\beta}$，得 $\boldsymbol{\beta}=\boldsymbol{H}^{-1}\boldsymbol{F}$，式中

$$\boldsymbol{F}=\begin{bmatrix} f_1 \\ f_2 \\ \vdots \\ f_M \end{bmatrix} \quad \boldsymbol{\beta}=\begin{bmatrix} \beta_1 \\ \beta_2 \\ \vdots \\ \beta_M \end{bmatrix}$$

第三，和式(2.11)类似，计算 $m'(\xi)$ 的最小模型 $\hat{m}'(\xi)$，即

$$\hat{m}'(\xi)=\frac{1}{w^2(\xi)}\boldsymbol{\beta}^{\mathrm{T}}\boldsymbol{h} \tag{2.21}$$

式中，$\boldsymbol{h}=[h_1(\xi),h_2(\xi),\cdots,h_M(\xi)]^{\mathrm{T}}$。

第四，对 $m'(\xi)$ 积分，可得 $\widetilde{m}(\xi)$ 的最平缓模型，即

$$\widetilde{m}(\xi)=\int_{r_0}^{\xi}\hat{m}'(u)\mathrm{d}u \tag{2.22}$$

由此可见，在求最平缓模型 $\widetilde{m}(\xi)$ 时，我们是把 $f_i(i=1,2,\cdots,M)$ 作为新的观测数据，$h_i(\xi)(i=1,2,\cdots,M)$ 作为新的核函数，$m'(\xi)$ 作为新的待求最小模型。在式(2.18)的限制下，用极小目标函数式(2.15)求 $\hat{m}'(\xi)$，然后对 $\hat{m}'(\xi)$ 再积分，就可求得最平缓模型 $\widetilde{m}(\xi)$。

从计算过程可知，求最平缓模型必须先已知在深度 r 处的模型参数 $m(\xi)$，这也是一种反演过程中强加的先验信息。

不难理解，由于目标函数的差异，最平缓模型比最小模型更为平缓。在地球物理资料反演中，有时会更为有用，这是因为地球物理模型在空间上，不管是垂向或是横向(水平向)都是相关的。例如，石油地震勘探中层状沉积地层就是典型横向相关的介质。

2.1.3　最光滑模型(smoothest model)

类似地,如对式(2.18)再作一次分部积分,则得

$$e_i(\xi) = \int_{r_0}^{r} m''(\xi)k_i(\xi)\mathrm{d}\xi \quad (i = 1,2,\cdots,M) \tag{2.23}$$

式中

$$k_i(\xi) = \int_{r_0}^{\xi} h_i(u)\mathrm{d}u = \int_{r_0}^{e}\int_{r_0}^{u} g_i(x)\mathrm{d}x\mathrm{d}u \tag{2.24}$$

$$\begin{aligned} e_i &= m'(r)k_i(r) - f_i \\ &= d_i - m(r)h_i(r) + m'(r)k_i(r) \end{aligned} \tag{2.25}$$

求最光滑模型的目标函数为

$$E = \int_{r_0}^{r} [w(\xi)m''(\xi)]^2\mathrm{d}\xi \tag{2.26}$$

其限制条件是式(2.23)。按同样的方法,可得

$$\hat{m}''(\xi) = \sum_{i=1}^{M} \frac{\gamma_i k_i(\xi)}{w^2(\xi)} \tag{2.27}$$

进而,不难求得最光滑模型

$$\bar{m}(\xi) = \int_{r_0}^{\xi}\int_{r_0}^{u} \hat{m}''(x)\mathrm{d}x\mathrm{d}u \tag{2.28}$$

求最光滑模型的计算步骤如下。

第一,按式(2.25)计算 $e_i(\xi)$ 及 $\frac{k_i(\xi)}{w(\xi)}$ 和 $\frac{k_l(\xi)}{w(\xi)}$ 的内积 K_{il},并组成矩阵 $\boldsymbol{K}$。

$$K_{il} = \int_{r_0}^{r} \frac{k_i(\xi)}{w(\xi)} \cdot \frac{k_l(\xi)}{w(\xi)}\mathrm{d}\xi \tag{2.29}$$

第二,按式(2.30)计算向量 $\boldsymbol{\gamma}$。

$$\boldsymbol{e} = \boldsymbol{K}\boldsymbol{\gamma} \tag{2.30}$$

从而,$\boldsymbol{\gamma} = \boldsymbol{K}^{-1}\boldsymbol{e}$。在式(2.30)中

$$\boldsymbol{K} = \begin{bmatrix} K_{11} & K_{12} & \cdots & K_{1M} \\ K_{21} & K_{22} & \cdots & K_{2M} \\ \cdots & \cdots & \ddots & \cdots \\ K_{M1} & K_{M2} & \cdots & K_{MM} \end{bmatrix} \tag{2.31}$$

$$\boldsymbol{e} = [e_1, e_2, \cdots, e_M]^{\mathrm{T}}, \quad \boldsymbol{\gamma} = [\gamma_1, \gamma_2, \cdots, \gamma_M]^{\mathrm{T}} \tag{2.32}$$

第三,按式(2.27)计算 $m''(\xi)$ 的最小模型 $\hat{m}''(\xi)$,即

$$\hat{m}''(\xi) = \frac{1}{w^2(\xi)}\sum_{i=1}^{M}\gamma_i k_i(\xi) = \frac{1}{w^2(\xi)}\boldsymbol{\gamma}^{\mathrm{T}}\boldsymbol{k} \tag{2.33}$$

式中

$$\boldsymbol{k} = [k_1(\xi), k_2(\xi), \cdots, k_M(\xi)]^{\mathrm{T}} \tag{2.34}$$

第四,按式(2.28)计算最光滑模型 $\bar{m}(\xi)$。

由连续介质的最小模型、最平缓模型和最光滑模型的讨论中可以看出：除了以观测数据方程作为限制条件外，最小模型无需另外的先验信息；而最平缓模型和最光滑模型则不同，前者需要知道在 r 处的 $m(r)$ 值，后者除 $m(r)$ 外还要知道 $m'(r)$ 的值。由于目标函数不同，限制条件各异，连续介质的这 3 种模型不会完全一致，但是，它们都可以拟合观测数据。这再一次雄辩地证明了地球物理资料反演的非唯一性问题的严重性。

综上所述，3 种模型有 3 种数据方程，即式(2.1)、式(2.18)和式(2.23)，核函数分别为 $g_i(\xi)$、$h_i(\xi)$和 $k_i(\xi)(i=1,2,\cdots,M)$。在反演过程中，都要计算相应核函数的内积 G_{ik}、H_{ik} 和 $K_{ik}(i,k=1,2,\cdots,M)$，求式(2.12)、式(2.20)和式(2.30)的反问题，计算 $\boldsymbol{\alpha}$、$\boldsymbol{\beta}$ 和 $\boldsymbol{\gamma}$。进而，根据各自已知条件求出最小模型 $\hat{m}(\xi)$、最平缓模型 $\tilde{m}(\xi)$和最光滑模型 $\overline{m}(\xi)$。

在解矩阵方程式(2.12)、式(2.20)和式(2.30)时，应该注意到矩阵 $\boldsymbol{G}$、$\boldsymbol{H}$ 和 $\boldsymbol{K}$ 均为对称正定矩阵，有特殊解法可以采用，在反演过程中会节省相当的时间并有较高的精度。

例 1 两个数据的重力问题。为了帮助读者理解在有限个精确观测数据的情况下，连续介质模型的线性反演理论，让我们来分析两个数据的重力问题——地球的质量和转动惯量与地球的密度分布的关系。

(1)数据方程。

设 $\rho(r)$是球形对称地球的密度函数，r 是从地心起算的径向距离；m 和 c 分别为地球的质量和绕其自转轴的转动惯量。我们知道地球的质量 m 为

$$m=\int_0^a \rho(r)\cdot 4\pi r^2\,\mathrm{d}r=\frac{4}{3}\pi a^3\bar{\rho} \tag{2.35}$$

式中：a 为地球的半径；$\bar{\rho}$ 为地球的平均密度。设 $u=r/a$，则式(2.35)可化为

$$\frac{\bar{\rho}}{3}=\int_0^1 \rho(u)u^2\,\mathrm{d}u \tag{2.36}$$

根据转动惯量的定义，对称球体绕中心轴之转动惯量为

$$\begin{aligned} c&=\int_0^a (r\sin\theta)^2\rho(r)\,\mathrm{d}v \\ &=\frac{8\pi}{3}\int_0^a r^4\rho(r)\,\mathrm{d}r \\ &=\frac{8\pi a^5}{3}\int_0^1 \rho(u)u^4\,\mathrm{d}u \end{aligned} \tag{2.37}$$

式中：θ 为 r 与地球自转轴之夹角；$\mathrm{d}v$ 为体积微元。

由普通物理学知，地球的转动惯量 c 又可表示为

$$c=\varphi ma^2=\frac{4}{3}\pi a^5\bar{\rho}\cdot\varphi$$

其中 $\varphi=0.330\,78$。将 c 代入式(2.37)，得

$$\frac{\bar{\rho}\varphi}{2}=\int_0^1 \rho(u)u^4\,\mathrm{d}u \tag{2.38}$$

若取地球的平均密度 $\bar{\rho}=5500\mathrm{kg/m^3}$，将有关参数代入式(2.36)和式(2.38)，则有

$$d_1 = 1833 = \int_0^1 \rho(u) u^2 \mathrm{d}u = \bar{\rho}/3$$

$$d_2 = 909.5 = \int_0^1 \rho(u) u^4 \mathrm{d}u = \bar{\rho}\varphi/2 \tag{2.39}$$

上式即是著名的两个数据重力问题的数据方程。

(2)最小模型解。

假定式(2.39)中,观测数据 $d_1=1833$,$d_2=909.5$ 是没有误差的,因此在解式(2.39)的反演问题时,是一个有限而精确数据线性积分方程的求解问题。其中,$\rho(u)$是待求的密度模型;而 u^2 和 u^4 分别是两个数据方程的核函数。

如取加权核函数 $w(u)=1$,则由 $g_1(u)=u^2$,$g_2(u)=u^4$ 知:

$$(g_1,g_1)=\frac{1}{5},(g_1,g_2)=\frac{1}{7}$$

$$(g_2,g_1)=\frac{1}{7},(g_2,g_2)=\frac{1}{9}$$

由式(2.14)知:

$$\boldsymbol{G}=\begin{bmatrix} \frac{1}{5} & \frac{1}{7} \\ \frac{1}{7} & \frac{1}{9} \end{bmatrix}$$

不难求得

$$\boldsymbol{G}^{-1}=\frac{2205}{4}\begin{bmatrix} \frac{1}{9} & -\frac{1}{7} \\ -\frac{1}{7} & \frac{1}{5} \end{bmatrix}$$

故

$$\boldsymbol{\alpha}=\boldsymbol{G}^{-1}\boldsymbol{d}=\frac{2205}{4}\begin{bmatrix} \frac{1}{9} & -\frac{1}{7} \\ -\frac{1}{7} & \frac{1}{5} \end{bmatrix}\begin{bmatrix} 1833 \\ 909.5 \end{bmatrix}=\begin{bmatrix} 40685 \\ -44086 \end{bmatrix}$$

由此可得

$$\rho(u)=\alpha_1 g_1+\alpha_2 g_2=40685u^2-44086u^4 \tag{2.40}$$

这是两个数据重力问题的最小模型。十分有趣的是,虽然这个解满足观测数据方程,能拟合观测数据,但在地心 $u=0$ 处,$\rho(u)=0$,而在地表 $u=1$ 时,$\rho(u)=-3428\mathrm{kg/m^3}$,这在物理上却是不合理的,与已知地表和地心的地球密度知识是不一致的。显然,两个数据重力问题的最小模型不是人们可以接受的一个地球密度模型。

(3)最平缓模型解。

如前所述,为求得最平缓模型,必须附加一个先验信息,即地表的密度,设 $\rho(1)=2800\mathrm{kg/m^3}$。由前面推导可知,此时的核函数为

$$h_1(u) = \int_0^u g_1(\xi)\mathrm{d}\xi = \int_0^u \xi^2 \mathrm{d}\xi = \frac{u^3}{3}$$

$$h_2(u)=\int_0^u g_2(\xi)\mathrm{d}\xi=\int_0^u \xi^4\mathrm{d}\xi=\frac{u^5}{5}$$

且

$$h_1(1)=\frac{1}{3};h_2(1)=\frac{1}{5}$$

观测数据方程有

$$f_1=\rho(1)h_1(1)-d_1=\frac{1}{3}[\rho(1)-\bar{\rho}]$$

$$f_2=\rho(1)h_2(1)-d_2=\frac{1}{5}\left[\rho(1)-\frac{5}{2}\bar{\rho}\varphi\right]$$

根据式(2.39)，有

$$\rho(1)-\bar{\rho}=\int_0^1\rho'(u)u^3\mathrm{d}u=-2700(\mathrm{kg/m^3})$$

$$\rho(1)-\frac{5}{2}\bar{\rho}\varphi=\int_0^1\rho'(u)u^5\mathrm{d}u=-1748.2(\mathrm{kg/m^3})$$

这就是最平缓模型对应的数据方程，如把 $\rho'(u)$ 当作“模型”，其核函数分别为

$$h_1(u)=u^3,h_2(u)=u^5$$

由此

$$\boldsymbol{H}=\begin{bmatrix}\frac{1}{7} & \frac{1}{9}\\ \frac{1}{9} & \frac{1}{11}\end{bmatrix},\quad \boldsymbol{H}^{-1}=1559.25\begin{bmatrix}\frac{1}{11} & -\frac{1}{9}\\ -\frac{1}{9} & \frac{1}{7}\end{bmatrix}$$

因而有

$$\boldsymbol{\beta}=\boldsymbol{H}^{-1}\boldsymbol{f}=-1559.25\begin{bmatrix}\frac{1}{11} & -\frac{1}{9}\\ -\frac{1}{9} & \frac{1}{7}\end{bmatrix}\begin{bmatrix}2700\\1748.2\end{bmatrix}=\begin{bmatrix}-79849\\78363\end{bmatrix}$$

故

$$\rho'(u)=\beta_1h_1+\beta_2h_2=\beta_1u^3+\beta_2u^5$$

并对 $\rho'(u)$ 积分得

$$\rho(u)=c+\frac{\beta_1}{4}u^4+\frac{\beta_2}{6}u^6=c-19962u^4+13060u^6$$

利用已知先验信息 $\rho(1)=2800\mathrm{kg/m^3}$，得

$$\rho(u)=9702-19962u^4+13060u^6 \tag{2.41}$$

式(2.41)就是两个数据重力问题的最平缓模型。由此可见，地球的密度值，此时从地心到地表缓慢减小(图 2-1)。地心 $\rho(0)=9702\mathrm{kg/m^3}$；地表 $\rho(1)=2800\mathrm{kg/m^3}$。从图上可以看出，最平缓模型(b)比最小模型(a)好得多，它非常接近地球真实的密度模型。

按照类似的方法，我们可以求得两个数据重力问题的最光滑模型。

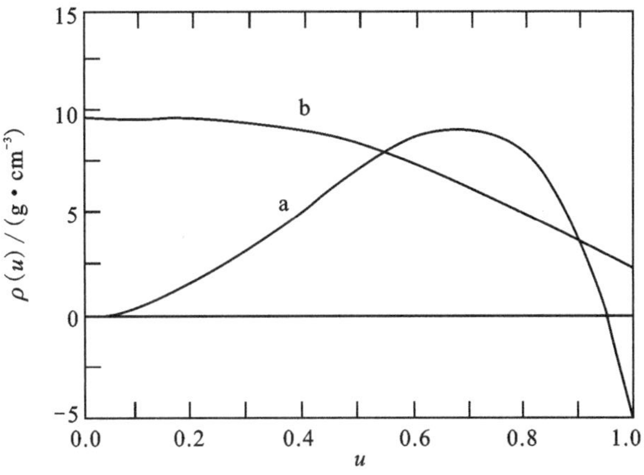

图 2-1　两个数据重力问题的最小模型(a)和最平缓模型(b)的密度变化曲线图

2.2　观测数据具有误差的 BG 反演

大家知道，实际观测数据都是含有误差的，只是误差大小及其所遵循的规律不同罢了。如何对待和估计有误差的观测数据对反演结果的影响，是 BG 反演理论的一个重点。

在反演问题中，观测数据有误差是十分自然的。但核函数也有误差，这也是不可避免的。在第 1 章中我们讨论过，正演的映射(核函数)由两个因素决定：一是物理规律；二是观测系统。观测系统中有有限个观测位置，这些观测位置的测量结果也是有误差的，而且在计算核函数的时候，计算机中数据的有效位数和计算机的精度并不是无限的。因此，核函数都存在误差。我们记有误差的核函数为$\tilde{g}_i(i=1,2,\cdots,M)$。

设 M 个观测数据由真实值和误差构成：

$$\tilde{d}_i=d_i^t+\delta\tilde{d}_i \quad (i=1,2,\cdots,M) \tag{2.42}$$

式中：d_i^t 为观测数据的真值；$\delta\tilde{d}_i$ 为观测误差，是随机变化的量，即随机变量。

由于 $\delta\tilde{d}_i$ 是一个随机变量，其数值不可能准确地确定，有时连统计规律也不清楚。为讨论方便，而又具普遍性，我们给出如下两个假设。

(1)每个 $\delta\tilde{d}_i$ 均服从均值为零、方差为 σ_i^2 的高斯正态分布。

(2)观测数据之间的误差是不相关的，即观测数据之间的协方差为

$$\mathrm{cov}[\delta\tilde{d}_i,\delta\tilde{d}_j]=0 \quad (i\neq j) \tag{2.43}$$

如果以 σ_i 去除 $\delta\tilde{d}_i$，即把它标准化为具有单位方差(方差为 1)的随机变量：

$$\delta d_i=\frac{\delta\tilde{d}_i}{\sigma_i} \tag{2.44}$$

则 δd_i 也服从高斯正态分布，其均值 $E[\delta d_i]=0$，方差 $\mathrm{var}[\delta d_i]=1$。

此时，具有误差的原始数据方程：

$$\tilde{d}_i=(\tilde{g}_i,m) \tag{2.45}$$

在两个假设条件下将变为

$$d_i=(g_i,m) \tag{2.46}$$

上式中

$$d_i=\frac{\tilde{d}_i}{\sigma_i} \tag{2.47}$$

$$g_i=\frac{\tilde{g}_i}{\sigma_i} \tag{2.48}$$

式(2.46)和本章2.1节中无误差的观测数据方程式(2.1)完全相同。因此，可按相同的方法解之，即在式(2.46)M个条件限制之下求目标函数

$$E=\int_{r_0}^{r}[w(\xi)m(\xi)]^2\mathrm{d}\xi$$

的极小，就是求所谓的最小模型，和本章2.1节相同，得

$$\hat{m}(\xi)=\sum_{i=1}^{M}\alpha_i\frac{g_i(\xi)}{w^2(\xi)}$$

式中，$w(\xi)$仍表示加权函数；$\alpha_i(i=1,2,\cdots,M)$为如下矩阵方程的解，即

$$\boldsymbol{d}=\boldsymbol{G\alpha}$$

式中，$\boldsymbol{d}$、$\boldsymbol{\alpha}$为列向量；核矩阵$\boldsymbol{G}$为$M\times M$阶方阵，其表达式与式(2.13)和式(2.14)相同。

由于核矩阵$\boldsymbol{G}$是对称正定矩阵，可做正交分解，形式为

$$\boldsymbol{G}=\boldsymbol{R\Lambda R}^{\mathrm{T}} \tag{2.49}$$

式中，$\boldsymbol{\Lambda}$为$\boldsymbol{G}$的特征值矩阵。

$$\boldsymbol{\Lambda}=\begin{bmatrix}\lambda_1 & 0 & 0 & 0\\ 0 & \lambda_2 & 0 & 0\\ 0 & 0 & \ddots & 0\\ 0 & 0 & 0 & \lambda_M\end{bmatrix}$$

特征值按照降序排列$\lambda_1>\lambda_2>\cdots>\lambda_M>0$；$\boldsymbol{R}$是$\boldsymbol{G}$的特征向量矩阵，为正交矩阵，且满足：

$$\boldsymbol{RR}^{\mathrm{T}}=\boldsymbol{R}^{\mathrm{T}}\boldsymbol{R}=\boldsymbol{I}$$

因而

$$\boldsymbol{\alpha}=\boldsymbol{G}^{-1}\boldsymbol{d}=\boldsymbol{R\Lambda}^{-1}\boldsymbol{R}^{\mathrm{T}}\boldsymbol{d}$$

因为

$$\hat{m}(\xi)=\boldsymbol{\alpha}^{\mathrm{T}}\boldsymbol{g}(\xi)/w^2(\xi) \tag{2.50}$$

若取$w(\xi)=1$，则有

$$\begin{aligned}\hat{m}(\xi)&=\boldsymbol{d}^{\mathrm{T}}\boldsymbol{R\Lambda}^{-1}\boldsymbol{R}^{\mathrm{T}}\boldsymbol{g}(\xi)\\&=\boldsymbol{B}^{\mathrm{T}}\boldsymbol{\Psi}=\sum_{i=1}^{M}b_i\psi_i\end{aligned} \tag{2.51}$$

其中，

$$\boldsymbol{B}=\begin{bmatrix} b_1 \\ b_2 \\ \vdots \\ b_M \end{bmatrix}, \quad \boldsymbol{\Psi}=\begin{bmatrix} \psi_1 \\ \psi_2 \\ \vdots \\ \psi_M \end{bmatrix} \tag{2.52}$$

且

$$b_i = \frac{1}{\sqrt{\lambda_i}} \sum_{j=1}^{M} r_{ji} d_j \tag{2.53}$$

$$\psi_i = \frac{1}{\sqrt{\lambda_i}} \sum_{j=1}^{M} r_{ji} g_j(\xi) \tag{2.54}$$

式中，r_{ji} 是矩阵 $\boldsymbol{R}$ 的元素。

从式(2.53)和式(2.54)不难看出，ψ_i 只与核函数有关，因为 $\boldsymbol{G}$ 是由核函数决定的，因而其特征向量 $r_{ji}(j=1,2,\cdots,M)$ 也必然只与核函数 $g_j(\xi)(j=1,2,\cdots,M)$ 有关。然而 b_i 不同，它是 r_{ji} 和 d_j 的线性组合，因此，它既与核函数有关，也与观测数据 $\boldsymbol{d}$ 有关。如果把 b_i 看作修改后的观测数据、ψ_i 看作坐标基，则由式(2.51)可以看出，模型 $\hat{m}(\xi)$ 就是修改后的观测数据在坐标基 $\boldsymbol{\Psi}$ 上的投影所组成的 M 维向量。

为了说明在观测数据服从正态分布，而且互相不相关的假设条件下，式(2.51)的意义及其在反演中的作用，让我们先讨论一下 b_i 和 $\psi_i(\xi)(i=1,2,\cdots,M)$ 的性质。

(1)$\psi_i(\xi)$ 是一组正交函数系，因为

$$\begin{aligned}
\int_0^{\infty} \psi_i(\xi)\psi_j(\xi)\mathrm{d}\xi &= \int_0^{\infty} \left(\lambda_i^{-\frac{1}{2}} \sum_{k=1}^{M} r_{ki} g_k(\xi) \cdot \lambda_j^{-\frac{1}{2}} \sum_{l=1}^{M} r_{lj} g_l(\xi) \right) \mathrm{d}\xi \\
&= \lambda_i^{-\frac{1}{2}} \lambda_j^{-\frac{1}{2}} \sum_{k=1}^{M} \sum_{l=1}^{M} r_{ki} \int_0^{\infty} g_k(\xi) g_l(\xi) \mathrm{d}\xi \cdot r_{lj} \\
&= \lambda_i^{-\frac{1}{2}} \lambda_j^{-\frac{1}{2}} \sum_{k=1}^{M} \sum_{l=1}^{M} r_{ki} G_{kl} r_{lj} \quad \left(\because G_{kl} = \int_0^{\infty} g_k(\xi) g_l(\xi) \mathrm{d}\xi \right) \\
&= \frac{1}{\sqrt{\lambda_i \lambda_j}} \boldsymbol{r}_i^{\mathrm{T}} \boldsymbol{G} \boldsymbol{r}_j \\
&= \frac{1}{\sqrt{\lambda_i \lambda_j}} \boldsymbol{r}_i^{\mathrm{T}} \lambda_j \boldsymbol{r}_j \quad (\because \boldsymbol{G}\boldsymbol{r}_j = \lambda_j \boldsymbol{r}_j) \\
&= \sqrt{\frac{\lambda_j}{\lambda_i}} \boldsymbol{r}_i^{\mathrm{T}} \boldsymbol{r}_j = \delta_{ij}
\end{aligned}$$

由于$(\psi_i,\psi_j)=\delta_{ij}$，故 ψ_i 是一组正交函数系，构成一组正交坐标基。模型 $\hat{m}(\xi)$ 是修改后的观测数据向量 $\boldsymbol{B}$ 与这一正交坐标基的线性组合。因此，模型构制的过程，是正交变换的过程。

(2)修改后的观测数据 b_i 是统计独立的。

在观测数据服从高斯分布、零平均值、方差为 $\sigma_i{}^2$ 且互不相关的情况下，不难证明所定义

的 b_i 是统计独立的，且其标准方差为 $\lambda_i^{-\frac{1}{2}}$。

所谓 b_i 是统计独立的，就是它们之间互不相关，即

$$\int_0^{\infty} b_i b_j \mathrm{d}\xi = \delta_{ij}$$

其证明方法和以上证明 ψ_i 是一组正交坐标基一样，这里不再赘述。下面，我们来证明 b_i 的标准差为 $\lambda_i^{-\frac{1}{2}}$。

$$\begin{aligned}\operatorname{var}[b_i] &= \operatorname{var}\left[\frac{1}{\sqrt{\lambda_i}}\sum_{j=1}^{M} r_{ji} d_j\right] \\ &= \frac{1}{\lambda_i}\sum_{j=1}^{M} r_{ji}^2 \operatorname{var}[d_j] \\ &= \frac{1}{\lambda_i}\sum_{j=1}^{M} r_{ji}^2 \quad (\because \operatorname{var}[d_j] = 1) \\ &= \frac{1}{\lambda_i} \quad \left(\because \sum_{j=1}^{M} r_{ji}^2 = 1\right)\end{aligned} \tag{2.55}$$

故其标准方差为

$$\operatorname{std}[b_i] = \frac{1}{\sqrt{\lambda_i}} \tag{2.56}$$

结合式(2.53)和式(2.56)，得

$$\begin{aligned}b_i + \operatorname{std}[b_i] &= \frac{1}{\sqrt{\lambda_i}}\left[\sum_{j=1}^{M} r_{ji} d_j \pm 1\right] \\ &= \frac{1}{\sqrt{\lambda_i}}[\underline{d}_i \pm 1]\end{aligned} \tag{2.57}$$

式中

$$\underline{d}_i = \sum_{j=1}^{M} r_{ji} d_j \tag{2.58}$$

由此可见，若 $\underline{d}_i$ 越大于 1，则相应的 b_i 精度越高；反之，若 $\underline{d}_i$ 越小于 1，b_i 的数值比其方差还小，其计算结果一定很不可靠。

(3)观测数据拟合误差 χ^2 的计算。

由式(2.51)，且核矩阵 $\boldsymbol{G}$ 的特征值按照降序排列 $\lambda_1 > \lambda_2 > \cdots > \lambda_M > 0$，假定 $\hat{m}(\xi) = \sum_{i=1}^{\bar{r}} b_i \psi_i$ 是由 $\bar{r}$ ($\bar{r} < M$) 个大特征值所构制出来的模型，而

$$\hat{d}_i = \int_{r_0}^{r} \hat{m}(\xi) g_i(\xi) \mathrm{d}\xi \tag{2.59}$$

是由 $\hat{m}(\xi)$ 重新计算的观测数据，因而有

$$\chi^2 = \sum_{i=1}^{M} (d_i - \hat{d}_i)^2 \tag{2.60}$$

χ^2 是一个自由度为 M 的随机变量。当 $M>5$ 时，$E(\chi^2) \approx M$。换言之，χ^2 接近观测数据

M 时，从统计学观点来讲，此时拟合最好；当 $\chi^2 \ll M$ 时，曲线拟合过甚，$\hat{m}(\xi)$ 的细节变化来源于观测数据的误差；当 $\chi^2 \gg M$ 时，$\hat{m}(\xi)$ 曲线拟合不足，$\hat{m}(\xi)$ 中仅保留了待求模型的轮廓，而忽略了从观测数据中可以提取出来的一些细节。综上所述，选择 r 的准则是使 χ^2 接近于观测数据的个数 M。

如何计算 χ^2？根据式(2.60)，有

$$\chi^2 = \sum_{i=1}^{M} (\underline{d}_i - \hat{\underline{d}}_i)^2 = \|\underline{\boldsymbol{d}} - \hat{\underline{\boldsymbol{d}}}\|^2 = \|\boldsymbol{d} - \hat{\boldsymbol{d}}\|^2$$

式中：$\underline{\boldsymbol{d}} = \boldsymbol{R}^{\mathrm{T}}\boldsymbol{d}$，$\hat{\underline{\boldsymbol{d}}} = \boldsymbol{R}^{\mathrm{T}}\hat{\boldsymbol{d}}$ 是旋转过后的观测数据和旋转过后的重建数据。上式之所以成立是因为

$$\begin{aligned}\|\boldsymbol{d} - \hat{\boldsymbol{d}}\|^2 &= (\boldsymbol{d} - \hat{\boldsymbol{d}}, \boldsymbol{d} - \hat{\boldsymbol{d}}) = (\boldsymbol{d} - \hat{\boldsymbol{d}}, \boldsymbol{R}\boldsymbol{R}^{\mathrm{T}}(\boldsymbol{d} - \hat{\boldsymbol{d}})) \\ &= (\boldsymbol{R}^{\mathrm{T}}(\boldsymbol{d} - \hat{\boldsymbol{d}}), \boldsymbol{R}^{\mathrm{T}}(\boldsymbol{d} - \hat{\boldsymbol{d}})) \\ &= (\underline{\boldsymbol{d}} - \hat{\underline{\boldsymbol{d}}}, \underline{\boldsymbol{d}} - \hat{\underline{\boldsymbol{d}}}) = \|\underline{\boldsymbol{d}} - \hat{\underline{\boldsymbol{d}}}\|^2\end{aligned}$$

所以

$$\chi^2 = \sum_{i=1}^{M} (\underline{d}_i - \hat{\underline{d}}_i)^2 \tag{2.61}$$

这里，我们利用了式(2.53)，即 $\underline{d}_i = \sqrt{\lambda_i} b_i$。这说明，观测数据的拟合误差 χ^2，可以用未曾应用的 $(M-r)$ 个特征值 λ_i 和其对应的修改后的观测数据 b_i 的平方乘积之和来求取。

以上我们分析了利用截断法减少小特征值在反演中所造成的不稳定性时，拟合误差 χ^2 的计算公式，下面我们再来分析用阻尼法时，χ^2 的计算方法。

例 2　设 $m(x) = 1.0 - 0.5\cos(2\pi x)$，$g_i(x) = \exp[-(i-1)x]$，$(0 \leqslant x \leqslant 1)$，则数据方程为

$$d_i = \int_0^1 g_i(x) m(x) \mathrm{d}x = \int_0^1 \exp[-(i-1)x][1.0 - 0.5\cos(2\pi x)]\mathrm{d}x \quad (i = 1, 2, \cdots, 11)$$

在已知观测数据 $d_i(i=1,2,\cdots,11)$ 和核函数 $g_i(x)$ 的情况下，用连续介质反演理论求模型 $m(x)$。

下面，分两种情况说明反演结果。

(1)有限、精确数据。图 2-2(a)是根据有限个精确的观测数据 $d_i(i=1,2,\cdots,11)$ 求取的最小模型；子图(b)～(f)是在不同约束条件下的最平缓模型。可以看出，虽然只有 11 个观测数据，但只要限制条件选择得当，最平缓模型仍然可以比较接近真实模型。图中虚线表示真实模型，实线为反演结果。

(2)在以上理论模型的观测数据中，加 5% 的白噪声就构成了有限、非精确数据。图 2-3 是有限、非精确观测数据的反演结果。图中虚线表示真实模型，实线表示反演结果。其中，第一列为最小模型，其他为最平缓模型。(a)～(c)模型，$\chi^2 \ll M$；(d)～(f)模型，$\chi^2 \approx M$；(g)～(i)模型，$\chi^2 \gg M$。可以看出，虽然观测数据有限，M 仅为 11，而且又都有误差，但只要 χ^2 近似等于观测数据的个数 M，反演得到的最平缓模型还是接近于真实模型。

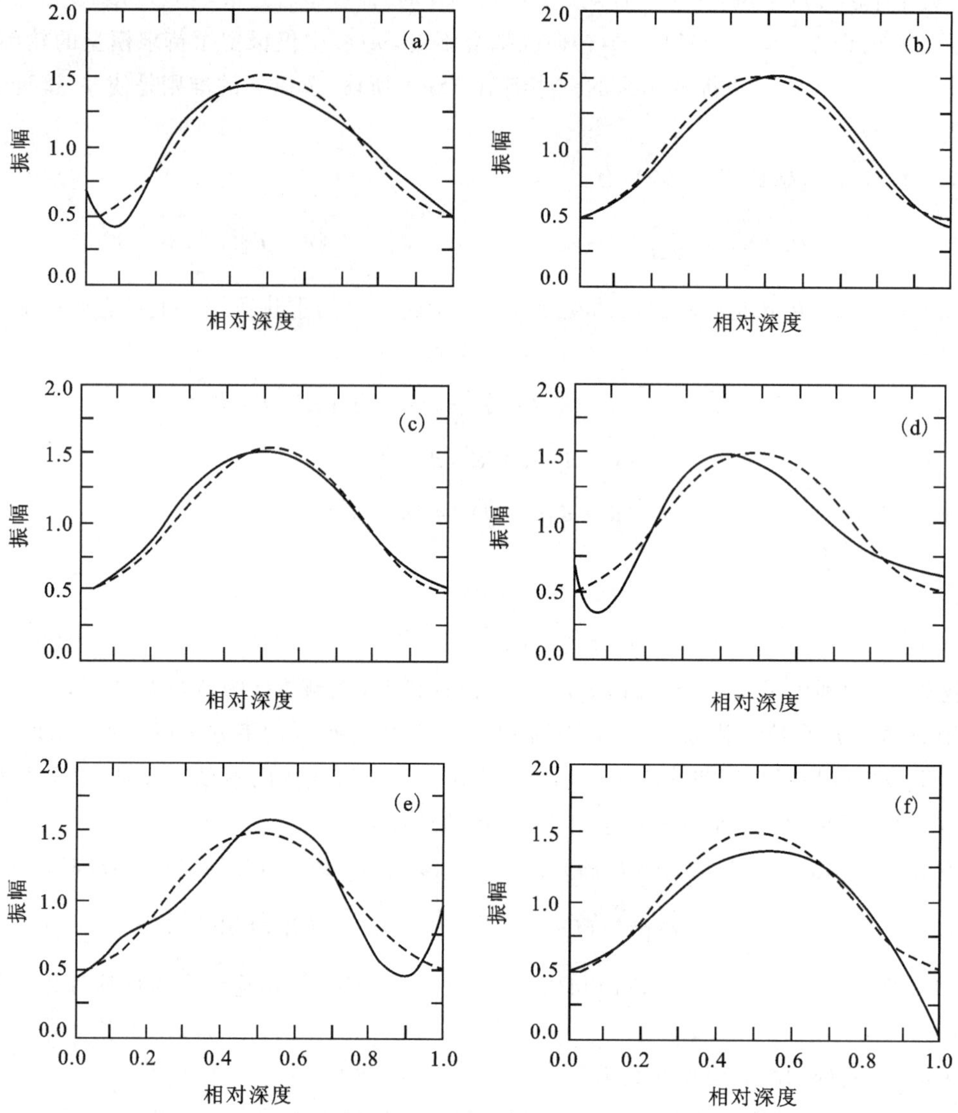

图 2-2　精确数据的反演结果

例 3　大地电磁测深曲线的反演。

图 2-4(a)～(d)是用 3 层电阻率模型计算出的理论数据的反演结果。反演结果分别采用了不同的约束条件。曲线 A 表示理论模型(虚线)，曲线 B 表示反演结果(实线)。图 2-4(e)和(f)是一个 8 层电阻率模型及用连续介质反演的结果，其中图 2-2(e)为理论模型，图 2-4(f)为反演结果及与理论模型的对比。从这里可以看出，虽然是层状模型的大地电磁测深理论曲线，用连续模型反演法仍可找到一个拟合观测数据的模型。

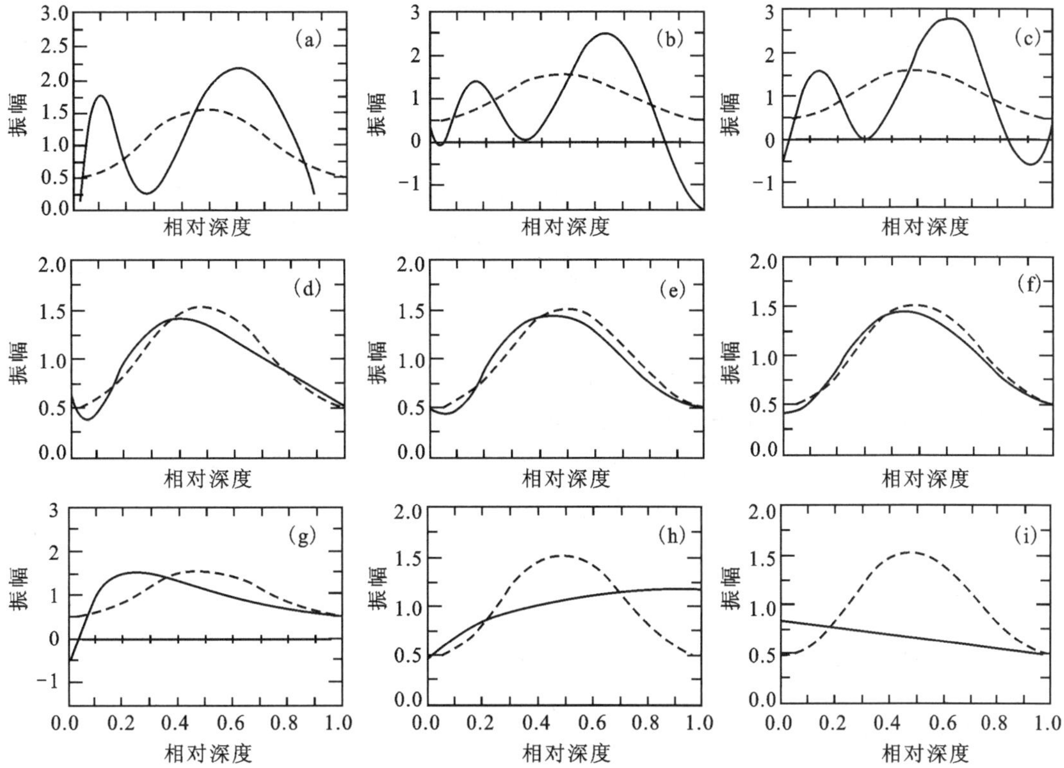

图 2-3　非精确数据的反演结果

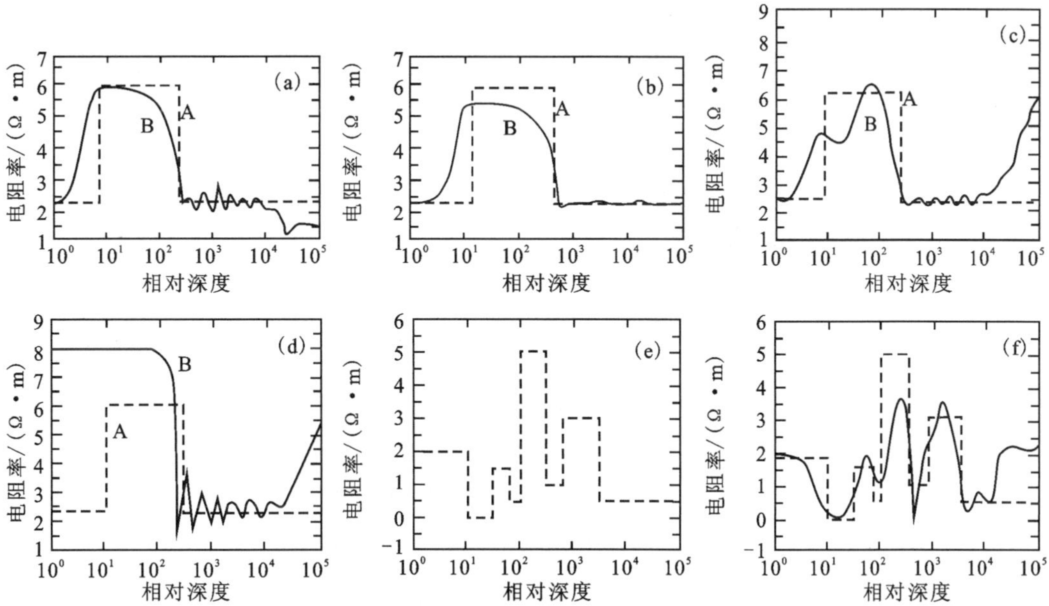

A 表示模型(虚线);B 表示反演结果(实线)。

图 2-4　大地电磁理论数据的反演结果

(a)～(d)3 层曲线;(e)8 层理论模型;(f)反演结果以及与理论模型(e)的对比

2.3 BG 线性评价 I

线性反演问题的解是非唯一的,可能有无限多个。在实际工作中,也不可能将所有能拟合观测数据的模型都构制出来再进行筛选。那么,我们要问,是不是用任何一种反演方法构制出来的能拟合观测数据的模型都没有意义了呢?不能做出这样一个荒诞的结论。在这一节中,我们就要回答这个问题。

对待非唯一性这样一个难题,科学家提出了两种不同的策略:一种是加紧研究新的反演方法(包括线性和非线性反演方法),强加各种不同的限制条件,以缩小解的非唯一性范围,使解更逼近待求的地球物理模型;另一种是从构制出来的模型中提取所有能拟合观测数据的模型(其中也包括真实模型)的共同信息。为了提取这种信息,许多反演专家付出了不懈的努力,其中最著名、最成功的成果要算 Backus-Gilbert 的线性评价理论。下面,我们将详细讨论这个问题。

2.3.1 基本理论

观测数据方程:

$$d_i=(g_i,m)\ (i=1,2,\cdots,M)$$

给我们一个启示,任何一个观测值 d_i,都可看成模型 $m(\xi)$ 在窗口 $g_i(\xi)$ 范围内的平均。那么,M 个观测数据 d_i 的平均可否构成某个深度 ξ_0 处的模型值 $m(\xi_0)$ 呢?

为了回答这个问题,我们首先假设可以求得一组系数 $a_i(\xi_0)$,使它和核函数 $g_i(\xi)$ 的线性组合可以构成一个狄拉克 $\delta(\xi)$ 函数,即

$$\sum_{i=1}^{M}a_i(\xi_0)g_i(\xi)=\delta(\xi-\xi_0) \tag{2.62}$$

然后利用 $a_i(\xi_0)$ 与观测数据组成另一组线性组合:

$$\begin{aligned}\sum_{i=1}^{M}a_i(\xi_0)d_i&=\sum_{i=1}^{M}a_i(\xi_0)(g_i,m)\\&=\left(\sum_{i=1}^{M}a_i(\xi_0)g_i(\xi),m\right)\\&=(\delta(\xi-\xi_0),m)\\&=m(\xi_0)\end{aligned} \tag{2.63}$$

可见,只要在深度 ξ_0 处能确定一组系数 $a_i(\xi_0)\ (i=1,2,\cdots,M)$,使之与 $g_i(\xi)\ (i=1,2,\cdots,M)$ 能组成一个函数 $\delta(\xi-\xi_0)$,即满足式(2.62),则 M 个 $a_i(\xi_0)$ 与 M 个观测数据 d_i 的线性组合,就可以唯一地确定深度 ξ_0 处模型的值 $m(\xi_0)$。

然而,由于 M 个核函数 $g_i(\xi)$ 的线性组合未必能真正确定一个 $\delta(\xi-\xi_0)$ 函数,如果能求得一个与 $\delta(\xi-\xi_0)$ 函数近似的函数,例如 $A(\xi,\xi_0)$,也是可以的。我们称 $A(\xi,\xi_0)$ 为平均函数。

十分明显，平均函数 $A(\xi,\xi_0)$ 越接近中心位于 ξ_0 的函数 $\delta(\xi)$，则式(2.63)就能越准确地确定 ξ_0 处的模型值 $m(\xi_0)$，即有

$$\langle m(\xi_0)\rangle=(A(\xi,\xi_0),m(\xi)) \tag{2.64}$$

反之，$A(\xi,\xi_0)$ 越不接近 $\delta(\xi)$ 函数，中心越偏离 ξ_0，或者有多个极值存在，则 $\langle m(\xi_0)\rangle$ 就越不同于 $m(\xi_0)$。

显然，平均函数 $A(\xi,\xi_0)$ 的形态完全取决于核函数的性质，或者说，取决于地球物理问题的本质。由于 $A(\xi,\xi_0)$ 是核函数 $g_i(\xi)(i=1,2,\cdots,M)$ 的线性组合，因此，核函数的性质不同，它随深度的衰减特性不同，必然会影响平均函数属性。在浅部衰减殆尽的核函数，主要决定平均函数的浅部性质；反之，衰减缓慢的核函数则影响平均函数的深部特性。

就两个数据的重力问题而言，则由 $g_1(u)=u^2$，$g_2(u)=u^4$，显然，$g_2(u)$ 的衰减比 $g_1(u)$ 快，它的分辨力比 $g_1(u)$ 高。它们线性组合的结果就是，$g_2(u)$ 对 $A(\xi,\xi_0)$ 的浅部特性影响大，而 $g_1(u)$ 对它的深部特性影响大。由两个核函数 u^2 和 u^4 的线性组合是无论如何无法获得一个 δ 函数的。因此，两个数据重力问题的平均函数的特性一定是很差的。

如果，我们把景物看成“模型”，把照片看成“观测数据”，照相时的聚焦和光圈就是“核函数”。我们可以选择不同的聚焦和光圈以获得某一距离的景物，从而可以十分清楚地从一系列聚焦良好的照片上分清从近至远的不同景物；相反，如果照相时的聚焦和光圈选择不当，从照片上也就不可能分辨远近不同的景物。地球物理问题和照相结果完全类似，我们就是根据在地表观测点上的一系列数据（或者同一摄影点不同聚焦的一系列照片），反演求取地球物理模型（或分辨不同景物）的。对浅层模型或近景物分辨力高，对深层模型或远景物分辨力低，是这种问题的一个共同特性。

如把式(2.64)重新改写为

$$\langle m(\xi_0)\rangle=\int_{r_0}^{r}A(\xi,\xi_0)m(\xi)\mathrm{d}\xi \tag{2.65}$$

则不难理解 $\langle m(\xi_0)\rangle$ 就是模型 $m(\xi)$ 在以平均函数 $A(\xi,\xi_0)$ 为窗口的范围内的平均值。

显然，这就是我们能从观测数据中提取出来的所有能拟合观测数据的模型（含真实模型）所包含的共同信息。之所以是共同信息，是因为所有能拟合观测数据的模型代入式(2.63)以后，均可得到相同的平均值 $\langle m(\xi_0)\rangle$。

设 $\overline{m}(\xi)$ 是一个能拟合观测数据 d_i 的模型，故有

$$d_i=(g_i,\overline{m})(i=1,2,\cdots,M)$$

将上式代入式(2.63)，则有

$$\begin{aligned}\sum_{i=1}^{M}a_i(\xi_0)d_i&=\sum_{i=1}^{M}a_i(\xi_0)\cdot(g_i,\overline{m})\\&=\left(\sum_{i=1}^{M}a_i(\xi_0)g_i(\xi),\overline{m}\right)\\&=(A(\xi,\xi_0),\overline{m})\\&=\langle m(\xi_0)\rangle\end{aligned} \tag{2.66}$$

十分清楚，对任何一个能够拟合观测数据的模型(当然含真实地球物理模型)，上式都是成立的。因此，$\langle m(\xi_0)\rangle$是能从观测数据中提取出来的唯一信息。由此可见，由于平均函数并非δ函数，从有限个观测数据d_i中提取出某一深度ξ_0的模型值$m(\xi_0)$是不现实的，也是不可能的。能从中提取出来的唯一信息只是平均函数$A(\xi,\xi_0)$窗口范围内的模型平均值$\langle m(\xi_0)\rangle$。这一点读者必须十分清楚！

如果，在从地表($\xi=0$)到足够深的点$\xi_{\max}$之间取足够多的深度点$\xi_j(j=1,2,\cdots,N)$，并对每一个深度ξ_j计算$\langle m(\xi_j)\rangle$，则可以建立一个“加权平均模型”。然而，一般来说，这并不是一个可以接受的模型。这不仅仅是因为求取一个加权平均模型要耗费大量的计算时间，很不经济，而且它并不能较好地拟合观测数据。

这里还指出，平均函数：

$$A(\xi,\xi_0)=\sum_{i=1}^{M}a_i(\xi_0)g_i(\xi)\tag{2.67}$$

应该满足以下性质：

(1)归一化性质，类似于δ函数的性质，即

$$\int_{r_0}^{r}A(\xi,\xi_0)\mathrm{d}\xi=1\tag{2.68}$$

(2)$A(\xi,\xi_0)$的峰值应该在深度ξ_0处。峰的宽度应尽可能窄，最好接近于狄拉克δ函数，其主叶应该大，边叶应该小，最好均为正值。

2.3.2 加权系数 a_i 和平均函数 $A(\xi,\xi_0)$ 的确定

由上文可知，要对深度ξ_0处的反演结果进行评价，必须求得$A(\xi,\xi_0)$，要求得$A(\xi,\xi_0)$，必须先求$a_i(\xi_0)(i=1,2,\cdots,M)$。下面，我们将详细论述加权系数$a_i$和平均函数$A(\xi,\xi_0)$的求法。

1)第一类狄里希来准则

我们希望平均函数$A(\xi,\xi_0)$尽量接近$\delta(\xi-\xi_0)$，故以它们的方差最小作为目标函数，求取待定系数a_i，这就是第一类狄里希来准则。它可以表示为以下泛函形式，即

$$E=\int_{r_0}^{r}[A(\xi,\xi_0)-\delta(\xi-\xi_0)]^2\mathrm{d}\xi\tag{2.69}$$

将式(2.67)代入式(2.69)，得

$$E=\int_{r_0}^{r}\left[\sum_{i=1}^{M}a_ig_i-\delta(\xi-\xi_0)\right]^2\mathrm{d}\xi$$

对a_j求偏导数，并设其为0，则有

$$\begin{aligned}\frac{\partial E}{\partial a_j}&=2\int_{r_0}^{r}\left[\sum_{i=1}^{M}a_ig_i-\delta(\xi-\xi_0)\right]g_j\mathrm{d}\xi\\&=2\left\{\sum_{i=1}^{M}a_i\int_{r_0}^{r}g_ig_j\mathrm{d}\xi-\int_{r_0}^{r}\delta(\xi-\xi_0)g_j\mathrm{d}\xi\right\}=0\end{aligned}$$

所以有

$$\sum_{i=1}^{M} a_i \int_{r_0}^{r} g_i g_j \, d\xi = g_j(\xi_0) \quad (i, j = 1, 2, \cdots, M)$$

并设

$$G_{ij} = (g_i, g_j)$$

进一步可写为矩阵形式

$$\boldsymbol{d} = \boldsymbol{G}\boldsymbol{A} \tag{2.70}$$

其中

$$\boldsymbol{d} = \begin{bmatrix} g_1(\xi_0) \\ g_2(\xi_0) \\ \vdots \\ g_M(\xi_0) \end{bmatrix}, \quad \boldsymbol{A} = \begin{bmatrix} a_1(\xi_0) \\ a_2(\xi_0) \\ \vdots \\ a_M(\xi_0) \end{bmatrix}, \quad \boldsymbol{G} = \begin{bmatrix} G_{11} & G_{12} & \cdots & G_{1M} \\ G_{21} & G_{22} & \cdots & G_{2M} \\ \cdots & \cdots & \cdots & \cdots \\ G_{M1} & G_{M2} & \cdots & G_{MM} \end{bmatrix} \tag{2.71}$$

由式(2.70)立即可以求出

$$\boldsymbol{A} = \boldsymbol{G}^{-1}\boldsymbol{d}$$

在求出 $\boldsymbol{A}$ 之后，将其元素 $a_i(\xi_0)$ 和 $g_i(\xi)$ 做线性组合，则得平均函数 $A(\xi, \xi_0)$，进而提取出平均模型 $\langle m(\xi_0) \rangle$。

为了便于理解平均函数的作用和意义，让我们分析一个简单例子。

例 4　设核函数

$$g_1(\xi) = 1, 0 \leqslant \xi \leqslant 1$$

$$g_2(\xi) = \begin{cases} 1 & 0 \leqslant \xi \leqslant \dfrac{1}{2} \\ 0 & \xi > \dfrac{1}{2} \end{cases}$$

根据式(2.71)，有

$$G_{11} = \int_0^1 g_1(\xi) g_1(\xi) \, d\xi = 1$$

$$G_{12} = \int_0^1 g_1(\xi) g_2(\xi) \, d\xi = \int_0^{\frac{1}{2}} g_1(\xi) g_2(\xi) \, d\xi = \frac{1}{2} = G_{21}$$

$$G_{22} = \int_0^{\frac{1}{2}} g_2(\xi) g_2(\xi) \, d\xi = \frac{1}{2}$$

故有

$$\boldsymbol{G} = \begin{bmatrix} 1 & \dfrac{1}{2} \\ \dfrac{1}{2} & \dfrac{1}{2} \end{bmatrix}, \quad \boldsymbol{G}^{-1} = 4 \begin{bmatrix} \dfrac{1}{2} & -\dfrac{1}{2} \\ -\dfrac{1}{2} & 1 \end{bmatrix}$$

假定我们要求 $\xi_0 = 3/4$ 处的平均函数，则有

$$\boldsymbol{d} = [g_1(3/4), g_2(3/4)]^{\mathrm{T}} = [1 \quad 0]^{\mathrm{T}}$$

$$\boldsymbol{A} = \begin{bmatrix} a_1(3/4) \\ a_2(3/4) \end{bmatrix} = \boldsymbol{G}^{-1}\boldsymbol{d} = 4 \begin{bmatrix} \dfrac{1}{2} & -\dfrac{1}{2} \\ -\dfrac{1}{2} & 1 \end{bmatrix} \begin{bmatrix} 1 \\ 0 \end{bmatrix} = \begin{bmatrix} 2 \\ -2 \end{bmatrix}$$

$$A(\xi,3/4)=\sum_{i=1}^{2}a_i(3/4)g_i(\xi)=\begin{cases}0 & \left(0\leqslant\xi\leqslant\dfrac{1}{2}\right)\\ 2 & \left(\dfrac{1}{2}\leqslant\xi\leqslant 1\right)\end{cases}$$

从上式可以看出，归一化的 $A(\xi,3/4)$，其面积为 1，且中心位于 $\xi_0=3/4$。

现在，我们再计算一下 $\xi_0=1/4$ 处的平均函数 $A(\xi,1/4)$。此时

$$\boldsymbol{d}=[g_1(1/4),g_2(1/4)]^{\mathrm{T}}=[1\quad 1]^{\mathrm{T}}$$

故

$$\boldsymbol{A}=\begin{bmatrix}a_1(1/4)\\ a_2(1/4)\end{bmatrix}=\boldsymbol{G}^{-1}\boldsymbol{d}=4\begin{bmatrix}\dfrac{1}{2} & -\dfrac{1}{2}\\ -\dfrac{1}{2} & 1\end{bmatrix}\begin{bmatrix}1\\1\end{bmatrix}=\begin{bmatrix}0\\2\end{bmatrix}$$

因而

$$A(\xi,1/4)=\sum_{i=1}^{2}a_i(1/4)g_i(\xi)=\begin{cases}2 & \left(0\leqslant\xi\leqslant\dfrac{1}{2}\right)\\ 0 & \left(\dfrac{1}{2}\leqslant\xi\leqslant 1\right)\end{cases}$$

可见，$A(\xi,1/4)$也满足平均函数的基本性质。两个不同位置，$\xi_0=1/4$ 和 $\xi_0=3/4$ 的平均函数的图像如图 2－5 所示。

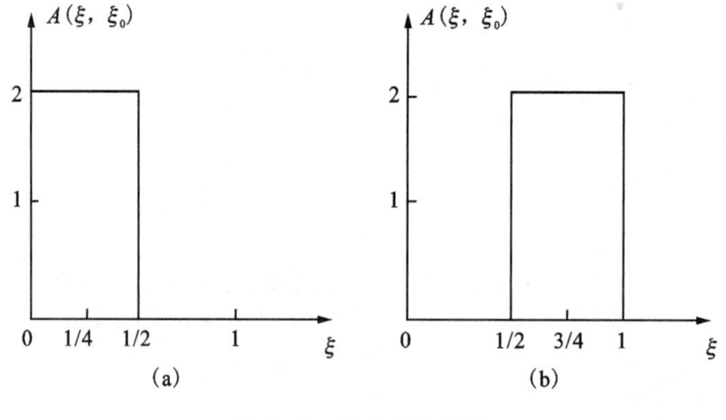

图 2－5　平均函数曲线

(a)$A(\xi,1/4)$；(b)$A(\xi,3/4)$

从以上这个简单例子可以看出，用第一类狄里希来准则，一般总可以找到一个满足要求的平均函数 $A(\xi,\xi_0)$。遗憾的是，在这个例子中，在 $0\leqslant\xi\leqslant\dfrac{1}{2}$ 范围内 $\left(\text{同理在}\dfrac{1}{2}\leqslant\xi\leqslant 1\text{ 范围内}\right)$ 的所有点上，平均函数 $A(\xi,\xi_0)$是一个门函数，与狄拉克 δ 函数相去甚远，可以预见，反演结果不可能分辨出模型细节。

综上所述，第一类狄里希来准则给出的结果，仅仅是平均函数 $A(\xi,\xi_0)$与 $\delta(\xi-\xi_0)$的方差为最小这种意义上的“最高分辨力”。当然，准则不同，结果也不一样。

必须注意：

(1)由于狄拉克 δ 函数平方的积分[式(2.69)]无限大，目标函数 E 是无界的，不能直接确定。但庆幸的是，δ 函数的微分是有界的，在对 E 的极小化过程中，其导数是常数。因此，仍然可以求出 $a_i(\xi_0)(i=1,2,\cdots,M)$。

(2)由于 E 是无界的，因此不能用来评价 $A(\xi,\xi_0)$ 的分辨力。但由于 $A(\xi,\xi_0)$ 以面积为单位，其主叶越高，宽度就越窄，边叶也必然越小，因此，可以用主叶峰值的倒数，即

$$W(\xi_0)=\frac{1}{A(\xi,\xi_0)} \tag{2.72}$$

来评价分辨力的高低。

(3)实践证明，按第一类狄里希来准则求出的平均函数的边叶，有正有负。负值的出现，造成在 ξ_0 处的平均函数 $A(\xi,\xi_0)$ 窗口范围内对模型 $m(\xi)$ 的平均值 $\langle m(\xi_0)\rangle$ 的解释困难增大了。尽管 $\langle m(\xi_0)\rangle$ 是唯一的信息，解释人员仍然难以获得模型 $m(\xi)$ 在 ξ_0 附近的确切值。因为，对 $m(\xi)$ 加以平均的窗口 $A(\xi,\xi_0)$ 有正有负。因此，从某种意义上来说，这种具有负边叶的平均函数(图 2-6 中的虚线)还不如实线所示的平均函数，其主叶虽较宽，但边叶无负值出现(图 2-6 中的实线)。在实际工作中，人们宁肯应用后者而不应用具有负边叶的平均函数。

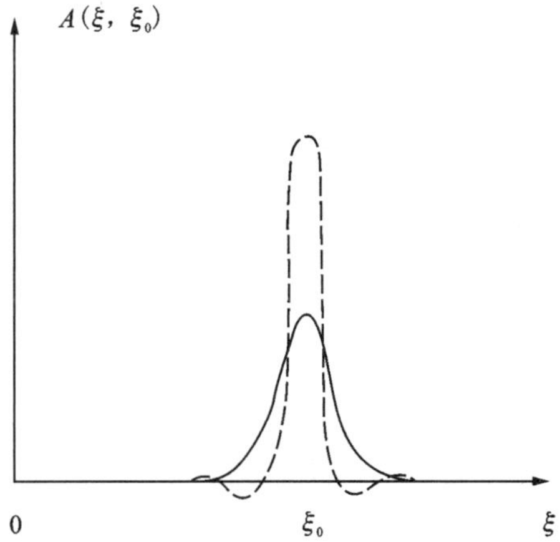

图 2-6　平均函数 $A(\xi,\xi_0)$ 的形状

2)第二类狄里希来准则

为了克服用第一类狄里希来准则求取平均函数 $A(\xi,\xi_0)$ 存在的不足，我们可以选用 Heaviside 阶跃函数，而不用 δ 函数来构筑目标函数。

在 ξ_0 处，阶跃函数的定义是

$$H(\xi-\xi_0)=\int_{-\infty}^{\xi}\delta(x-\xi_0)\mathrm{d}x \tag{2.73}$$

大家知道，核函数的线性组合可以逼近 δ 函数。因此，用核函数的不定积分的线性组合，也可以逼近阶跃函数，即

$$\widetilde{H}(\xi-\xi_0)=\sum_{i=1}^{M}a_i(\xi_0)\int_{r_0}^{\xi}g_i(x)\mathrm{d}x \tag{2.74}$$

设

$$u_i(\xi)=\int_{r_0}^{\xi}g_i(x)\mathrm{d}x \tag{2.75}$$

则

$$\widetilde{H}(\xi-\xi_0)=\sum_{i=1}^{M}a_i(\xi_0)u_i(\xi) \tag{2.76}$$

仿式(2.62)进一步构造出：

$$\tilde{\delta}(\xi,\xi_0)=\sum_{i=1}^{M}a_i(\xi_0)g_i(\xi) \tag{2.77}$$

现在，我们用 $\widetilde{H}(\xi-\xi_0)$和 $H(\xi-\xi_0)$之差来构筑目标函数：

$$E=\int_{r_0}^{r}[\widetilde{H}(\xi-\xi_0)-H(\xi-\xi_0)]^2\mathrm{d}\xi \tag{2.78}$$

将式(2.76)代入上式，有

$$\begin{aligned}E&=\int_{r_0}^{r}\left[\sum_{i=1}^{M}a_i(\xi_0)u_i(\xi)-H(\xi-\xi_0)\right]^2\mathrm{d}\xi\\&=\sum_{i=1}^{M}\sum_{j=1}^{M}a_i(\xi_0)a_i(\xi_0)\int_{r_0}^{r}u_i(\xi)u_j(\xi)\mathrm{d}\xi-2\sum_{i=1}^{M}a_i(\xi_0)\int_{r_0}^{r}u_i(\xi)\mathrm{d}\xi+(r-\xi_0)\end{aligned} \tag{2.79}$$

令

$$\begin{cases}G_{ij}=(u_i(\xi),u_j(\xi))\\b_i(\xi_0)=2\int_{r_0}^{r}u_i(\xi)\mathrm{d}\xi\end{cases} \tag{2.80}$$

结合式(2.71)，式(2.79)可改写为

$$E=\boldsymbol{A}^{\mathrm{T}}\boldsymbol{G}\boldsymbol{A}-\boldsymbol{A}^{\mathrm{T}}\boldsymbol{B}+(r-\xi_0) \tag{2.81}$$

其中，$\boldsymbol{B}=[b_1(\xi_0)\quad b_2(\xi_0)\quad\cdots\quad b_M(\xi_0)]^{\mathrm{T}}$。

根据最优化原理，极小化 E，求 E 相对于 $\boldsymbol{A}^{\mathrm{T}}$ 的偏导数，并令其等于 0，则得

$$\boldsymbol{G}\boldsymbol{A}=\boldsymbol{B} \tag{2.82}$$

立即可求出 $\boldsymbol{A}$

$$\boldsymbol{A}=\boldsymbol{G}^{-1}\boldsymbol{B} \tag{2.83}$$

由此，根据式(2.67)和式(2.65)不难求出平均函数 $A(\xi,\xi_0)$和 ξ_0 处的模型平均值$\langle m(\xi_0)\rangle$。

现在讨论$\langle m(\xi_0)\rangle$的分辨力。如果定义分辨宽度为

$$W[\tilde{\delta}]=12\int_{r_0}^{r}[\widetilde{H}(\xi-\xi_0)-H(\xi-\xi_0)]^2\mathrm{d}\xi \tag{2.84}$$

观察上式可知，$W[\tilde{\delta}]$越小，说明 $\widetilde{H}(\xi-\xi_0)$越接近真实的阶跃函数 $H(\xi-\xi_0)$，即分辨率越高；反之，则分辨率越低。公式中的系数为什么取 12 呢？下面将做进一步的说明。

假定 $\tilde{\delta}$ 函数(它是 δ 函数的近似函数)为一个中心在 ξ_0 处的方波，其宽度为高度的倒数，且面积为 1，如图 2-7 所示，此时：

$$\tilde{\delta}(\xi,\xi_0)=\begin{cases}\dfrac{1}{a} & |\xi-\xi_0|\leqslant\dfrac{a}{2}\\ 0 & 其他\end{cases}$$

将上式代入式(2.84)，并注意到式(2.75)和式(2.77)，得

$$W[\tilde{\delta}]=a$$

正好和脉冲的宽度 a 相等。如果取式(2.84)中的系数为 1，而不是 12，则 $W[\tilde{\delta}]=a/12$，与实际脉冲的宽度相差一个比例因子 1/12。

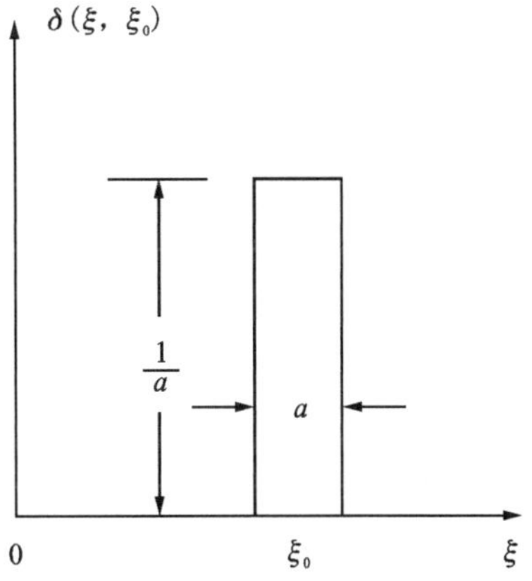

图 2-7　$\tilde{\delta}(\xi,\xi_0)$的一种近似

应特别指出的是，和第一类狄里希来准则类似，按第二类狄里希来准则求得的平均值$\langle m(\xi_0)\rangle$，也是求在最小方差意义上的解，由于目标函数不同，所以结果也会发生变化。要知道$\langle m(\xi_0)\rangle$在多大程度上反映 ξ_0 处 $m(\xi)$的值，还必须知道平均函数 $A(\xi,\xi_0)$的形态(包括其极值和宽度)、分辨力的宽度 $W[\tilde{\delta}]$。只有结合$\langle m(\xi_0)\rangle$，$A(\xi,\xi_0)$和 $W[\tilde{\delta}]$才有可能给$\langle m(\xi_0)\rangle$接近 $m(\xi_0)$的程度做出明确回答。

3)BG 展伸准则

为了改善平均函数的形态，提高分辨力，不同的学者提出了各种不同的准则，其中最常用的要算 Backus 和 Gilbert 提出的 BG 展伸准则了。

BG 展伸准则抛开了 δ 函数或阶跃函数的形态，考虑的是平均函数 $A(\xi,\xi_0)$的矩，比如二阶矩。设目标函数：

$$E=12\int_{r_0}^{r}(\xi-\xi_0)^2A(\xi,\xi_0)^2\mathrm{d}\xi=W[\tilde{\delta}] \tag{2.85}$$

并在 $A(\xi,\xi_0)$的归一化条件式(2.68)的约束之下求目标函数式(2.85)的极小。在式(2.85)中，$(\xi-\xi_0)^2$ 实际上是权函数。当$(\xi-\xi_0)\to 0$ 时，权很小；当 ξ 远离 ξ_0 时，权很大。然而，我们欲求的是目标函数 E 的极小，其结果必然是突出了$(\xi-\xi_0)\to 0$ 处的平均函数值，使 $A(\xi,\xi_0)$更接近于 $\delta(\xi-\xi_0)$函数。

根据条件极值原理，可引入拉格朗日乘子，将式(2.85)的条件极值问题，化为无条件极值问题，即求泛函：

$$E=12\int_{r_0}^{r}(\xi-\xi_0)^2A(\xi,\xi_0)^2\mathrm{d}\xi+\lambda\left[1-\int_{r_0}^{r}\sum_{i=1}^{M}a_i(\xi_0)g_i(\xi)\mathrm{d}\xi\right] \tag{2.86}$$

的无条件极值问题。式中，λ 为拉格朗日乘子。

若利用式(2.67)和式(2.75)，可将式(2.86)改写成

$$E=\sum_{i=1}^{M}\sum_{j=1}^{M}S_{ij}(\xi_0)a_i(\xi_0)a_j(\xi_0)+\lambda\left[1-\sum_{i=1}^{M}a_i(\xi_0)u_i(\xi_0)\right] \tag{2.87}$$

其中，

$$S_{ij}(\xi_0)=12\int_{r_0}^{r}(\xi-\xi_0)^2 g_i(\xi)g_j(\xi)\mathrm{d}\xi \tag{2.88}$$

则式(2.87)可写成矩阵方程：

$$E=\boldsymbol{A}^{\mathrm{T}}\boldsymbol{S}\boldsymbol{A}+\lambda[1-\boldsymbol{A}^{\mathrm{T}}\boldsymbol{U}] \tag{2.89}$$

式中

$$\boldsymbol{S}=\begin{bmatrix} S_{11} & S_{12} & \cdots & S_{1M} \\ S_{21} & S_{22} & \cdots & S_{2M} \\ \cdots & \cdots & \cdots & \cdots \\ S_{M1} & S_{M2} & \cdots & S_{MM} \end{bmatrix},\quad \boldsymbol{U}=\begin{bmatrix} u_1(\xi_0) \\ u_2(\xi_0) \\ \vdots \\ u_M(\xi_0) \end{bmatrix} \tag{2.90}$$

因为

$$\frac{\partial E}{\partial \boldsymbol{A}^{\mathrm{T}}}=\boldsymbol{S}\boldsymbol{A}+\lambda\boldsymbol{U}=0$$

可得

$$\boldsymbol{A}=\lambda\boldsymbol{S}^{-1}\boldsymbol{U} \tag{2.91}$$

根据式(2.68)，可推出

$$\boldsymbol{A}^{\mathrm{T}}\boldsymbol{U}=1 \tag{2.92}$$

将式(2.91)转置，并代入上式，再利用 **S** 的对称型，可得

$$\lambda\boldsymbol{U}^{\mathrm{T}}\boldsymbol{S}^{-1}\boldsymbol{U}=1$$

故

$$\lambda=(\boldsymbol{U}^{\mathrm{T}}\boldsymbol{S}^{-1}\boldsymbol{U})^{-1} \tag{2.93}$$

将上式代入式(2.91)，可求出

$$\boldsymbol{A}=(\boldsymbol{U}^{\mathrm{T}}\boldsymbol{S}^{-1}\boldsymbol{U})^{-1}\boldsymbol{S}^{-1}\boldsymbol{U} \tag{2.94}$$

再将式(2.94)代入式(2.66)和式(2.67)，立即可得

$$\langle m(\xi_0)\rangle=\boldsymbol{A}^{\mathrm{T}}\boldsymbol{d}=\boldsymbol{U}^{\mathrm{T}}\boldsymbol{S}^{-1}(\boldsymbol{U}^{\mathrm{T}}\boldsymbol{S}^{-1}\boldsymbol{U})^{-1}\boldsymbol{d} \tag{2.95}$$

和

$$A(\xi,\xi_0)=\boldsymbol{A}^{\mathrm{T}}\boldsymbol{g}=\boldsymbol{U}^{\mathrm{T}}\boldsymbol{S}^{-1}(\boldsymbol{U}^{\mathrm{T}}\boldsymbol{S}^{-1}\boldsymbol{U})^{-1}\boldsymbol{g} \tag{2.96}$$

其中，核函数矩阵 $\boldsymbol{g}=[g_1\quad g_2\quad \cdots\quad g_M]^{\mathrm{T}}$。

由式(2.94)可以看出，由于 **A** 只和核函数有关，所以平均函数 $A(\xi,\xi_0)$ 必然只决定于核函数，而平均模型 $\langle m(\xi_0)\rangle$ 不仅与核函数有关，而且还与观测数据 $\boldsymbol{d}$ 有关。从式(2.95)可知，凡是拟合观测数据的模型，都具有相同的平均值 $\langle m(\xi_0)\rangle$。

讨论：

(1)按式(2.85)计算的 E，可以近似地表示平均函数的分辨宽度。当平均函数 $A(\xi,\xi_0)$ 集中在 ξ_0 附近时，其值与平均函数的分辨宽度重合很好。记 $S(\xi_0,A)=E$，则 $S(\xi_0,A)$ 的大小和分辨力成反比。而 $S(\xi_0,A)$ 越小，分辨力越高。

(2)由 BG 展伸准则求出的平均函数的宽度，一般比狄里希来准则求出的要宽，但其边叶要小，不存在负值，相应的 $\langle m(\xi_0)\rangle$ 的方差较小。由于平均函数的边叶不出现负值，因而给

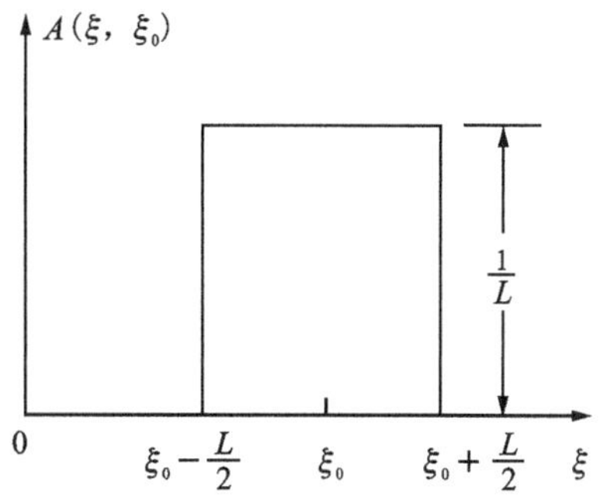

图 2-8　展伸准则的一种近似

$\langle m(\xi_0)\rangle$的解释带来了方便。

(3)基于 BG 展伸准则工作时，由于每一个 ξ_0 的加权系数都不相同，大大增加了计算内积矩阵式(2.88)和解方程式(2.94)的工作量，从而增加了计算成本。

(4)定义 E 时，应加一系数 12。

如取 $A(\xi,\xi_0)$为中心在 ξ_0 处的单位矩形脉冲，如图 2-8所示，即

$$A(\xi,\xi_0)=\begin{cases} L^{-1} & -\frac{L}{2}\leqslant\xi-\xi_0 \\ L^{-1} & \frac{L}{2}\geqslant\xi-\xi_0 \\ 0 & 其他 \end{cases}$$

将上述定义代入式(2.85)，可得

$$\begin{aligned} E &= S(\xi_0,A) \\ &= 12\int_{r_0}^{r}(\xi-\xi_0)^2A(\xi,\xi_0)^2\mathrm{d}\xi \\ &= 12\int_{-\frac{L}{2}}^{\frac{L}{2}}x^2A(x,\xi)^2\mathrm{d}x \\ &= 12\left[\frac{1}{3}x^3\ \frac{1}{L^2}\right]_{-\frac{L}{2}}^{\frac{L}{2}} = L \end{aligned}$$

由此可见，在这种条件下，$S(\xi_0,A)$恰好等于矩形的宽度。在实践中，$S(\xi_0,A)$可作为平均函数 $A(\xi,\xi_0)$半极值的宽度，即作为分辨力的量度。

综上所述，BG 线性评价的信息包含在 3 个量中，即平均值$\langle m(\xi_0)\rangle$、平均函数 $A(\xi,\xi_0)$和分辨力 $S(\xi_0,A)$。只有综合分析以上 3 种信息才可能取得关于 ξ_0 处地球物理模型的真正信息。

2.4　BG 线性评价Ⅱ

在上一节中，讨论了在观测数据为有限、精确的情况下，BG 的线性评价问题。可以看出，虽然反演问题的解是非唯一的，但在 $A(\xi,\xi_0)$窗口范围内，模型 $m(\xi)$的平均值$\langle m(\xi_0)\rangle$却是唯一的。这表明，不管用什么方法求出来的解，只要能拟合观测数据，都具有相同的平均值(即模型与平均函数的内积)。

然而，实际观测数据都具有误差。在用有误差的观测数据时，如何进行线性评价？前一节中所讨论的 BG 线性评价理论是否仍然适用？现在我们来回答这个问题。设观测数据由观测数据的真值和观测误差两部分构成：

$$\tilde{d}_i=d_i^t+\delta\tilde{d}_i\quad(i=1,2,\cdots,M)\tag{2.97}$$

式中：$\tilde{d}_i$ 和 $\delta\tilde{d}_i$ 分别为第 i 个观测数据及其方差；d_i^t 为第 i 个观测数据的真值。

利用式(2.66)，讨论 ξ_0 处具有误差的模型的平均值，则有

$$\begin{aligned}\langle\tilde{m}(\xi_0)\rangle &= \sum_{i=1}^{M} a_i(\xi_0)\tilde{d}_i \\ &= \sum_{i=1}^{M} a_i(\xi_0) d_i^t + \sum_{i=1}^{M} a_i(\xi_0)\delta\tilde{d}_i\end{aligned}$$

将 $\langle\tilde{m}(\xi_0)\rangle$ 分解为模型平均值的真值 $\langle m(\xi_0)\rangle$ 和 ξ_0 处模型平均值的误差 $\langle\delta\tilde{m}(\xi_0)\rangle$ 两部分，即

$$\langle\tilde{m}(\xi_0)\rangle = \langle m(\xi_0)\rangle + \langle\delta\tilde{m}(\xi_0)\rangle \tag{2.98}$$

为了定量估计观测数据的误差 $\delta\tilde{d}_i(i=1,2,\cdots,M)$ 对反演结果和评价结果的影响，必须了解观测数据误差所遵循的规律。这里，不妨假定观测数据误差 $\delta\tilde{d}_i(i=1,2,\cdots,M)$ 服从高斯分布、零平均值且方差为 $\sigma_i(i=1,2,\cdots,M)$ 的统计特性，并设其数学期望为

$$E[\delta\tilde{d}_i]=0$$

协方差为

$$E_{ij}=\text{cov}[\delta\tilde{d}_i,\delta\tilde{d}_j] \tag{2.99}$$

假定数据误差 $\delta\tilde{d}_i(i=1,2,\cdots,M)$ 是互相独立的，即满足：

$$E_{ij}=\begin{cases}\sigma_i^2 & (i=j)\\ 0 & (i\neq j)\end{cases} \tag{2.100}$$

由式(2.98)可知：

$$\begin{aligned}E[\langle\tilde{m}(\xi_0)\rangle] &= E[\langle m(\xi_0)\rangle] + E[\langle\delta\tilde{m}(\xi_0)\rangle] \\ &= \langle m(\xi_0)\rangle + \sum_{i=1}^{M} a_i(\xi_0) E[\delta\tilde{d}_i] \\ &= \langle m(\xi_0)\rangle\end{aligned}$$

也就是说，虽然观测数据有误差，但只要满足高斯分布、零平均值的统计特性，此时 $E[\langle\tilde{m}(\xi_0)\rangle]$ 仍与平均值 $\langle m(\xi_0)\rangle$ 完全一样。

$\langle\tilde{m}(\xi_0)\rangle$ 的方差为

$$\begin{aligned}\text{var}[\langle\tilde{m}(\xi_0)\rangle] &= \text{var}[\langle m(\xi_0)\rangle] + \text{var}[\langle\delta\tilde{m}(\xi_0)\rangle] \\ &= \text{var}\left[\sum_{i=1}^{M} a_i(\xi_0)\delta\tilde{d}_i\right] \\ &= \sum_{i=1}^{M}\sum_{j=1}^{M} a_i(\xi_0) a_j(\xi_0) E_{ij} \\ &= \sum_{i=1}^{M} a_i^2(\xi_0)\sigma_i^2\end{aligned}$$

为了方便，将 $\langle\tilde{m}(\xi_0)\rangle$ 的方差记为

$$V^2(\xi_0) = \sum_{i=1}^{M} a_i^2(\xi_0)\sigma_i^2 \tag{2.101}$$

由此可见，在 ξ_0 处模型的平均值 $\langle m(\xi_0)\rangle$ 的方差 $V^2(\xi_0)$，不仅与观测数据的方差 σ_i^2 有关，而且与待定系数 $a_i(\xi_0)(i=1,2,\cdots,M)$ 有关。因此，在选择计算 $a_i(\xi_0)$ 的方法时，既要考虑分辨力 $S(\xi_0,A)$，也应考虑方差 $V^2(\xi_0)$，以避免分辨力很高但方差也很大的现象出现。

当观测数据有误差时，从统计观点看，分辨力和方差是矛盾的。分辨力高[即 $S(\xi_0,A)$ 小]，方差大；分辨力低，方差小。结论是，必须在方差 $V^2(\xi_0)$ 和分辨力 $S(\xi_0,A)$ 之间折衷，并以此作为求取待定系数 $a_i(\xi_0)$ 的准则。待 $a_i(\xi_0)$ 求出之后，再按式(2.101)和式(2.85)计算 $V^2(\xi_0)$ 和 $S(\xi_0,A)$，以及模型在 ξ_0 处模型的平均值 $\langle m(\xi_0)\rangle$。

2.4.1　折衷准则

在观测数据有误差的情况下，对反演问题提出既要分辨力高，又要方差小的要求是不现实的，也是不可能的。但是我们可以折衷，为此，设计如下目标函数 E：

$$E=W[\tilde{\delta}]\cos\theta+V^2(\xi_0)\sin\theta \tag{2.102}$$

式中：θ 为折衷参数；$\cos\theta$、$\sin\theta$ 分别为对分辨力 $W[\tilde{\delta}]$ 和方差 $V^2(\xi_0)$ 的加权因子(加权因子满足 $\sin^2\theta+\cos^2\theta=1$)。

当 θ 加大时，方差对目标函数的贡献加大，极小 E 求得 $\langle m(\xi_0)\rangle$ 的方差减小，精度提高，但分辨力降低，因此，当 $\theta=\pi/2$，$\langle m(\xi_0)\rangle$ 的精度最高，分辨力最低；相反，θ 减小时，解的分辨力提高，方差增大，精度降低。当 $\theta=0$ 时，分辨力最高，方差也最大。

现在，我们讨论在有误差的观测数据时，如何实现 BG 线性评价。

将式(2.85)和式(2.101)中的 $W[\tilde{\delta}]$ 和 $V^2(\xi_0)$ 代入式(2.102)，并取 $\sigma_i=1(i=1,2,\cdots,M)$，即设观测数据均为单位方差，则得目标函数：

$$E=\boldsymbol{A}^{\mathrm{T}}\boldsymbol{S}\boldsymbol{A}\cos\theta+\boldsymbol{A}^{\mathrm{T}}\boldsymbol{A}\sin\theta \tag{2.103}$$

欲在

$$\boldsymbol{A}^{\mathrm{T}}\boldsymbol{U}=1$$

条件限制之下，求式(2.103)的极小。和以前一样，这种条件极值问题，可以采用拉格朗日乘子法，将有条件极值问题化为无条件极值问题，此时，式(2.103)可写为

$$E=\boldsymbol{A}^{\mathrm{T}}\boldsymbol{S}\boldsymbol{A}\cos\theta+\boldsymbol{A}^{\mathrm{T}}\boldsymbol{A}\sin\theta+\lambda(1-\boldsymbol{A}^{\mathrm{T}}\boldsymbol{U}) \tag{2.104}$$

求 E 相对于 $\boldsymbol{A}^{\mathrm{T}}$ 的导数，并令 $\dfrac{\partial E}{\partial \boldsymbol{A}^{\mathrm{T}}}=0$，可得

$$\lambda\boldsymbol{U}=\boldsymbol{S}\boldsymbol{A}\cos\theta+\boldsymbol{A}\sin\theta \tag{2.105}$$

由于 $\boldsymbol{S}$ 为对称正定矩阵，对 $\boldsymbol{S}$ 做正交分解：

$$\boldsymbol{S}=\boldsymbol{O}\boldsymbol{\Lambda}\boldsymbol{O}^{\mathrm{T}}$$

式中：$\boldsymbol{\Lambda}$ 为对称矩阵 $\boldsymbol{S}$ 的特征值组成的对角矩阵；$\boldsymbol{O}$ 为 $\boldsymbol{S}$ 的特征向量组成的特征向量矩阵，并满足 $\boldsymbol{O}\boldsymbol{O}^{\mathrm{T}}=\boldsymbol{O}^{\mathrm{T}}\boldsymbol{O}=\boldsymbol{I}$。

若记

$$\underline{\boldsymbol{A}}=\boldsymbol{O}^{\mathrm{T}}\boldsymbol{A},\underline{\boldsymbol{U}}=\boldsymbol{O}^{\mathrm{T}}\boldsymbol{U} \tag{2.106}$$

代入式(2.105)，两边同乘 $\boldsymbol{O}^{\mathrm{T}}$，并利用 $\boldsymbol{O}^{\mathrm{T}}\boldsymbol{O}=\boldsymbol{I}$，进行必要的处理后，可得

$$\lambda \underline{U}=\boldsymbol{\Lambda}\,\underline{\boldsymbol{A}}\cos\theta+\underline{\boldsymbol{A}}\sin\theta=(\cos\theta\boldsymbol{\Lambda}+\sin\theta\boldsymbol{I})\underline{\boldsymbol{A}}$$

因而

$$\underline{\boldsymbol{A}}=\lambda(\cos\theta\boldsymbol{\Lambda}+\sin\theta\boldsymbol{I})^{-1}\underline{\boldsymbol{U}} \tag{2.107}$$

又因

$$\boldsymbol{A}^{\mathrm{T}}\boldsymbol{U}=\boldsymbol{I}=\boldsymbol{A}^{\mathrm{T}}\boldsymbol{O}\boldsymbol{O}^{\mathrm{T}}\boldsymbol{U}=\underline{\boldsymbol{A}}^{\mathrm{T}}\underline{\boldsymbol{U}}=\underline{\boldsymbol{U}}^{\mathrm{T}}\underline{\boldsymbol{A}} \tag{2.108}$$

将式(2.107)代入式(2.108)得 $\underline{\boldsymbol{A}}$。由此可以继续求得分辨力 $S(\xi_0,A)$及方差 $V^2(\xi_0)$：

$$S(\xi_0,A)=\underline{\boldsymbol{A}}^{\mathrm{T}}\boldsymbol{S}\underline{\boldsymbol{A}} \tag{2.109}$$

$$V^2(\xi_0)=\underline{\boldsymbol{A}}^{\mathrm{T}}\underline{\boldsymbol{A}} \tag{2.110}$$

从而，平均值为

$$\begin{aligned}\langle m(\xi_0)\rangle &= \int_{r_0}^{r} A(\xi,\xi_0)m(\xi)\mathrm{d}\xi \\ &= \sum_{i=1}^{M} a_i(\xi_0)\,\tilde{d}_i = \boldsymbol{A}^{\mathrm{T}}\,\tilde{\boldsymbol{d}} = \underline{\boldsymbol{A}}^{\mathrm{T}}\,\underline{\tilde{\boldsymbol{d}}}\end{aligned} \tag{2.111}$$

其中，$\underline{\tilde{\boldsymbol{d}}}=\boldsymbol{O}^{\mathrm{T}}\,\tilde{\boldsymbol{d}}$。

从式(2.109)~式(2.111)可以看出，由于 $\boldsymbol{A}$ 或 $\underline{\boldsymbol{A}}$ 与折衷参数 θ 有关，所以 $S(\xi_0,A)$、$V^2(\xi_0)$及$\langle m(\xi_0)\rangle$都随 θ 而变化。当 $\theta=0$ 时，$S(\xi_0,A)$最小，分辨力最高，但方差最大；当 $\theta=\pi/2$，此时分辨力最低，方差最小。计算时，必须根据观测数据方差的大小，选择最佳的 θ 值，以使方差 $V^2(\xi_0)$和分辨力 $S(\xi_0,A)$符合要求。

2.4.2 折衷曲线

如上所述，为了求得模型 $m(\xi)$在 ξ_0 处的平均值$\langle m(\xi_0)\rangle$，必须选择一组 N 个不同的折衷参数 $0\leqslant\theta_i\leqslant\frac{\pi}{2}$，$(i=1,2,\cdots,N)$，并计算相应于 θ_i 的如下参数：①方差 $V_i^2(\xi_0)$；②展伸系数 $S_i(\xi_0,A)$(对第一类、第二类狄里希来准则而言，为 $W_i[\tilde{\delta}]$，即分辨宽度)。

然后根据不同 θ_i 计算的 $S_i(\xi_0,A)$和 $V_i^2(\xi_0)$画出一条曲线，即折衷曲线，如图 2-9 所示。再根据折衷曲线选择最佳的折衷参数 θ_i，计算最佳的 $a_i(\xi_0)$及相应的平均函数 $A(\xi,\xi_0)$和平均值$\langle m(\xi_0)\rangle$，并以此作为 ξ_0 处反演结果的最后取值。

之后计算另一 ξ_0 处的折衷曲线、平均函数 $A(\xi,\xi_0)$和平均值$\langle m(\xi_0)\rangle$。如此计算，反复进行，直到所有深度 ξ_0 的折衷曲线、平均函数 $A(\xi,\xi_0)$和平均值$\langle m(\xi_0)\rangle$计算出来。

同一反演问题，不同 ξ_0 处所需的最佳折衷参数和绘出的折衷曲线不可能完全相同。一般来说，ξ_0 较小时(浅处)折衷曲线随折衷参数变化明显，最佳折衷参数易于确定，如图 2-10 中的 A 所示；随着深度的加大，折衷曲线趋于平缓，最佳折衷参数难以确定，如图 2-10 中的 C 所示。值得提出的是，不同地球物理反演问题，折衷曲线的形态也不相同。

分辨力高的地球物理方法折衷曲线变化明显，距图中的原点较近；相反，分辨力低的地球物理勘探方法的折衷曲线比较平缓，距原点较远。

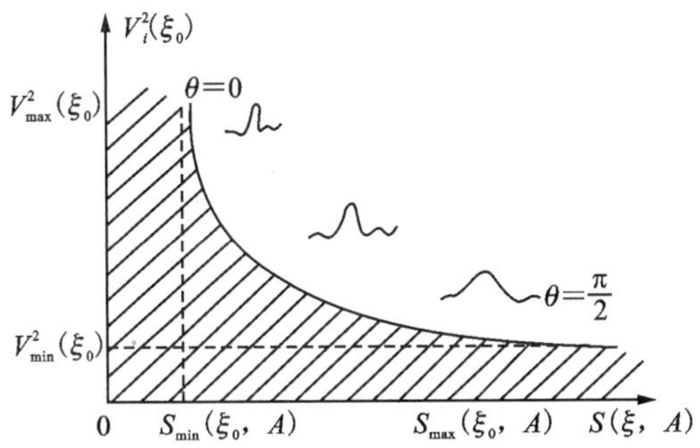

图 2-9 折衷曲线的形态

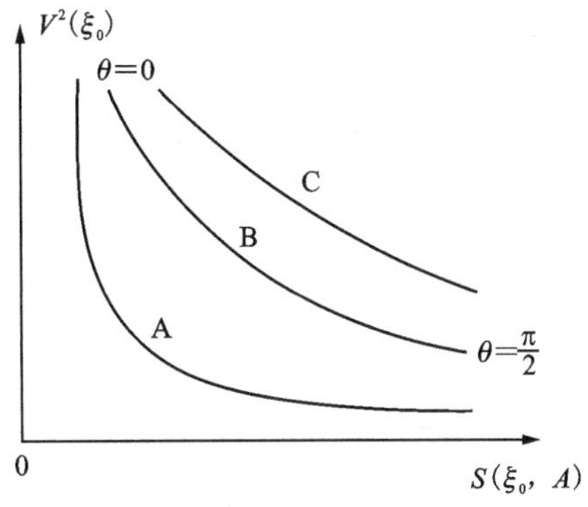

图 2-10 折衷曲线的类型

折衷曲线的形态完全取决于核函数的性质，取决于地球物理问题的物理本质。一般来说，波场勘探，折衷曲线较佳，呈现出 A、B 类；而位场勘探，折衷曲线较差，为 B、C 类。

当然，折衷曲线还和观测数据的方差有关，方差越大，折衷曲线越趋于平缓。

除了上面一些原因外，折衷曲线还和用于反演的观测资料的多少有关。数据点数 M 增加，分辨力应该提高，相应折衷曲线向原点移动，如图 2-11 所示。当然，不是 M 越大，效果越佳。事实说明，对某一确定的地球物理问题而言，M 增大到一定程度后，对分辨力不再起明显的作用。况且，M 加大，野外采集工作量增加，成本提高。因此，在实际工作中，不能一味增加观测数据的点数 M。必须结合分辨力、地质任务、成本等诸多因素进行综合考虑。实际上，在一个地区施工之前，应该在一定假设前提下，绘出不同 M 的折衷曲线，以确定最佳观测值的个数，此即实验设计。

既然，在求取 $\langle m(\xi_0)\rangle$ 的同时，还得到了估计 ξ_0 处模型平均值 $\langle m(\xi_0)\rangle$ 的方差和分辨宽度这些反映解的质量的重要参数。因此，在表示 $\langle m(\xi_0)\rangle$ 时，最好把它们也同时表示出来。如图 2-12 所示，垂线表示方差，水平线表示分辨宽度，其交点坐标就是 $\langle m(\xi_0)\rangle$。看了图 2-12，对反演的结果及其质量评价就一目了然了。

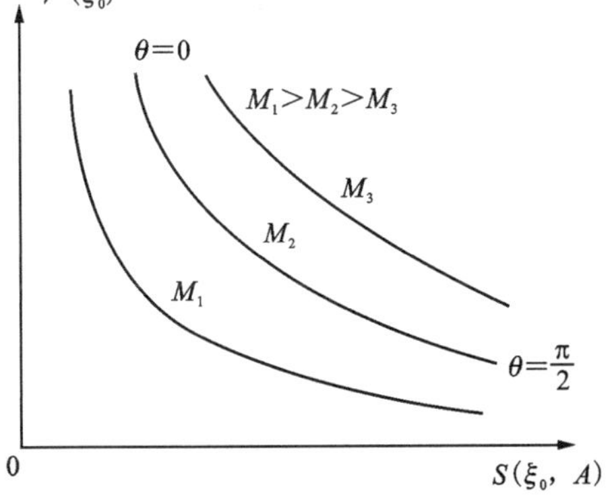

图 2-11 折衷曲线随观测数据量 M 的变化

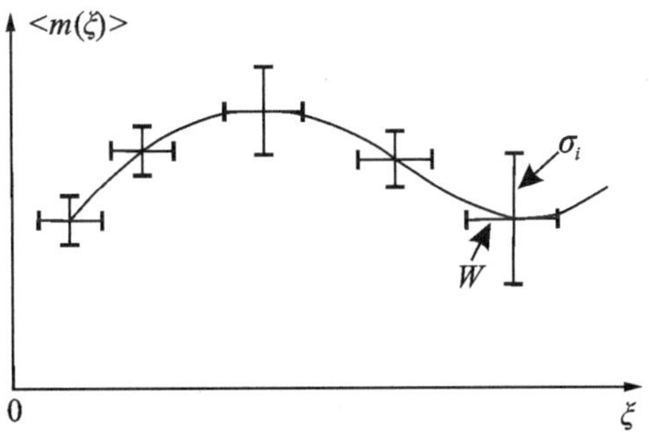

图 2-12 模型平均值 $\langle m(\xi_0)\rangle$ 的图示法

2.4.3 平均模型

在 BG 线性评价理论中已经证明，$\langle m(\xi_0)\rangle$是观测数据中可以提取出来的地球模型的唯一信息。试问，不同 ξ_i 的平均值$\langle m(\xi_i)\rangle$所构成的“平均模型”是否可作为我们反演构制的地球物理模型？是否能拟合观测数据呢？回答一般是否定的。可以证明，除了：

(1)折衷参数 $\theta=0$；

(2)没有平均函数为单位模这一限制条件的第一类狄里希来准则外，其他任何准则所计算的“平均模型”都不可能重建观测数据或拟合观测数据。

为说明以上结论，让我们研究满足以上两个条件的第一类狄里希来问题。此时，目标函数为

$$E=\int_{r_0}^{r}\left[A(\xi,\xi_0)-\delta(\xi-\xi_0)\right]^2\mathrm{d}\xi \tag{2.112}$$

将式(2.67)代入上式，则有

$$E=\int_{r_0}^{r}\left[\sum_{i=1}^{M}a_i(\xi_0)g_i(\xi)-\delta(\xi-\xi_0)\right]^2\mathrm{d}\xi$$

如采用式(2.71)的符号和记法，可得

$$\mathbf{A}=\boldsymbol{G}^{-1}\boldsymbol{d}$$

且

$$\langle m(\xi_0)\rangle=\sum_{j=1}^{M}a_j(\xi_0)d_j$$

现在，将$\langle m(\xi_0)\rangle$作为模型代入数据方程，即有

$$\begin{aligned}
d_l&=\int_{r_0}^{r}g_l(\xi)\langle m(\xi)\rangle\mathrm{d}\xi\\
&=\int_{r_0}^{r}g_l(\xi)\sum_{j=1}^{M}a_j(\xi)d_j\mathrm{d}\xi\\
&=\int_{r_0}^{r}\sum_{j=1}^{M}\sum_{k=1}^{M}(\boldsymbol{G}^{-1})_{jk}g_k(\xi)d_jg_l(\xi)\mathrm{d}\xi\\
&=\sum_{j=1}^{M}\sum_{k=1}^{M}d_j(\boldsymbol{G}^{-1})_{jk}\int_{r_0}^{r}g_l(\xi)g_k(\xi)\mathrm{d}\xi\\
&=\sum_{j=1}^{M}\sum_{k=1}^{M}d_j(\boldsymbol{G}^{-1})_{jk}(\boldsymbol{G})_{kl}\\
&=\sum_{j=1}^{M}d_j\delta_{jl}\\
&=d_l
\end{aligned}$$

可见，只要折衷参数 $\theta=0$，则式(2.102)在第一类狄里希来准则下，可简化为式(2.112)。当只有极小式(2.112)，而又没有其他任何限制条件，才会满足上述两个条件。以上证明表示，这样得到的“平均模型”完全拟合观测数据(事实上，这时的“平均模型”是最小模型)。除此以

外，在其他任何准则下，所获得的“平均模型”都不拟合观测数据，故不能作为可接受的模型。

从以上的讨论可以看出，BG 线性反演理论中的模型构制和评价，是既有联系又不相同的两个独立的问题。它们的任务和在反演理论中的作用也不相同。前者是在一定限制条件下，寻找一个解释人员认为可以接受的、最优的解。这种最优是有限制条件的，并不一定是在接近真实地球物理模型意义上的最优。换言之，不同的标准、不同的限制条件和不同的模型构制方法都可能得到不同的最优解；反演问题的解无论如何是非唯一的。

BG 线性评价就是在承认解是非唯一的前提下，欲从任何一个与真实地球物理模型线性接近的、能拟合观测数据的模型中，提取它与真实地球物理模型之间存在的共同的信息，即从观测数据中所能提取出来的唯一信息，也就是对构制的模型进行评价。

可见，模型构制和评价是反演过程中的两个不同阶段，各自具有不同的任务和作用。前者是后者的基础和前提，后者是前者的继续和深化。两者互相联系，缺一不可；两者相结合才构成反演问题的整体。那种以为构制出一种模型就完成了反演问题的全部任务的想法，显然是不正确的。

2.4.4　评价实例

图 2－13 是本章 2.2 节例 2 的评价结果，子图(a)是 $x=0.05, 0.25, 0.5$ 三个深度处的折衷曲线；子图(b)～(d)分别是相应深度的平均函数曲线。图中，曲线 1,2,3 分别表示方差为 0.01,0.05,0.10 的平均函数曲线。

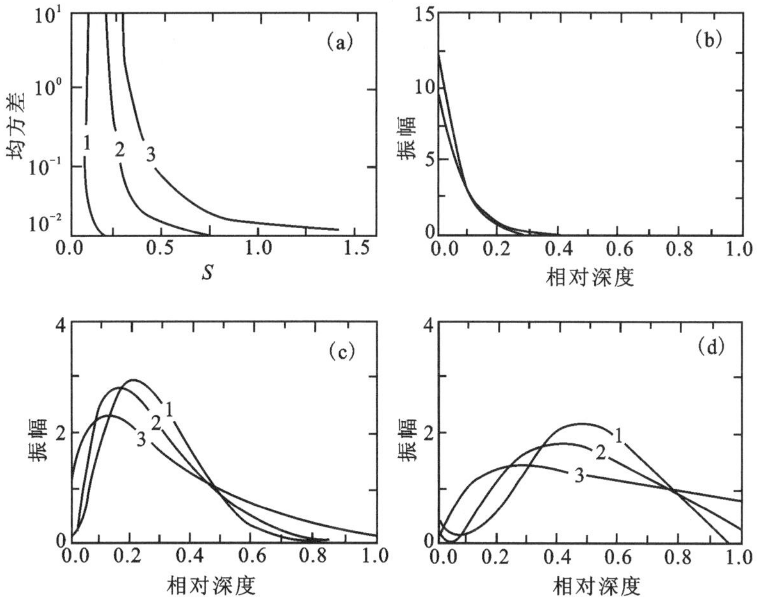

图 2－13　理论数据的折衷曲线和平均函数

(a)1,2 和 3 分别对应相对深度 $x=0.05, 0.25$ 和 0.5 处的折衷曲线；(b)曲线 1,2 和 3 分别对应方差 0.01,0.05 和 0.10 且相对深度为 0.05 时的平均函数曲线；(c)曲线 1,2 和 3 分别对应方差 0.01,0.05 和 0.10 且相对深度为 0.25 时的平均函数曲线；(d)曲线 1,2 和 3 分别对应方差 0.01,0.05 和 0.10 且相对深度为 0.5 时的平均函数曲线

图 2-13(a)表明，x 越小，折衷曲线越靠近原点，折衷曲线变化越剧烈，牺牲一点分辨力可换来方差的大幅度降低。随着 x 的加大，折衷曲线越来越平缓，最佳折衷参数越难确定；从图 2-13(b)可以看出，不管方差为 0.01，0.05，还是 0.1，平均函数的极值都集中在 0.05 附近，分辨力都很高。当 $x=0.25$ 时，平均函数[图 2-13(c)]的极值只有当 $\sigma_0=0.01$ 时，才集中在 $x=0.25$ 处，当 $\sigma_0=0.05,0.1$ 时，极值点均向小 x 方向移动，且平均函数的半极值宽度都超过 0.25。此时的分辨力是相当低的。当 $x=0.05$ 时[图 2-13(d)]，平均函数的性质变得更为恶劣，分辨力更低。因此，在这样一些平均函数范围内，虽然 $\langle m(x)\rangle$ 是唯一的，但这种唯一性对提取真实地球物理模型的信息而言，不会具有更多的价值。

平均函数的分辨力，完全由核函数的性质所决定。就是同一个地球物理问题，采集方式不同，平均函数的性质也不尽相同。一般来说，基于波场勘探的地球物理问题，比基于位场勘探的问题分辨力要高，而且深度越大，平均函数的分辨力越低，这是不以人们的意志为转移的客观规律。

图 2-14 是标准方差分别为 0.01，0.05，0.1 和 0.5 时，上述例子的平均模型，即 $\langle m(x)\rangle - x$ 曲线。从图中的 4 条曲线可以看出，它们和真实模型(图 2-2)均相距甚远。以这种平均模型作为模型无论如何也不可能拟合观测数据。

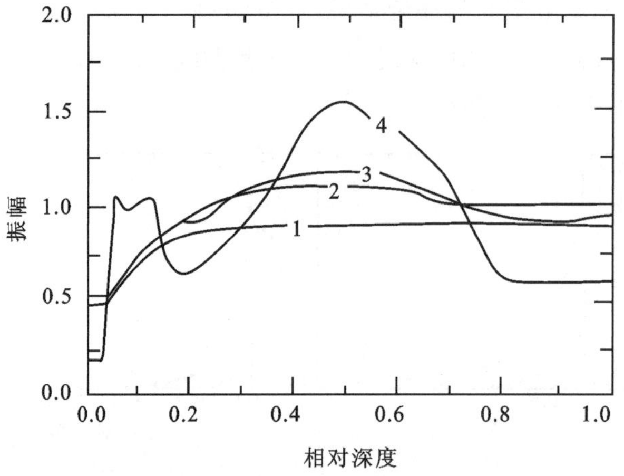

图 2-14 理论数据的 $\langle m(x)\rangle - x$ 曲线

2.5 BG 理论在反褶积中的应用

褶积和反褶积是线性系统中经常遇到的问题，在地球物理学中具有重要意义。计算反褶积的方法很多，这里我们尝试把反褶积看成反演问题，利用 BG 反演理论求解反褶积。

设 $w(t)$ 代表线性系统的输入函数，比如地震子波；$m(t)$ 代表地球物理模型，例如，地震波的反射函数；则 $x(t)$ 代表系统的输出，比如地震记录，在无噪声的情况下，有

$$x(t) = m(t) * w(t) = \int_0^{t_A} m(\tau) w(t-\tau) \mathrm{d}\tau \tag{2.113}$$

式中，符号“ * ”表示褶积运算，$[0, t_A]$是模型的定义域。第 j 个观测数据 x_j 为

$$\begin{aligned} x_j = x(t_j) &= \int_0^{t_A} m(\tau) w(t_j - \tau) \mathrm{d}\tau \\ &= \int_0^{t_A} m(\tau) g_j(\tau) \mathrm{d}\tau \end{aligned} \tag{2.114}$$

其中，$g_j(\tau) = w(t_j - \tau)$为第 j 个观测数据 x_j 对应的子波；在反演理论中，称 $g_j(\tau)$为核函数。

如果核函数 $g_j(\tau)$是一个 δ 函数，观测数据 x_j 就是 t_j 处模型的值。否则，x_j 就是模型 $m(t)$在窗口 $g_j(\tau)$范围内的加权平均。

根据 BG 线性评价理论，设观测数据共有 M 个，在 t_0 处模型的平均值$\langle m(t_0) \rangle$应是

$$\begin{aligned} \langle m(t_0) \rangle &= \sum_{j=1}^{M} a_j(t_0) x_j = \sum_{j=1}^{M} a_j(t_0) \int_0^{t_A} m(\tau) w(t_j - \tau) \mathrm{d}\tau \\ &= \int_0^{t_A} \sum_{j=1}^{M} a_j(t_0) m(\tau) w(t_j - \tau) \mathrm{d}\tau \\ &= \int_0^{t_A} m(t) A(t, t_0) \mathrm{d}t \end{aligned} \tag{2.115}$$

其中，平均函数 $A(t, t_0)$为

$$A(t, t_0) = \sum_{j=1}^{M} a_j(t_0) g_j(t) \tag{2.116}$$

$a_j(t_0)$为一组 M 个待定系数。

正如前面所指出的，有限个函数 $g_j(t)$的线性组合，不可能构成一个 $\delta(t, t_0)$函数，只能是尽可能地逼近。如果“逼近”的准则不同，则平均函数 $A(t, t_0)$就不一样。如用第一类狄里希来准则，则极小应为

$$E(t_0) = \int_0^{t_A} [A(t, t_0) - \delta(t, t_0)]^2 \mathrm{d}t \tag{2.117}$$

值得注意的是，在地震勘探中，可以近似地认为 $w(t)$子波不随时间传播而变化。因此，任何时刻 t_j 的子波都可被认为是完全相同的。这就给 BG 反演带来了极大的方便。比如，在极小 $E(t_0)$时，没有必要加以下限制条件：

$$\int_0^{t_A} A(t, t_0) \mathrm{d}t = 1$$

虽然，这种限制条件在某些情况下是十分重要的。

关于 $E(t_0)$的极小值，不难理解是 $A(t, t_0)$接近 $\delta(t, t_0)$程度的一种度量，故也称 $W = 1/E(t_0)$为时刻 t_0 的分辨率。

在观测数据具有误差时，情况就不同了。假设第 j 个观测数据 x_j 的误差为 $n_j(t)$，且服从均值为零，方差为 σ_j 的高斯分布。则$\langle m(t_0) \rangle$的方差为

$$V^2(t_0) = \mathrm{var}[\langle m(t_0) \rangle] = \sum_{i=1}^{M} \sum_{j=1}^{M} a_i(t_0) E_{ij} a_j(t_0) \tag{2.118}$$

式中

$$E_{ij}=\mathrm{cov}[n_i(t_0)n_j(t_0)]$$

是观测数据协方差矩阵 $\boldsymbol{E}$ 的元素。

如前所述，我们必须在方差和分辨力之间折衷，使目标函数

$$\hat{E}(t_0)=E(t_0)\cos\theta+V^2(t_0)\sin\theta \tag{2.119}$$

极小。上式中，θ 为折衷参数，且 $0\leqslant\theta\leqslant\frac{\pi}{2}$。

将式(2.117)、式(2.118)代入式(2.119)并利用式(2.116)求解。令

$$\frac{\partial\hat{E}(t_0)}{\partial A}=0$$

简化后，得

$$[\boldsymbol{A}^{\mathrm{T}}\boldsymbol{G}-\boldsymbol{r}]\cos\theta+\boldsymbol{A}^{\mathrm{T}}\boldsymbol{E}\sin\theta=0 \tag{2.120}$$

式中

$$\boldsymbol{A}=\begin{bmatrix} a_1(t_0) \\ a_2(t_0) \\ \vdots \\ a_M(t_0) \end{bmatrix},\quad \boldsymbol{G}=\begin{bmatrix} G_{11} & G_{12} & \cdots & G_{1M} \\ G_{21} & G_{22} & \cdots & G_{2M} \\ \cdots & \cdots & \ddots & \cdots \\ G_{M1} & G_{M2} & \cdots & G_{MM} \end{bmatrix},\quad \boldsymbol{r}=\begin{bmatrix} r_1 \\ r_2 \\ \vdots \\ r_M \end{bmatrix}$$

$$\boldsymbol{E}=\begin{bmatrix} E_{11} & E_{12} & \cdots & E_{1M} \\ E_{21} & E_{22} & \cdots & E_{2M} \\ \cdots & \cdots & \ddots & \cdots \\ E_{M1} & E_{M2} & \cdots & E_{MM} \end{bmatrix}$$

其中

$$r_k=\int_0^{t_A} g_k(t)\delta(t-t_0)\mathrm{d}t(k=1,2,\cdots,M)$$

$$G_{jk}=\int_0^{t_A} g_j(t)g_k(t)\mathrm{d}t(j,k=1,2,\cdots,M)$$

矩阵 $\boldsymbol{E}$ 为协方差矩阵。下面我们讨论式(2.120)的解法。

因矩阵 $\boldsymbol{G}$ 为对称正定矩阵，可令 $\boldsymbol{G}=\boldsymbol{O\Lambda O}^{\mathrm{T}}$。设正交变换后的 $\boldsymbol{A}$ 和 $\boldsymbol{r}$ 为

$$\underline{\boldsymbol{A}}=\boldsymbol{O}^{\mathrm{T}}\boldsymbol{A},\ \underline{\boldsymbol{r}}=\boldsymbol{O}^{\mathrm{T}}\boldsymbol{r} \tag{2.121}$$

且令

$$\boldsymbol{D}=\boldsymbol{\Lambda}\cos\theta+\boldsymbol{E}\sin\theta$$

假设噪声是彼此独立的，且满足 $\boldsymbol{E}=\sigma_0^2\boldsymbol{I}$。

$$\boldsymbol{D}=\boldsymbol{\Lambda}\cos\theta+\sigma_0^2\boldsymbol{I}\sin\theta$$

则，式(2.120)的解为

$$\underline{\boldsymbol{A}}=(\boldsymbol{D}^{-1})^{\mathrm{T}}\underline{\boldsymbol{r}}\cos\theta \tag{2.122}$$

由此，可按式(2.121)计算出 $\boldsymbol{A}$，进而求出平均函数 $A(t,t_0)$ 及 $\langle m(t_0)\rangle$。

现在，我们来分析精确数据和加有 5% 白噪声的理论数据——人工合成记录，按 BG 反演方法求得的解。

图 2-15(a)是合成地震记录用的反射系数；图 2-15(b)的右边是子波，左边是人工合成记录。合成时按式(2.114)进行褶积运算，取观测数据的个数 $M=81$，采样间隔 $\Delta t=0.0125\text{s}$，子波长度 1.0s；图 2-15(c)左边的曲线是 $\langle m(t)\rangle$，右边是 $\theta=0$ 时的平均函数。可以看出，在精确观测数据的情况下，平均模型 $\langle m(t)\rangle$ 与真实模型，即反射系数几乎一一对应。

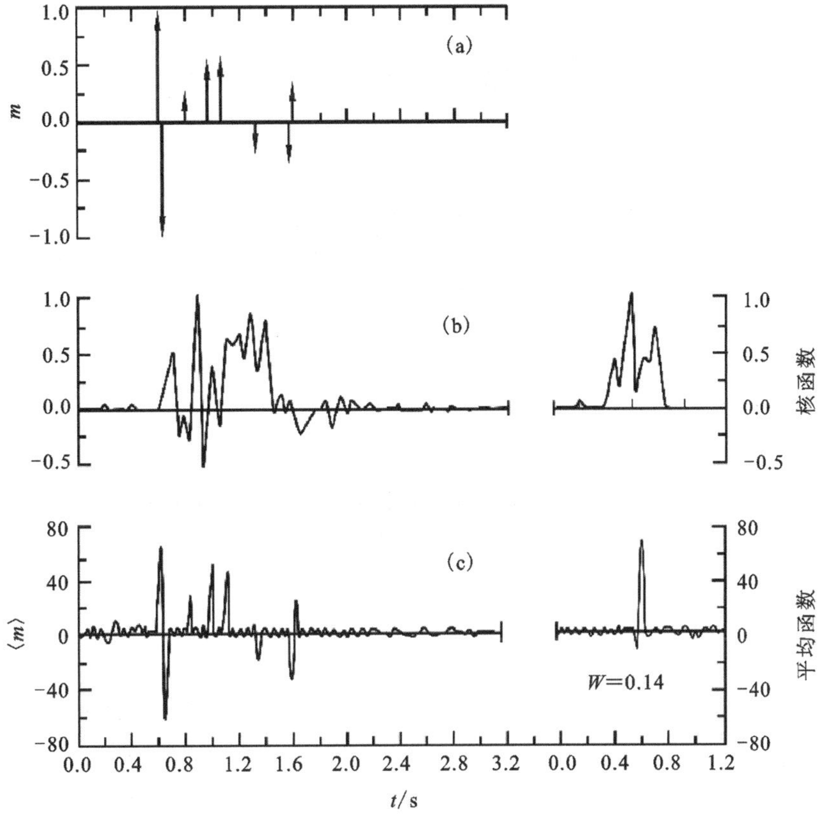

图 2-15　精确数据人工合成地震记录及其 BG 反演的结果

(a)地震反射系数序列；(b)右边为子波，左边为合成地震记录；(c)左边为反演结果，右边为平均函数

图 2-16(a)是反射系数；图 2-16(b)的右边是子波，左边是加有 5% 白噪声的人工合成记录；图 2-16(c)的右边是平均函数 $A(t,t_0)$，左边是 $\langle m(t)\rangle$，显然 $\langle m(t)\rangle$ 的分辨力很高，$W=0.17$，方差 σ 很大($\sigma=140$)。由于方差太大，从 $\langle m(t)\rangle$ 图上得不出关于模型的任何信息；随着平均函数分辨力的降低、方差的减小，$\langle m(t)\rangle$ 越来越能反映真实模型 $m(t)$ 的形态。直到图 2-16(f)，即分辨力 $W=0.52$，方差 $\sigma=0.70$ 时，从 $\langle m(t)\rangle$ 中可以得到其模型 $m(t)$ 的主要信息。

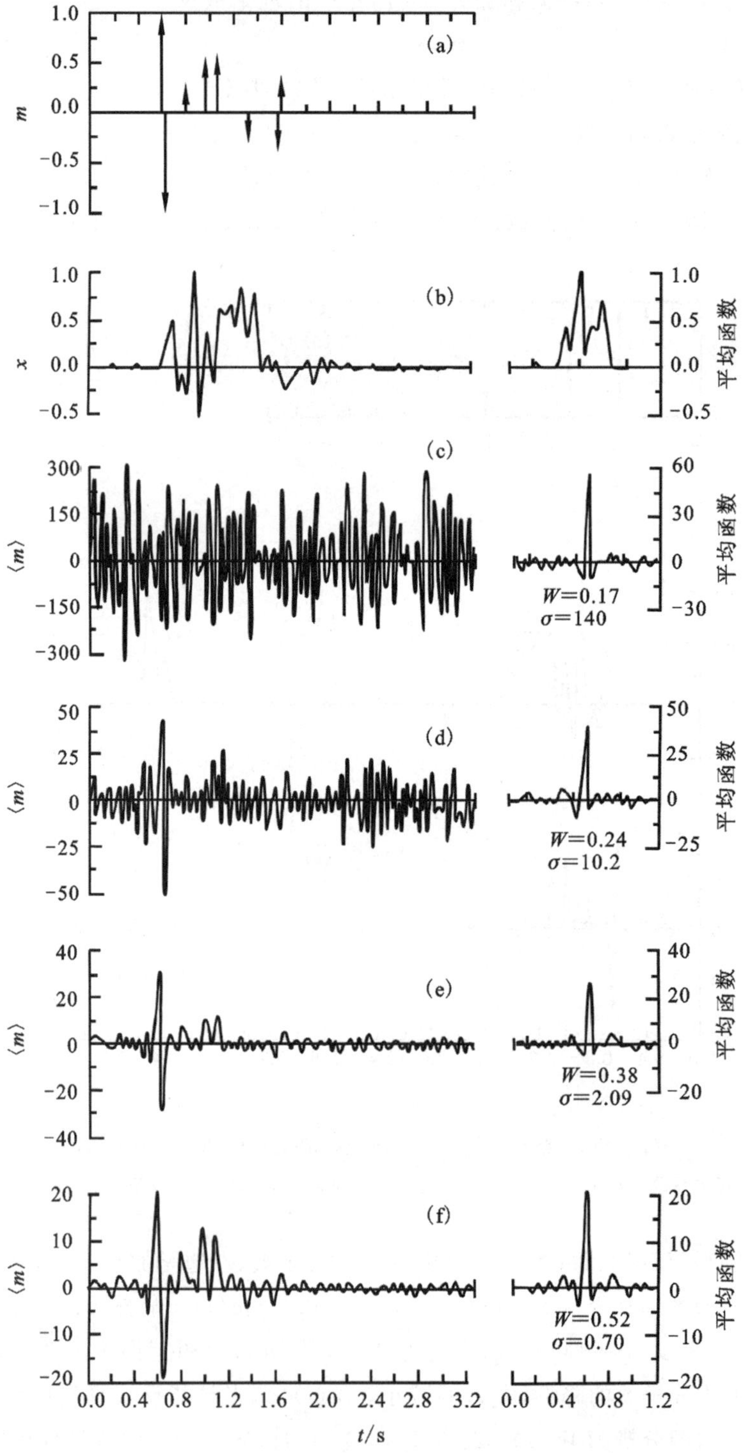

图 2-16　有误差的人工合成地震记录及其 BG 反演结果

(a)地震反射系数序列；(b)右边为子波，坐标为合成地震记录；(c)～(f)不同分辨力 W 和不同方差 σ 的反演结果(左)与平均函数(右)

第 3 章　参数化模型的最小长度解

在第 1 章中已经说明，所谓参数化模型是指那些能用有限个参数表征的模型，既包括能用有限参数表征的一维、二维、三维模型，也包括能用有限参数表征的离散模型和连续模型。简言之，参数化模型是指参数为有限个数的那些模型。

在正式论述本章内容之前，我们还必须弄清最小长度的含义。在处理超定问题时，为处理观测数据中所提供的“多余”信息而采用的误差向量为最小（即方差最小）的准则；在解欠定问题时，为处理观测数据所提供的信息不足以确定全部模型参数的问题，而采用模型参数向量的长度为最小的准则。这里误差向量为最小，或模型参数向量长度为最小（都是欧几里得空间的长度），是 L_2 范数意义下的长度，或范数为最小。长度的定义不同，所求得的模型也会发生变化。在地球物理资料反演问题中，经常应用 L_2 范数、L_1 范数和 L_∞ 范数等作为测量长度的定义。基于这种概念所求得的解，统称为长度解。

3.1　线性反演问题的最小方差解

在线性反演问题中，如果观测数据的个数多于模型参数的个数，更准确地说，在 $M>N=r$ 的情况下，最简单、最常用的反演方法是最小方差法。这里 r 是数据方程

$$\boldsymbol{d}=\boldsymbol{G}\boldsymbol{m} \tag{3.1}$$

中数据核 $\boldsymbol{G}$ 矩阵的秩，$\boldsymbol{d}=[d_1,d_2,\cdots,d_M]^{\mathrm{T}}$ 为 $M\times1$ 维向量；$\boldsymbol{m}=[m_1,m_2,\cdots,m_N]^{\mathrm{T}}$ 为 $N\times1$ 维向量；

$$\boldsymbol{G}=\begin{bmatrix} G_{11} & G_{12} & \cdots & G_{1N} \\ G_{21} & G_{22} & \cdots & G_{2N} \\ \cdots & \cdots & \cdots & \cdots \\ G_{M1} & G_{M2} & \cdots & G_{MN} \end{bmatrix}$$

为 $M\times N$ 阶矩阵。

根据式(3.1)，如果实际观测数据为 $\boldsymbol{d}^{\mathrm{obs}}$，为了求解模型参数 $\boldsymbol{m}$，我们先依据对所研究对象的地球物理模型的认识，估计一个模型 $\boldsymbol{m}^{\mathrm{est}}$。设 $\boldsymbol{e}$ 为观测数据 $\boldsymbol{d}^{\mathrm{obs}}$ 与理论预测值 $\boldsymbol{d}^{\mathrm{pred}}=\boldsymbol{G}\boldsymbol{m}^{\mathrm{est}}$ 的误差向量，即

$$\boldsymbol{e}=\boldsymbol{d}^{\mathrm{obs}}-\boldsymbol{d}^{\mathrm{pred}}=\boldsymbol{d}^{\mathrm{obs}}-\boldsymbol{G}\boldsymbol{m}^{\mathrm{est}}$$

设目标函数为

$$E=\|\boldsymbol{e}\|_2^2=\boldsymbol{e}^{\mathrm{T}}\boldsymbol{e}=(\boldsymbol{d}^{\mathrm{obs}}-\boldsymbol{G}\boldsymbol{m}^{\mathrm{est}})^{\mathrm{T}}(\boldsymbol{d}^{\mathrm{obs}}-\boldsymbol{G}\boldsymbol{m}^{\mathrm{est}}) \tag{3.2}$$

式中，

$$\boldsymbol{e}=\begin{bmatrix} d_1^{\mathrm{obs}}-\sum_{i=1}^{N}G_{1i}m_i^{\mathrm{est}} \\ d_2^{\mathrm{obs}}-\sum_{i=1}^{N}G_{2i}m_i^{\mathrm{est}} \\ \vdots \\ d_M^{\mathrm{obs}}-\sum_{i=1}^{N}G_{Mi}m_i^{\mathrm{est}} \end{bmatrix} \tag{3.3}$$

式(3.2)定义为 L_2 范数的平方，其意义是数据误差的平方，简称平方差。该目标函数 E 与模型 $\boldsymbol{m}$ 之间的关系是一个泛函 $E=\|\boldsymbol{e}\|_2^2$ 关系。很显然，当模型的估计 $\boldsymbol{m}^{\mathrm{est}}$ 就是我们要反演的真实模型 $\boldsymbol{m}^{\mathrm{true}}$ 时，$E=0$。实际情况下，由于观测数据含有误差和噪声，即使我们能够得到真实模型 $\boldsymbol{m}^{\mathrm{true}}$，泛函 E 也不可能等于 0，但会有比较小的值。通过式(3.2)反演或求解模型 $\boldsymbol{m}$ 的问题，就是一个典型的泛函的极值问题。

为了一般性，后文将表示观测数据和模型估计的上标 obs 和 est 等符号省略。将式(3.2)展开，得

$$\begin{aligned} E &=(\boldsymbol{d}^{\mathrm{T}}-\boldsymbol{m}^{\mathrm{T}}\boldsymbol{G}^{\mathrm{T}})(\boldsymbol{d}-\boldsymbol{G}\boldsymbol{m}) \\ &=\boldsymbol{d}^{\mathrm{T}}\boldsymbol{d}-\boldsymbol{m}^{\mathrm{T}}\boldsymbol{G}^{\mathrm{T}}\boldsymbol{d}-\boldsymbol{d}^{\mathrm{T}}\boldsymbol{G}\boldsymbol{m}+\boldsymbol{m}^{\mathrm{T}}\boldsymbol{G}^{\mathrm{T}}\boldsymbol{G}\boldsymbol{m} \end{aligned}$$

最小方差解必须满足：

$$\frac{\partial E}{\partial \boldsymbol{m}^{\mathrm{T}}}=-\boldsymbol{G}^{\mathrm{T}}\boldsymbol{d}+\boldsymbol{G}^{\mathrm{T}}\boldsymbol{G}\boldsymbol{m}=0$$

所以

$$\boldsymbol{m}=(\boldsymbol{G}^{\mathrm{T}}\boldsymbol{G})^{-1}\boldsymbol{G}^{\mathrm{T}}\boldsymbol{d} \tag{3.4}$$

或对 $\boldsymbol{m}$ 求偏导数，并令其为 0，则有

$$\frac{\partial E}{\partial \boldsymbol{m}}=-\boldsymbol{d}^{\mathrm{T}}\boldsymbol{G}+\boldsymbol{m}^{\mathrm{T}}\boldsymbol{G}^{\mathrm{T}}\boldsymbol{G}=0$$

同理，可得如式(3.4)所示的正态方程或法方程。

例 1　现有一组观测数据 $d_j(j=1,2,\cdots,M)(M>5)$，欲用一个平面方程

$$d_j=m_1+m_2x_j+m_3y_j$$

拟合之。式中，m_1、m_2、m_3 为模型参数；x_j 和 y_j 是第 j 个数据对应的坐标。由式(3.1)知，数据方程如下：

$$\boldsymbol{d}=\begin{bmatrix} d_1 \\ d_2 \\ \vdots \\ d_M \end{bmatrix}=\begin{bmatrix} 1 & x_1 & y_1 \\ 1 & x_2 & y_2 \\ \vdots & \vdots & \vdots \\ 1 & x_M & y_M \end{bmatrix}\begin{bmatrix} m_1 \\ m_2 \\ m_3 \end{bmatrix}=\boldsymbol{G}\boldsymbol{m}$$

所以

$$\boldsymbol{G}^{\mathrm{T}}\boldsymbol{G}=\begin{bmatrix}1 & 1 & \cdots & 1\\ x_1 & x_2 & \cdots & x_M\\ y_1 & y_2 & \cdots & y_M\end{bmatrix}\begin{bmatrix}1 & x_1 & y_1\\ 1 & x_2 & y_2\\ \vdots & \vdots & \vdots\\ 1 & x_M & y_M\end{bmatrix}=\begin{bmatrix}M & \sum x_j & \sum y_j\\ \sum x_j & \sum x_j^2 & \sum y_j x_j\\ \sum y_j & \sum x_j y_j & \sum y_j^2\end{bmatrix}$$

而

$$\boldsymbol{G}^{\mathrm{T}}\boldsymbol{d}=\begin{bmatrix}1 & 1 & \cdots & 1\\ x_1 & x_2 & \cdots & x_M\\ y_1 & y_2 & \cdots & y_M\end{bmatrix}\begin{bmatrix}d_1\\ d_2\\ \vdots\\ d_M\end{bmatrix}=\begin{bmatrix}\sum d_j\\ \sum x_j d_j\\ \sum y_j d_j\end{bmatrix}$$

故最小方差解为

$$\boldsymbol{m}=(\boldsymbol{G}^{\mathrm{T}}\boldsymbol{G})^{-1}\boldsymbol{G}^{\mathrm{T}}\boldsymbol{d}=\begin{bmatrix}M & \sum x_j & \sum y_j\\ \sum x_j & \sum x_j^2 & \sum y_j x_j\\ \sum y_j & \sum x_j y_j & \sum y_j^2\end{bmatrix}^{-1}\begin{bmatrix}\sum d_j\\ \sum x_j d_j\\ \sum y_j d_j\end{bmatrix} \tag{3.5}$$

讨论：

(1)从线性代数基本理论可知，在线性方程：

$$\boldsymbol{G}^{\mathrm{T}}\boldsymbol{G}\boldsymbol{m}=\boldsymbol{G}^{\mathrm{T}}\boldsymbol{d}$$

中，如果系数矩阵 $\boldsymbol{G}^{\mathrm{T}}\boldsymbol{G}(N\times N)$的秩 $r<N$，则方程是奇异的，即使 $M>N$，此时在 M 个观测数据中，没有能确定 N 个未知数的有用的观测数据，或者说，观测数据没有提供确定 N 个模型参数的独立的信息。方程是奇异的，意味着 $\boldsymbol{G}^{\mathrm{T}}\boldsymbol{G}$ 是奇异的，奇异矩阵无常规意义下的逆。这种情况在地球物理资料的反演中经常遇到。

(2)$\boldsymbol{G}^{\mathrm{T}}\boldsymbol{G}$ 有零特征值存在时，数据方程式(3.1)是奇异的，无法求解；当 $\boldsymbol{G}^{\mathrm{T}}\boldsymbol{G}$ 的特征值很小时，方程式(3.1)是病态的，会使解变得极不稳定，使反演非常困难，甚至无法收敛。这也是在地球物理资料反演中经常遇到的问题。因此，克服反演过程中的奇异和病态问题，就成了反演理论必须解决的重要课题。

3.2　纯欠定问题的解法

纯欠定问题是指在式(3.1)中，未知参数的个数 N 大于观测数据的个数 M，且矩阵 $\boldsymbol{G}$ 的秩 $r=M$ 的情况。换言之，在 M 个方程中，既无相关方程，也无矛盾方程存在。从线性代数理论可知，此时有无限多个解能满足线性方程组式(3.1)，且其误差均为零。这是因为，虽然观测数据提供了一些确定模型参数的信息，但其数量不足以全部确定模型参数，或未提供确定模型参数的足够充分的信息。因此，解不是唯一的，甚至有无限多个能拟合观测数据的解。

为了求得反演问题的一个解，我们必须从无限多个能拟合观测数据的解中，挑选出一个我们所需要的特定解。因此，解方程式(3.1)时，必须加上一些在观测数据中未包含的信息。这种附加给反演问题的信息叫“先验信息”(priori information)。

应说明，加先验信息的目的是补充那些为确定模型参数所不足的信息。因此，为了使反演问题的解更切合实际情况，应本着“缺什么信息，就补充什么信息”的原则。为了更好地运用“择缺补充”的原则，先分析一下有哪几类可能的先验信息。

让我们先来看看模型参数的先验信息有哪些。

第一类，先验信息是待求地球物理参数的物理性质和其可能的数值范围。如速度、密度和电阻率等的非负性，它们都不可能小于零。而且它们的数值，根据一般物理常识可以限制在一定范围以内，比如地震纵波速度 $200\mathrm{m/s}\leqslant v_{\mathrm{P}}\leqslant 8000\mathrm{m/s}$ 和密度 $0\leqslant\rho\leqslant 8.0\mathrm{g/cm^3}$，等等。

第二类，先验信息来自其他已知的地质、地球物理和钻井资料，比如反演地区基底的埋深、油层的厚度或金属矿的属性，等等。

第三类，某些模型参数比其他参数对解决地球物理问题更重要，此时可以对模型参数进行加权，在一定权系数约束下求解。

第四类，也是纯欠定问题解法中常应用的先验信息，假定的地球物理模型“最简单”。这里所谓最简单是指在保留实际地球物理模型基本特征不变的情况下，对地球物理模型的一种简化。解的长度，比如说解的欧几里得长度为最小的模型，应该是一种最简单的模型。当然，这里定义的“简单”并不一定处处都非常合理。因此，存在其他形式的最简单模型，如该模型的扰动为最小的 L_2 范数意义下的模型等。由 L_2 范数定义的 $E=\boldsymbol{m}^{\mathrm{T}}\boldsymbol{m}=\sum_{i=1}^{N}m_j^2\rightarrow\min$ 的最简单模型，有其天然的合理性，因为它保留了模型所具有的基本特征。

除此之外，在实际反演过程中，还可能遇到其他各种先验信息，这里就不一一列举了。

设式(3.1)是一纯欠定问题，此时的目标函数，即

$$E=\boldsymbol{m}^{\mathrm{T}}\boldsymbol{m}$$

在式(3.1)约束之下为极小。

根据最优化理论，必须引入拉格朗日乘子以将条件极值问题化为无条件极值问题。因此，目标函数应为

$$E=\boldsymbol{m}^{\mathrm{T}}\boldsymbol{m}+\boldsymbol{\lambda}^{\mathrm{T}}(\boldsymbol{d}-\boldsymbol{G}\boldsymbol{m}) \tag{3.6}$$

显然，求上述目标函数的极小值问题，可以化为求

$$\frac{\partial E}{\partial\boldsymbol{m}}=\boldsymbol{m}^{\mathrm{T}}-\boldsymbol{\lambda}^{\mathrm{T}}\boldsymbol{G}=0$$

之解，故

$$\boldsymbol{m}=\boldsymbol{G}^{\mathrm{T}}\boldsymbol{\lambda} \tag{3.7}$$

将式(3.7)代入式(3.1)，则

$$\boldsymbol{d}=\boldsymbol{G}\boldsymbol{G}^{\mathrm{T}}\boldsymbol{\lambda} \tag{3.8}$$

故

$$\boldsymbol{\lambda}=(\boldsymbol{G}\boldsymbol{G}^{\mathrm{T}})^{-1}\boldsymbol{d} \tag{3.9}$$

再将式(3.9)代入式(3.7)，得纯欠定问题的正态(法)方程：

$$\boldsymbol{m}=\boldsymbol{G}^{\mathrm{T}}(\boldsymbol{G}\boldsymbol{G}^{\mathrm{T}})^{-1}\boldsymbol{d} \tag{3.10}$$

例 2　在三维空间(x,y,z)坐标中，过原点求一向量，使其在(x,y)平面上的坐标为(x_0,y_0)。

十分明显，这是一个纯欠定问题。因为，通过(x_0,y_0)垂直于(x,y)平面划的一条垂线上的每一点在(x,y)平面上的坐标都是(x_0,y_0)，所述问题有无限个解。在这无限个解中，只有$z=0$这一个解才满足长度为最小，且在(x,y)平面上的坐标为在(x_0,y_0)这一条件。

欠定问题在地球物理资料的反演中是经常遇到的。如果比较一下式(3.10)和式(3.4)，会发现在最小方差解的超定问题中，需求对称矩阵$\boldsymbol{G}^{\mathrm{T}}\boldsymbol{G}$的逆，这里矩阵为$N\times N$阶方阵。而在解纯欠定问题时，需求对称矩阵$\boldsymbol{G}\boldsymbol{G}^{\mathrm{T}}$的逆，它的阶数为$M\times M$阶方阵。和超定问题一样，解欠定问题时，也存在方程式(3.1)的“奇异”和“病态”两种棘手问题。所谓奇异问题，是指$\boldsymbol{G}\boldsymbol{G}^{\mathrm{T}}$的特征值中有为零的问题；病态问题，是指$\boldsymbol{G}\boldsymbol{G}^{\mathrm{T}}$中有小特征值的问题。这都是在解欠定问题时必须认真对待的。

3.3　混定问题的解法——马夸特(Marquardt)法

当线性反演问题：

$$\boldsymbol{d}=\boldsymbol{G}\boldsymbol{m}$$

呈现$\min(M,N)>r$的情况时，称为混定问题。解混定问题的方法，通常称为马夸特法，或脊回归法(ridge regression)，又称为阻尼最小二乘法(damping R. M. S)。

从M、N和r的关系看，由于矩阵$\boldsymbol{G}$的秩r意味着在方程式(3.1)中，只有r个线性无关的方程，只能确定r个非零的解。因此，$M>r$是超定问题，而$N>r$又是欠定问题。许多地球物理线性反演问题既不完全是超定问题，也不完全是欠定问题，常常表现为一种混定形式(即混定问题)。

鉴于混定问题的特殊性，它既有超定问题，也有欠定问题的性质，因此不难设想其目标函数应兼有方差项$(\boldsymbol{d}-\boldsymbol{G}\boldsymbol{m})^{\mathrm{T}}(\boldsymbol{d}-\boldsymbol{G}\boldsymbol{m})$和模型长度项$\boldsymbol{m}^{\mathrm{T}}\boldsymbol{m}$两项内容，即

$$\begin{aligned}E&=(\boldsymbol{d}-\boldsymbol{G}\boldsymbol{m})^{\mathrm{T}}(\boldsymbol{d}-\boldsymbol{G}\boldsymbol{m})+\varepsilon^2\boldsymbol{m}^{\mathrm{T}}\boldsymbol{m}\\&=\boldsymbol{d}^{\mathrm{T}}\boldsymbol{d}-\boldsymbol{m}^{\mathrm{T}}\boldsymbol{G}^{\mathrm{T}}\boldsymbol{d}-\boldsymbol{d}^{\mathrm{T}}\boldsymbol{G}\boldsymbol{m}+\boldsymbol{m}^{\mathrm{T}}\boldsymbol{G}^{\mathrm{T}}\boldsymbol{G}\boldsymbol{m}+\varepsilon^2\boldsymbol{m}^{\mathrm{T}}\boldsymbol{m}\end{aligned} \tag{3.11}$$

求E相对于$\boldsymbol{m}$或$\boldsymbol{m}^{\mathrm{T}}$的偏导数，并设其为零，简化后得

$$(\boldsymbol{G}^{\mathrm{T}}\boldsymbol{G}+\varepsilon^2\boldsymbol{I})\boldsymbol{m}=\boldsymbol{G}^{\mathrm{T}}\boldsymbol{d} \tag{3.12}$$

因而

$$\boldsymbol{m}=(\boldsymbol{G}^{\mathrm{T}}\boldsymbol{G}+\varepsilon^2\boldsymbol{I})^{-1}\boldsymbol{G}^{\mathrm{T}}\boldsymbol{d} \tag{3.13}$$

式中，ε^2为阻尼系数或加权因子，它决定预测误差项$(\boldsymbol{d}-\boldsymbol{G}\boldsymbol{m})^{\mathrm{T}}(\boldsymbol{d}-\boldsymbol{G}\boldsymbol{m})$和模型$L_2$范数长度$\boldsymbol{m}^{\mathrm{T}}\boldsymbol{m}$项在极小化目标函数$E$时各自的相对重要性。如果$\varepsilon^2$足够大，则模型的$L_2$范数长度在极小化过程中起着主要作用，或者说是极小解的欠定部分；如果ε^2为零，则极小的是方差

部分，或者说解的超定部分。然而，对大多数地球物理反演问题而言，为零或足够大都难以取得模型的最优解。要寻找一种折衷方案，找到一个合适的 ε^2 值，这就要在迭代过程中不断修改 ε^2 的大小。这里不存在一种简单的计算最佳阻尼系数 ε^2 的方法，只能在反演过程中用“尝试法”确定。实质上，在对目标函数 E 全面最优解的搜索过程中，调节 ε^2 的大小，就调整了搜索的方向和步长。有关阻尼因子的选取方法，参见 5.8.3 小节的详细讨论。

对对称矩阵 $\boldsymbol{G}^{\mathrm{T}}\boldsymbol{G}$ 做正交分解，可得

$$\boldsymbol{G}^{\mathrm{T}}\boldsymbol{G}=\boldsymbol{R}\boldsymbol{\Lambda}\boldsymbol{R}^{\mathrm{T}} \tag{3.14}$$

这里 $\boldsymbol{\Lambda}$ 是 $\boldsymbol{G}^{\mathrm{T}}\boldsymbol{G}$ 的特征值构成的对角线矩阵，而 $\boldsymbol{R}$ 是 $\boldsymbol{G}^{\mathrm{T}}\boldsymbol{G}$ 的特征向量矩阵，且满足：

$$\boldsymbol{R}^{\mathrm{T}}\boldsymbol{R}=\boldsymbol{R}\boldsymbol{R}^{\mathrm{T}}=\boldsymbol{I}$$

所以，式(3.13)中的系数矩阵可写为

$$[\boldsymbol{G}^{\mathrm{T}}\boldsymbol{G}+\varepsilon^2\boldsymbol{I}]=[\boldsymbol{R}\boldsymbol{\Lambda}\boldsymbol{R}^{\mathrm{T}}+\varepsilon^2\boldsymbol{I}]=\boldsymbol{R}\boldsymbol{\Lambda}'\boldsymbol{R}^{\mathrm{T}} \tag{3.15}$$

式中

$$\boldsymbol{\Lambda}'=\begin{bmatrix}\lambda_1+\varepsilon^2 & & & 0\\ & \lambda_2+\varepsilon^2 & & \\ & & \ddots & \\ 0 & & & \lambda_N+\varepsilon^2\end{bmatrix} \tag{3.16}$$

且 λ_i 是对称矩阵 $\boldsymbol{G}^{\mathrm{T}}\boldsymbol{G}$ 的第 i 个特征值。

十分明显，由于对角线矩阵 $\boldsymbol{\Lambda}'$ 是在 $\boldsymbol{\Lambda}$ 的各对角线元素上加了一个正数 ε^2，从而极大地改善了系数矩阵 $\boldsymbol{G}^{\mathrm{T}}\boldsymbol{G}+\varepsilon^2\boldsymbol{I}$ 相对于 $\boldsymbol{G}^{\mathrm{T}}\boldsymbol{G}$ 而言的求逆条件。此时的条件数为

$$\mathrm{cond}[\boldsymbol{G}^{\mathrm{T}}\boldsymbol{G}+\varepsilon^2\boldsymbol{I}]=\frac{\lambda^{\max}+\varepsilon^2}{\lambda^{\min}+\varepsilon^2}<\frac{\lambda^{\max}}{\lambda^{\min}}=\mathrm{cond}[\boldsymbol{G}^{\mathrm{T}}\boldsymbol{G}]$$

马夸特法的系数矩阵有较好的条件数，对地球物理数据反演十分有利。在数据方程中 $\boldsymbol{G}$ 出现奇异或病态时，加 ε^2 后马夸特法往往可以稳定求解。正因为如此，阻尼最小二乘法在地球物理数据的反演中，已被广泛采用，并取得了世人瞩目的成果。

这里，再一次指出，马夸特法应用的条件是数据方程呈混定的时候，也就是应用于其系数矩阵 $\boldsymbol{G}$ 为奇异和病态的时候。

3.4 先验信息在模型构制中的应用

本章 3.2 节中简要地叙述了在解欠定问题时，需要对模型参数强加一些先验信息，以增加($N \sim M$)个不足的信息。然而，这并不表明，在解超定问题时，不应该、不可能对模型参数强加任何先验信息。恰恰相反，在解欠定问题时，可对模型参数强加先验信息，在解超定问题时，也可对观测数据强加已知的先验信息。

下面抛开超定、欠定和混定问题，研究一下先验信息在模型构制中的应用。

3.4.1 对模型参数的限制

在有些情况下，首先，$E=\|\boldsymbol{m}\|_2^2=\boldsymbol{m}^{\mathrm{T}}\boldsymbol{m}$ 为最小作为模型长度的定义并不完全适合。例如，解决岩石物性在空间的起伏变化的问题时，并不希望所求的岩石物性是在 E 接近于零这种意义下的最小，而要求它为接近于其平均值这种意义下为最小。此时的长度定义为

$$E=\|\boldsymbol{m}-\langle\boldsymbol{m}\rangle\|_2^2=(\boldsymbol{m}-\langle\boldsymbol{m}\rangle)^{\mathrm{T}}(\boldsymbol{m}-\langle\boldsymbol{m}\rangle) \tag{3.17}$$

这里平均值或数字期望$\langle\boldsymbol{m}\rangle$就是另一种形式的先验信息。

其次，令 $E=\boldsymbol{m}^{\mathrm{T}}\boldsymbol{m}$ 为最小作为求取模型参数的测度，有时也不完全合理。有的学者认为 $E=\boldsymbol{m}'^{\mathrm{T}}\boldsymbol{m}'$ 或 $E=\boldsymbol{m}''^{\mathrm{T}}\boldsymbol{m}''$ 为最小作为求取模型参数的测度更合理。其中 $\boldsymbol{m}'$ 和 $\boldsymbol{m}''$ 分别表示模型参数的一阶和二阶导数。

最后，也可以认为某些模型参数重要，而另一些模型参数不重要，因而引入加权因子的概念，定义一种新的测度：

$$E=[\boldsymbol{D}\boldsymbol{m}]^{\mathrm{T}}[\boldsymbol{D}\boldsymbol{m}]=\boldsymbol{m}^{\mathrm{T}}\boldsymbol{D}^{\mathrm{T}}\boldsymbol{D}\boldsymbol{m}=\boldsymbol{m}^{\mathrm{T}}\boldsymbol{W}_m\boldsymbol{m} \tag{3.18}$$

式中，矩阵 $\boldsymbol{W}_m=\boldsymbol{D}^{\mathrm{T}}\boldsymbol{D}$ 为加权因子。式(3.18)定义的是一种加权测度，此时的欠定问题的最小长度解为

$$\boldsymbol{m}=\boldsymbol{W}_m^{-1}\boldsymbol{G}^{\mathrm{T}}\ [\boldsymbol{G}\boldsymbol{W}_m^{-1}\boldsymbol{G}^{\mathrm{T}}]^{-1}\boldsymbol{d}$$

与式(3.17)对应的欠定问题的最小长度解为

$$\boldsymbol{m}=\langle\boldsymbol{m}\rangle+\boldsymbol{G}^{\mathrm{T}}\ (\boldsymbol{G}\boldsymbol{G}^{\mathrm{T}})^{-1}\boldsymbol{d} \tag{3.19}$$

如将式(3.17)修改为

$$E=(\boldsymbol{m}-\langle\boldsymbol{m}\rangle)^{\mathrm{T}}\boldsymbol{W}_m(\boldsymbol{m}-\langle\boldsymbol{m}\rangle)$$

则式(3.19)相应修改为

$$\boldsymbol{m}=\langle\boldsymbol{m}\rangle+\boldsymbol{W}_m^{-1}\boldsymbol{G}^{\mathrm{T}}\ (\boldsymbol{G}\boldsymbol{W}_m^{-1}\boldsymbol{G}^{\mathrm{T}})^{-1}\boldsymbol{d} \tag{3.20}$$

3.4.2 对观测数据的限制

如 $\boldsymbol{d}=\boldsymbol{G}\boldsymbol{m}$ 是一个超定系统。在解超定问题时，可以根据观测数据的精度或重要程度加以相应的权，则目标函数为

$$E=(\boldsymbol{d}-\boldsymbol{G}\boldsymbol{m})^{\mathrm{T}}\boldsymbol{W}_d(\boldsymbol{d}-\boldsymbol{G}\boldsymbol{m}) \tag{3.21}$$

其最小方差解为

$$\boldsymbol{m}=(\boldsymbol{G}^{\mathrm{T}}\boldsymbol{W}_d\boldsymbol{G})^{-1}\boldsymbol{G}^{\mathrm{T}}\boldsymbol{W}_d\boldsymbol{d} \tag{3.22}$$

式中，$\boldsymbol{W}_d$ 为观测数据的加权因子。

对于混定问题，如极小目标函数：

$$E=(\boldsymbol{d}-\boldsymbol{G}\boldsymbol{m})^{\mathrm{T}}\boldsymbol{W}_d(\boldsymbol{d}-\boldsymbol{G}\boldsymbol{m})+\varepsilon^2\boldsymbol{m}^{\mathrm{T}}\boldsymbol{W}_m\boldsymbol{m} \tag{3.23}$$

则其解为

$$\boldsymbol{m}=(\boldsymbol{G}^{\mathrm{T}}\boldsymbol{W}_d\boldsymbol{G}+\varepsilon^2\boldsymbol{W}_m)^{-1}\boldsymbol{G}^{\mathrm{T}}\boldsymbol{W}_d\boldsymbol{d} \tag{3.24}$$

如极小为

$$E=[\boldsymbol{d}-\boldsymbol{G}(\boldsymbol{m}-\langle\boldsymbol{m}\rangle)]^{\mathrm{T}}\boldsymbol{W}_d[\boldsymbol{d}-\boldsymbol{G}(\boldsymbol{m}-\langle\boldsymbol{m}\rangle)]+\varepsilon^2\ (\boldsymbol{m}-\langle\boldsymbol{m}\rangle)^{\mathrm{T}}\boldsymbol{W}_m(\boldsymbol{m}-\langle\boldsymbol{m}\rangle) \tag{3.25}$$

则其解为

$$\boldsymbol{m}=\langle\boldsymbol{m}\rangle+\boldsymbol{W}_m^{-1}\boldsymbol{G}^{\mathrm{T}}\left(\boldsymbol{G}\boldsymbol{W}_m^{-1}\boldsymbol{G}^{\mathrm{T}}+\varepsilon^2\boldsymbol{W}_d\right)^{-1}\boldsymbol{d} \tag{3.26}$$

或

$$\boldsymbol{m}=\langle\boldsymbol{m}\rangle+\left(\boldsymbol{G}^{\mathrm{T}}\boldsymbol{W}_d\boldsymbol{G}+\varepsilon^2\boldsymbol{W}_m\right)^{-1}\boldsymbol{G}^{\mathrm{T}}\boldsymbol{W}_d\boldsymbol{d} \tag{3.27}$$

由此可见，在构制模型时，既可以对观测误差加权，也可以对模型参数加权。加权就是强加一些已知的先验信息。先验信息不同，权系数变化，所得到的模型自然会有差异。但是，它们有一个共同的特点：都能拟合观测数据。这说明，同一组地球物理观测数据，有许多可以拟合这组观测数据的模型与之对应。这就是解的非唯一性。

3.4.3 等式限制条件的应用

在地球物理资料的反演过程中，有时需要加一些等式限制条件。比如，在重力资料反演时，地表的密度是已知的；在地震资料反演中，某一地层中的波速是已知的，等等，这是另一种常用的先验信息。现在来研究在解最小方差反问题时，如何增加这种等式限制条件。

设这类等式限制条件可以归纳为如下线性方程组：

$$\boldsymbol{F}\boldsymbol{m}=\boldsymbol{h} \tag{3.28}$$

式中，$\boldsymbol{F}$ 为系数矩阵，为 $R\times N$ 阶。

与 3.2 节中讨论的方法相同，可用拉格朗日乘子法，将条件极值问题化为无条件极值问题，即化为求目标函数：

$$E=(\boldsymbol{d}-\boldsymbol{G}\boldsymbol{m})^{\mathrm{T}}(\boldsymbol{d}-\boldsymbol{G}\boldsymbol{m})+\boldsymbol{\lambda}^{\mathrm{T}}(\boldsymbol{F}\boldsymbol{m}-\boldsymbol{h}) \tag{3.29}$$

的极值问题。设

$$\frac{\partial E}{\partial \boldsymbol{m}}=-\boldsymbol{d}^{\mathrm{T}}\boldsymbol{G}+\boldsymbol{m}^{\mathrm{T}}\boldsymbol{G}^{\mathrm{T}}\boldsymbol{G}+\boldsymbol{\lambda}^{\mathrm{T}}\boldsymbol{F}=0$$

得

$$\boldsymbol{G}^{\mathrm{T}}\boldsymbol{d}-\boldsymbol{G}^{\mathrm{T}}\boldsymbol{G}\boldsymbol{m}-\boldsymbol{F}^{\mathrm{T}}\boldsymbol{\lambda}=0 \tag{3.30}$$

将式(3.30)与式(3.28)联立求解，则有

$$\begin{bmatrix}\boldsymbol{G}^{\mathrm{T}}\boldsymbol{G} & \boldsymbol{F}^{\mathrm{T}}\\ \boldsymbol{F} & 0\end{bmatrix}\begin{bmatrix}\boldsymbol{m}\\ \boldsymbol{\lambda}\end{bmatrix}=\begin{bmatrix}\boldsymbol{G}^{\mathrm{T}}\boldsymbol{d}\\ \boldsymbol{h}\end{bmatrix} \tag{3.31}$$

解式(3.31)，即可求得 $\boldsymbol{m}$。

当然，也可以用其他方法增加这类等式限制条件。例如，将这个等式限制条件式(3.28)写入线性方程组 $\boldsymbol{d}=\boldsymbol{G}\boldsymbol{m}$ 之中，并构成一个新的线性方程组：

$$\boldsymbol{G}'\boldsymbol{m}=\boldsymbol{d}' \tag{3.32}$$

式中

$$\boldsymbol{G}'=\begin{bmatrix}\boldsymbol{G}\\ \boldsymbol{F}\end{bmatrix},\quad \boldsymbol{d}'=\begin{bmatrix}\boldsymbol{d}\\ \boldsymbol{h}\end{bmatrix}$$

解此方程组即可求得模型参数 $\boldsymbol{m}$，显然它是满足式(3.28)的。

3.4.4 不等式限制条件的应用

如果知道某些参数的变化范围，或某些观测数据的误差大小，则可以形成不等式限制条件。在这种情况下可以引入松弛变量，将不等式限制条件化为等式限制条件求解。关于这一点，我们将在线性规划中讲述。

3.5 观测数据和模型参数估算值的方差

前面的讨论中，不管是超定问题、欠定问题还是混定问题，均未涉及观测数据的观测误差及其统计特征。实际地球物理资料的反演中，观测数据是有误差的。有误差就要遵守一定的统计特性。在欧几里得空间解地球物理反问题时，对观测数据的统计特性有何要求，这是要讨论的问题。

假定每一个观测数据都是随机变量，且服从高斯分布规律，即

$$p(d)=\frac{1}{\sqrt{2\pi}\sigma}\exp\left[\frac{-(d-\langle d\rangle)^2}{2\sigma^2}\right] \tag{3.33}$$

式中：σ^2 为数据的方差；$\langle d\rangle$为数据的数学期望（均值）；$p(d)$为随机变量 d 的概率分布函数。

对 M 个观测数据 $\boldsymbol{d}=[d_1,d_2,\cdots,d_M]^{\mathrm{T}}$ 来说，其联合分布满足：

$$p(\boldsymbol{d})=\frac{1}{(2\pi)^{M/2}\left|\boldsymbol{\Sigma}\right|^{M/2}}\exp\left[-\frac{1}{2}(\boldsymbol{d}-\langle\boldsymbol{d}\rangle)^{\mathrm{T}}\boldsymbol{\Sigma}^{-1}(\boldsymbol{d}-\langle\boldsymbol{d}\rangle)\right] \tag{3.34}$$

式中，$\boldsymbol{\Sigma}=\mathrm{cov}(\boldsymbol{d})=E((\boldsymbol{d}-\langle\boldsymbol{d}\rangle)(\boldsymbol{d}-\langle\boldsymbol{d}\rangle)^{\mathrm{T}})$为数据 $\boldsymbol{d}$ 的协方差矩阵。当 M 个观测数据 $\boldsymbol{d}$ 互相独立时，即它们的观测误差或噪声互相独立时，且每个数据的方差均为 σ^2 时，有

$$\begin{aligned}p(\boldsymbol{d}) &= (2\pi)^{-\frac{M}{2}}\sigma^{-M}\exp\left[-\frac{\sigma^{-2}}{2}(\boldsymbol{d}-\langle\boldsymbol{d}\rangle)^{\mathrm{T}}(\boldsymbol{d}-\langle\boldsymbol{d}\rangle)\right]\\ &= (2\pi)^{-\frac{M}{2}}\sigma^{-M}\exp\left[-\frac{\sigma^{-2}}{2}\sum_{j=1}^{M}(d_j-\langle d_j\rangle)^2\right]\end{aligned} \tag{3.35}$$

欲使随机变量 $\boldsymbol{d}$ 的概率最大，则必须使

$$E=(\boldsymbol{d}-\langle\boldsymbol{d}\rangle)^{\mathrm{T}}(\boldsymbol{d}-\langle\boldsymbol{d}\rangle)=\sum_{j=1}^{M}(d_j-\langle d_j\rangle)^2\rightarrow\min \tag{3.36}$$

此即最小方差的目标函数。由于$\langle\boldsymbol{d}\rangle$是观测数据的数学期望，在观测数据足够多的时候，真实（无噪声）数据 $\boldsymbol{d}^t=\langle\boldsymbol{d}\rangle=\boldsymbol{Gm}$，式(3.36)就变为

$$E=(\boldsymbol{d}-\boldsymbol{Gm})^{\mathrm{T}}(\boldsymbol{d}-\boldsymbol{Gm})$$

可见，L_2 范数就意味着观测数据（包括观测数据的误差）必须遵守高斯正态分布的统计规律。实践证明，大多数地球物理观测数据都服从或近似服从高斯分布，这就为利用 L_2 范数极小求解地球物理反问题提供了可靠的依据。

假定所有观测数据均服从高斯分布，具零平均值，在方差为 $\boldsymbol{\sigma}_d=[\sigma_{d1},\sigma_{d2},\cdots,\sigma_{dM}]^{\mathrm{T}}$ 的条件下，分析一下在反演映射过程中，观测数据的误差对模型参数有何影响。进一步假设

$\boldsymbol{\sigma}_m=[\sigma_{m1},\sigma_{m2},\cdots,\sigma_{mN}]^{\mathrm{T}}$ 为受观测数据误差影响的模型参数变化的误差的方差，因为

$$\boldsymbol{d}+\boldsymbol{\sigma}_d=\boldsymbol{Gm}+\boldsymbol{G\sigma}_m \tag{3.37}$$

利用数据方程式(3.1)，则式(3.37)可化为

$$\boldsymbol{\sigma}_d=\boldsymbol{G\sigma}_m \tag{3.38}$$

故在最小方差意义下，有

$$\boldsymbol{\sigma}_m=(\boldsymbol{G}^{\mathrm{T}}\boldsymbol{G})^{-1}\boldsymbol{G}^{\mathrm{T}}\boldsymbol{\sigma}_d \tag{3.39}$$

由此可知，最小方差解 $\boldsymbol{m}=(\boldsymbol{G}^{\mathrm{T}}\boldsymbol{G})^{-1}\boldsymbol{G}^{\mathrm{T}}\boldsymbol{d}$ 的协方差矩阵为

$$\mathrm{cov}(\boldsymbol{m})=\boldsymbol{\sigma}_m\boldsymbol{\sigma}_m^{\mathrm{T}}=(\boldsymbol{G}^{\mathrm{T}}\boldsymbol{G})^{-1}\boldsymbol{G}^{\mathrm{T}}\mathrm{cov}(\boldsymbol{d})[(\boldsymbol{G}^{\mathrm{T}}\boldsymbol{G})^{-1}\boldsymbol{G}^{\mathrm{T}}]^{\mathrm{T}} \tag{3.40}$$

从式(3.38)可知，在模型最小长度解的意义下：

$$\boldsymbol{\sigma}_m=\boldsymbol{G}^{\mathrm{T}}(\boldsymbol{GG}^{\mathrm{T}})^{-1}\boldsymbol{\sigma}_d \tag{3.41}$$

其解 $\boldsymbol{m}$ 的协方差矩阵为

$$\mathrm{cov}(\boldsymbol{m})=\boldsymbol{\sigma}_m\boldsymbol{\sigma}_m^{\mathrm{T}}=\boldsymbol{G}^{\mathrm{T}}(\boldsymbol{GG}^{\mathrm{T}})^{-1}\mathrm{cov}(\boldsymbol{d})[\boldsymbol{G}^{\mathrm{T}}(\boldsymbol{GG}^{\mathrm{T}})^{-1}]^{\mathrm{T}} \tag{3.42}$$

式中

$$\mathrm{cov}(\boldsymbol{m})=E((\boldsymbol{m}-\langle\boldsymbol{m}\rangle)(\boldsymbol{m}-\langle\boldsymbol{m}\rangle)^{\mathrm{T}})$$

如果说，观测数据是相互独立的，且均为单位标准方差，则

$$\mathrm{cov}(\boldsymbol{d})=\sigma_d^2\boldsymbol{I}$$

因而，式(3.40)和式(3.42)分别简化为

$$\mathrm{cov}(\boldsymbol{m})=(\boldsymbol{G}^{\mathrm{T}}\boldsymbol{G})^{-1}\boldsymbol{G}^{\mathrm{T}}\sigma_d^2\boldsymbol{I}[(\boldsymbol{G}^{\mathrm{T}}\boldsymbol{G})^{-1}\boldsymbol{G}^{\mathrm{T}}]^{\mathrm{T}}=\sigma_d^2(\boldsymbol{G}^{\mathrm{T}}\boldsymbol{G})^{-1} \tag{3.43}$$

和

$$\mathrm{cov}(\boldsymbol{m})=\boldsymbol{G}^{\mathrm{T}}(\boldsymbol{GG}^{\mathrm{T}})^{-1}\sigma_d^2\boldsymbol{I}[\boldsymbol{G}^{\mathrm{T}}(\boldsymbol{GG}^{\mathrm{T}})^{-1}]^{\mathrm{T}}=\sigma_d^2\boldsymbol{G}^{\mathrm{T}}(\boldsymbol{GG}^{\mathrm{T}})^{-2}\boldsymbol{G} \tag{3.44}$$

从式(3.43)和式(3.44)可以看出，不管是最小方差解还是模型最小长度解，模型估计值的方差主要都取决于矩阵 $\boldsymbol{G}^{\mathrm{T}}\boldsymbol{G}$ 或 $\boldsymbol{GG}^{\mathrm{T}}$ 的特征值。特征值越小，引起的方差越大。由此可见，小特征值对模型参数的方差起着决定性的作用。

然而，小特征值对观测数据的误差影响不大(这一点将在下一章讨论)。在有小特征值时，观测数据的微小变化，将导致模型参数的巨大变化。小特征值对模型参数的方差贡献大，大特征值对观测数据的误差贡献大。这一重要结论说明，误差曲线的特征反映了 $\boldsymbol{G}^{\mathrm{T}}\boldsymbol{G}$(或 $\boldsymbol{GG}^{\mathrm{T}}$)特征值的性质。如图 3-1 左图所示，其误差曲线在极小点附近非常尖锐，说明观测数据变化不会导致模型参数的明显变化，$\boldsymbol{G}^{\mathrm{T}}\boldsymbol{G}$ 的特征值差别不大，或者是无小特征值存在，所确定的模型参数比较精确；而图 3-1 右图所示正好相反，误差曲线平缓，说明 $\boldsymbol{G}^{\mathrm{T}}\boldsymbol{G}$ 的特征值差别较大，观测数据的小误差，可以导致模型参数的明显变化，因而所确定模型的参数精度不高。

因为误差函数曲线 $E(\boldsymbol{m})$-$\boldsymbol{m}$ 在极小点处的曲率是该点曲线尖锐程度的量度，所以，曲率必然和解的方差有着密切的关系。由极值定理可知，在极小点处 $\partial E(m)/\partial m=0$，因此，在极小点附近，$E(m)$的泰勒级数展开式可写为

$$\Delta E(\boldsymbol{m})=E(\boldsymbol{m})-E(\boldsymbol{m}^0)\approx(\boldsymbol{m}-\boldsymbol{m}^0)^{\mathrm{T}}\boldsymbol{Q}(\boldsymbol{m}-\boldsymbol{m}^0) \tag{3.45}$$

式中，$\boldsymbol{Q}$ 是 $E(\boldsymbol{m})$关于 $\boldsymbol{m}$ 的二阶导数矩阵，即海森矩阵(Hessian matrix)；$\boldsymbol{m}^0$ 是初始模型。

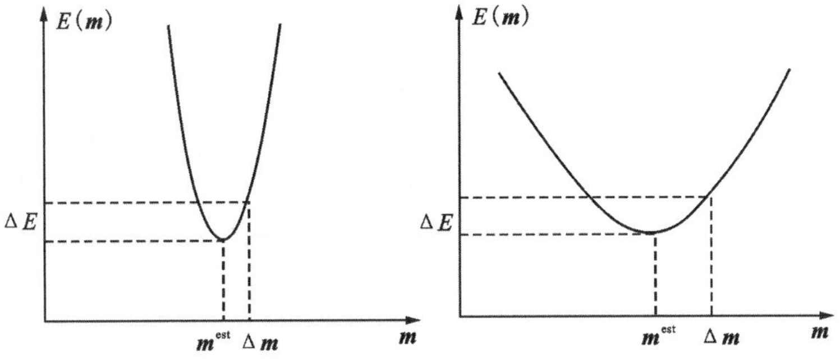

图 3-1　误差曲线的特征

又因为

$$E=(\boldsymbol{d}-\boldsymbol{Gm})^{\mathrm{T}}(\boldsymbol{d}-\boldsymbol{Gm})$$

故

$$\boldsymbol{Q}=\frac{1}{2}\frac{\partial}{\partial \boldsymbol{m}}\left(\frac{\partial E(\boldsymbol{m})}{\partial \boldsymbol{m}^{\mathrm{T}}}\right)=\boldsymbol{G}^{\mathrm{T}}\boldsymbol{G} \tag{3.46}$$

将式(3.46)代入式(3.43)，则在观测数据不相关且具单位方差的情况下，最小方差解的协方差矩阵为

$$\mathrm{cov}(\boldsymbol{m})=\sigma_d^2\ (\boldsymbol{G}^{\mathrm{T}}\boldsymbol{G})^{-1}=\sigma_d^2\boldsymbol{Q}^{-1} \tag{3.47}$$

由于在极小点处，函数曲线 $E(\boldsymbol{m})$-$\boldsymbol{m}$ 的曲率 $\boldsymbol{k}=\boldsymbol{Q}$，这就说明模型参数 $\boldsymbol{m}$ 的方差既可用观测数据的方差乘以从数据到模型空间的映射误差$(\boldsymbol{G}^{\mathrm{T}}\boldsymbol{G})^{-1}$，也可以用观测数据的方差除以该极小点处误差函数的曲率计算出。

3.6　线性规划——L_1 范数解

前面已经论述了，在观测数据的误差服从正态分布时，从统计学的观点看，此时应用 L_2 范数解是最合理的。如果单个观测数据 d 服从指数分布规律，即

$$p(d)=\frac{1}{\sigma}\exp\left[\frac{-|d-\langle d\rangle|}{\sigma}\right]$$

如果对 M 个独立的观测数据 $\boldsymbol{d}=[d_1,d_2,\cdots,d_M]^{\mathrm{T}}$，数据的方差为 $\boldsymbol{\sigma}_d=[\sigma_{d1},\sigma_{d2},\cdots,\sigma_{dM}]^{\mathrm{T}}$，其联合概率密度分布为

$$p(\boldsymbol{d})=(2\pi)^{-\frac{M}{2}}\ |\boldsymbol{\sigma}_d|^{-1}\exp\left[-\sum_{j=1}^{M}\frac{|d_j-\langle d_j\rangle|}{\sigma_{dj}}\right]$$

若 M 个数据的方差均为 σ 时，观测数据的联合概率密度分布可简化为

$$p(\boldsymbol{d})=2^{-\frac{M}{2}}\sigma^{-M}\exp\left[-\frac{1}{\sigma}\sum_{j=1}^{M}|d_j-\langle d_j\rangle|\right] \tag{3.48}$$

这时，又应该利用何种范数解线性方程式(3.1)呢？由式(3.48)知，欲使 $p(d)$最大，必须有

$$E = |\boldsymbol{d} - \langle \boldsymbol{d} \rangle| = \sum_{j=1}^{M} |d_j - \langle d_j \rangle| \rightarrow \min$$

由此可见，当观测数据是随机变量，且服从指数分布时，应该用 L_1 范数解式(3.1)才是符合统计规律的。下面介绍的线性规划法是一种解 L_1 范数的行之有效的方法。

线性规划(linear programming，LP)是一种求条件极值的方法，其目标函数和约束条件都是关于自变量的线性方程。所以，线性规划问题是求目标函数

$$E = \sum_{j=1}^{N} a_j x_j \tag{3.49}$$

在约束条件：

$$\sum_{r=1}^{N} b_{j,r} x_r \leqslant c_j \quad (j = 1,2,\cdots,p) \tag{3.50a}$$

$$\sum_{r=1}^{N} b_{i,r} x_r = c_i \quad (i = p+1,\cdots,p+q) \tag{3.50b}$$

$$\sum_{r=1}^{N} b_{k,r} x_r \geqslant c_k \quad (k = p+q+1,\cdots,M) \tag{3.50c}$$

$$x_l \geqslant 0 \quad (l=1,2,\cdots,N) \tag{3.50d}$$

下的求极值问题。其中有 q 个等式约束条件，其余为不等式约束条件，而 $c_j \geqslant 0 (j=1,2,\cdots,M)$，$M$ 为约束条件的个数。

对式(3.50a)这种约束条件，可引入松弛变量 $x_{N+j} \geqslant 0$，把它变成等式：

$$\sum_{r=1}^{N} b_{j,r} x_r + x_{N+j} = c_j \quad (j = 1,2,\cdots,p)$$

而对形如式(3.50c)所示的约束条件，可引入松弛变量 $x_{N+k} \geqslant 0$，把它变成等式：

$$\sum_{r=1}^{N} b_{k,r} x_r - x_{N+k} = c_k \quad (k = p+q+1,\cdots,M)$$

引进松弛变量的目的是把不等式的约束条件化为等式约束条件，以构成统一的形式，即

$$\boldsymbol{Bx} = \boldsymbol{c} \tag{3.51}$$

式中，$\boldsymbol{x} = [x_1, x_2, \cdots, x_N, \cdots, x_{N+M}]^{\mathrm{T}}$，$\boldsymbol{c} = [c_1, c_2, \cdots, c_p, \cdots, c_{q+p}, \cdots, c_M]^{\mathrm{T}}$。

$$\boldsymbol{B} = \begin{bmatrix} b_{1,1} & b_{1,2} & \cdots & b_{1,N} & 1 & \cdots & 0 & \cdots & \cdots & 0 \\ \cdots & \cdots & \cdots & \cdots & \cdots & & \cdots & & & \cdots \\ b_{p,1} & b_{p,2} & \cdots & b_{p,N} & 0 & \cdots & 1 & \cdots & \cdots & 0 \\ b_{p+1,1} & b_{p+1,2} & \cdots & b_{p+1,N} & 0 & \cdots & 0 & \cdots 0 & \cdots & 0 \\ \cdots & \cdots & \cdots & \cdots & \cdots & \cdots & \cdots & \cdots & \cdots & 0 \\ b_{p+q,1} & b_{p+q,2} & \cdots & b_{p+q,N} & 0 & \cdots & 0 & \cdots 0 & & \cdots \\ \cdots & \cdots & \cdots & \cdots & \cdots & \cdots & \cdots & \cdots & \cdots & 0 \\ b_{M,1} & b_{M,2} & \cdots & b_{M,N} & 0 & \cdots & 0 & \cdots 0 & \cdots & -1 \end{bmatrix} \tag{3.52}$$

$$\underbrace{\qquad\qquad}_{p} \qquad \underbrace{\qquad\qquad}_{q} \qquad \underbrace{\qquad\qquad}_{M-p-q}$$

松弛变量的引入，非但不影响目标函数 E 在约束条件限制之下求最优解，反而使问题大大简化。这时线性规划问题就变为在约束条件式(3.51)和

$$x_l \geqslant 0 \quad (l=1,2,\cdots,N+M)$$

限制之下，求目标函数式(3.49)的极值问题。

我们称满足式(3.51)的解叫基本解；满足式(3.51)和式(3.50d)的解叫基本可行解；同时满足式(3.51)和式(3.50d)，又使 E 为极小的解叫最佳基本可行解。线性规划法就是从所有基本解中找出基本可行解，然后从基本可行解中找出最佳基本可行解，作为线性规划的解。单纯形法(the simplex method)是解线性规划问题的行之有效的方法。它的解法可简要地分成两步：第一步找基本可行解；第二步找最佳基本可行解。

如果限制条件式(3.51)和式(3.50d)不矛盾，不难理解，这些方程在解空间中定义一个凸的多面体(或凸集)，解必定位于其中。在目标函数为极值(极小或极大)的情况下，满足目标函数的解，必然是凸多面体的一个顶点。可见，单纯形法的第一步是确定多面体的顶点，第二步就是判断哪一个顶点是满足目标函数的最佳基本可行解。

实践证明，在许多情况下，线性规划的解是唯一的。但是，如果诸约束条件是矛盾的，线性规划问题就无解；如果最佳基本可行解让位于多面体的一个面(或一条边)，或者说 E 函数减少(或增加)的方向上多面体并不封闭，则解有无限多个。

下面我们来讨论如何应用线性规划解 L_1 范数问题。设地球物理反问题的数据方程为

$$\boldsymbol{Gm}=\boldsymbol{d}$$

若把模型参数 $m_i(i=1,2,\cdots,N)$ 视为遵从指数分布的随机变量，则欲使模型参数的概率为最大，必须极小目标函数：

$$E=\sum_{i=1}^{N}|m_i-\langle m_i\rangle|=|\boldsymbol{m}-\langle\boldsymbol{m}\rangle| \tag{3.53}$$

若模型参数的均值 $\langle\boldsymbol{m}\rangle=0$，则应有

$$E=\sum_{i=1}^{N}|m_i|=|\boldsymbol{m}| \tag{3.54}$$

在限制条件：

$$\begin{aligned}&\boldsymbol{Bm}=\boldsymbol{c}\\&m_i\geqslant 0\ (i=1,2,\cdots,N)\end{aligned} \tag{3.55}$$

的约束之下求极小，其中 $\boldsymbol{Bm}=\boldsymbol{c}$ 包括所有等式和引入松弛变量后，把不等式的限制条件化为等式的限制条件。

如果模型参数 $m_i(i=1,2,\cdots,N)$ 均为正，$m_i\geqslant 0$ 的条件自然满足。当可正可负时，可设：

$$m_i=x_i-y_i \tag{3.56}$$

其中，$x_i,y_i\geqslant 0\ (i=1,2,\cdots,N)$。这时，相应的目标函数和约束条件变为

$$E=\sum_{i=1}^{N}|x_i+y_i|$$

$$\begin{aligned}&\boldsymbol{Bx}+\boldsymbol{By}=\boldsymbol{c}\\&x_i,y_i\geqslant 0(i=1,2,\cdots,N)\end{aligned} \tag{3.57}$$

不言而喻，要先用线性规划解 x_i，y_i，再根据式(3.56)求 m_i。

由于将一个 m_i 变成两个非负的未知量 x_i，y_i，自变量的数目增加了1倍，因而计算工作量也成倍地增加。

这里再一次强调，线性规划是解欠定问题(即等式和不等式限制条件数 M 小于或等于未知数的个数 N)且未知量遵守指数分布规律时的一种好办法。在一般的LP程序中，是欠定问题还是超定问题(即 $M<N$ 还是 $M>N$)比较容易确定。然而，作为随机变量的未知参数是否服从指数分布规律，只能由反演工作者自己去判断。

线性规划的最大优点之一是可以对目标函数强加各种先验的限制条件(等式和不等式)，还包括所有模型参数或个别模型参数的限制条件。限制条件越多，无疑工作量也越大，但所求得的解也越接近于真实。为说明线性规划在地球物理资料反演中的应用效果，我们来分析以下两个实例。

例3 大地电磁拟地震解释法。大家知道，在一维地电模型的情况下，地表观测的大地电磁阻抗：

$$Z(\omega_j)=\frac{E(\omega_j)}{H(\omega_j)}=Z_0(\omega_j)\left[1+2\sum_{n=1}^{\infty}q_n\mathrm{e}^{-2nk_n^jh_n}\right]$$

或

$$R(\omega_j)=\left[\frac{Z(\omega_j)}{Z_0(\omega_j)}-1\right]/2=\sum_{n=1}^{\infty}q_n\mathrm{e}^{-2nk_n^jh_n} \tag{3.58}$$

式中：$E(\omega_j)$、$H(\omega_j)$为频率 ω_j 时在地表测得的电场和磁场分量；$Z_0(\omega_j)=\sqrt{-i\omega_j\mu_0\rho_1}$ 为整个空间电阻率 ρ_1 的介质充满时大地电磁的阻抗；$k_n^j=\sqrt{-i\omega_j\mu_0\sigma_n}$ 为第 n 个薄层的复波数；σ_n 为该层电导率；h_n 为该层厚度；$R(\omega_j)$为在地面测得的电磁波的反射函数；q_n 为反射函数 $R(\omega_j)$在不考虑吸收时的离散采样值；μ_0 为真空中的磁导率，其值为 $4\pi\times10^{-7}$ H/m。

由于 q_n 是一个无限收敛的时间序列，因此在一定精度范围内，式(3.58)可以进行截断，设保留 N 项，则有

$$R(\omega_j)\approx\sum_{n=1}^{N}q_n\mathrm{e}^{-2nk_n^jh_n}\quad(j=1,2,\cdots,M) \tag{3.59}$$

将上式写成矩阵，得

$$\boldsymbol{R}=\boldsymbol{PQ} \tag{3.60}$$

式中，$\boldsymbol{R}=[R_1,R_2,\cdots,R_M]^{\mathrm{T}}$，$\boldsymbol{Q}=[q_1,q_2,\cdots,q_N]^{\mathrm{T}}$。

设

$$p_{jn}=\mathrm{e}^{-2n\sqrt{-i\omega_j\mu_0\sigma_n}\cdot h_n} \tag{3.61}$$

则

$$\boldsymbol{P}=\begin{bmatrix}p_{11}&p_{12}&\cdots&p_{1N}\\p_{21}&p_{22}&\cdots&p_{2N}\\\cdots&\cdots&\ddots&\cdots\\p_{M1}&p_{M2}&\cdots&p_{MN}\end{bmatrix} \tag{3.62}$$

显然，式(3.60)是一线性方程组。把 $\boldsymbol{R}$ 作为观测数据向量、$\boldsymbol{P}$ 作为数据核，则 $\boldsymbol{Q}$ 就是待求的模型。在 $M<N$ 的欠定情况下，式(3.60)可用线性规划法求解。

设目标函数为

$$E=\sum_{n=1}^{N}|q_n| \tag{3.63}$$

则线性规划就是在一定的等式和不等式约束条件下，求目标函数的极值问题。如何设定约束条件？在大地电磁拟地震解释法中，我们以观测值 $\boldsymbol{R}=[R_1,R_2,\cdots,R_M]^{\mathrm{T}}$ 的观测误差 δR_j 作为设定不等式限制条件的根据：

$$\begin{cases} R(\omega_j)+\delta R_j \geqslant \sum_{n=1}^{N} q_n \mathrm{e}^{-2nk_n^j h_n} \\ R(\omega_j)-\delta R_j \leqslant \sum_{n=1}^{N} q_n \mathrm{e}^{-2nk_n^j h_n} \end{cases} \tag{3.64}$$

也可看成在式(3.64)的约束之下，求目标函数式(3.63)的极小值。

由于 q_n 可正可负，因此，还须设：

$$q_n=x_n-y_n \quad (n=1,2,\cdots,N) \tag{3.65}$$

$$x_i,y_i\geqslant 0 \quad (i=1,2,\cdots,N) \tag{3.66}$$

此时，式(3.63)和式(3.64)变为

$$E=\sum_{n=1}^{N}(x_n+y_n) \tag{3.67}$$

$$\begin{cases} R(\omega_j)+\delta R_j \geqslant \sum_{n=1}^{N} x_n p_{jn} - \sum_{n=1}^{N} y_n p_{jn} \\ R(\omega_j)-\delta R_j \leqslant \sum_{n=1}^{N} x_n p_{jn} - \sum_{n=1}^{N} y_n p_{jn} \end{cases} \tag{3.68}$$

且满足式(3.66)。

注意，由于 $R(\omega_j)$ 及 δR_j 均是复数，有实部 $R^r(\omega_j)$、δR_j^r 和虚部 $R^i(\omega_j)$、δR_j^i 之分，所以式(3.68)还必须按实部和虚部分开表示。

$$\begin{cases} R^r(\omega_j)+\delta R_j^r \geqslant \sum_{n=1}^{N}(x_n-y_n)p_{jn}^r \\ R^r(\omega_j)-\delta R_j^r \leqslant \sum_{n=1}^{N}(x_n-y_n)p_{jn}^r \\ R^i(\omega_j)+\delta R_j^i \geqslant \sum_{n=1}^{N}(x_n-y_n)p_{jn}^i \\ R^i(\omega_j)-\delta R_j^i \leqslant \sum_{n=1}^{N}(x_n-y_n)p_{jn}^i \end{cases} \tag{3.69}$$

式中，p_{jn}^r 和 p_{jn}^i 分别为复数 p_{jn} 的实部和虚部。这样，大地电磁拟地震解释法的线性反演问题

变成了在式(3.69)和式(3.66)限制之下,极小目标函数式(3.67)的一个线性规划问题。这里求出的是 $x_i, y_i (i=1,2,\cdots,N)$,还必须根据式(3.65)计算 q_n。之后,以 q_n 为横坐标,以电磁波($\omega=1$)在介质中传播的时间为纵坐标,就可以画出大地电磁拟地震解释法的时间剖面。

由上面的讨论可以看出,由于复数的原因,不等式限制条件由 M 个成倍地增长为 $2M$ 个;又由于误差的原因,不等式限制条件又变为 $4M$ 个。因 q_n 的可正可负,又不得不将未知变量翻一番,即由 N 个变为 $2N$ 个。这样限制条件所构成的系数矩阵,就由 $M\times N$ 阶跃变为 $4M\times 2N$ 阶这样一个庞大的系数矩阵。如取 $M=25, N=60$,线性规划须解 100×120 这样一个大型的矩阵方程。

图 3-2 是两层地电断面的大地电磁时间剖面。图 3-2(b)中反射系数 $r_{12}>0$,而图 3-2(a)中 $r_{12}<0$。图 3-3 是 Q 型和 A 型两个 3 层地电断面的大地电磁拟地震解释法的时间剖面,其中子图(a)所示为 Q 型地电断面,而子图(b)为 A 型电断面。

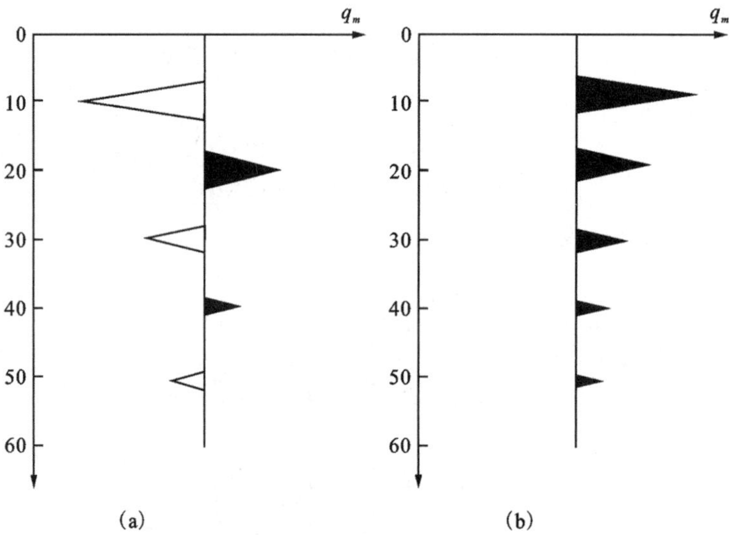

图 3-2 两层地电断面反射系数

(a)正负相间的反射系数模型;(b)反射系数均大于 0 的模型

例 4 设:

$$m(x)=1.0-0.5\cos(2\pi x) \quad (0\leqslant x\leqslant 1) \tag{3.70}$$

$$g_i(x)=\exp(-(i-1)x)$$

且

$$d_i=\int_0^1 g_i(x)m(x)\mathrm{d}x \quad (i=1,2,\cdots,11) \tag{3.71}$$

这是一组人工合成的理论数据,我们把 d_i 和 $g_i(x)$ 视为第 i 个"观测"数据和核函数,而把 $m(x)$ 视为模型。现在,用线性规划法,根据这 11 个观测数据反演模型 $m(x)$。显然,这是一个连续模型的反演问题。为此,首先将模型参数化,即把在[0,1]区间上的 x 分为 p 个子区间,以使 $0\leqslant x_1\leqslant x_2\cdots\leqslant x_p=1$;这时,上述数据方程可写为

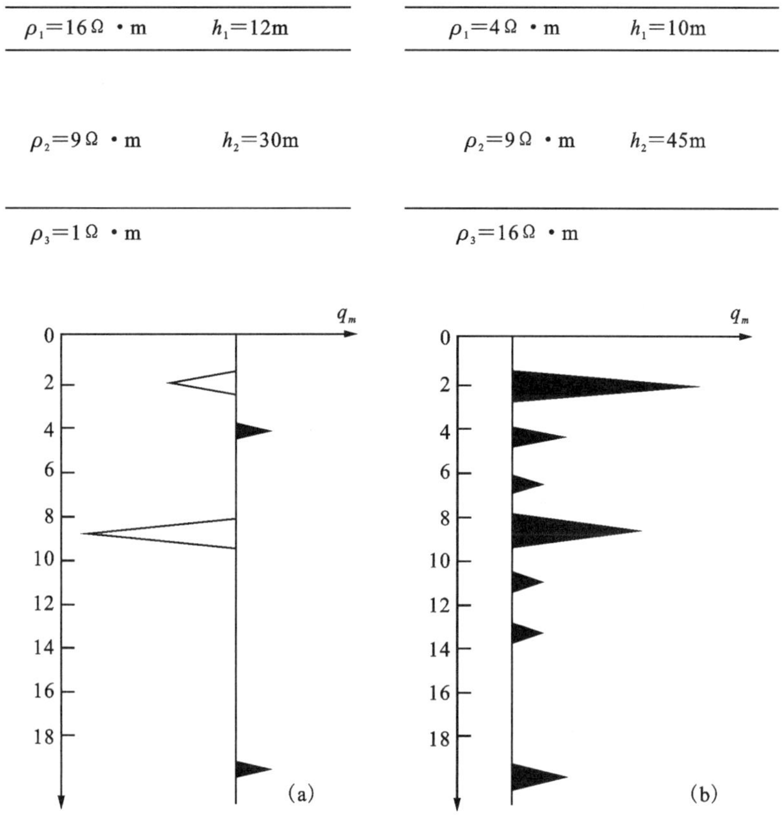

图 3-3　三层地电断面反射系数

$$\sum_{i=1}^{p} G_{ji} m_i = d_i \tag{3.72}$$

式中，m_i 为第 i 个子区间中模型 $m(x)$之值，且核矩阵

$$G_{ji} = \int_{x_{i-1}}^{x_i} g_j(x)\mathrm{d}x \tag{3.73}$$

是在第 i 个子区间核函数的积分。设目标函数为

$$E = \sum_{i=1}^{p} |m_i| \tag{3.74}$$

则线性规划的解就是在式(3.72)约束下求 E 为极小的解。显然，子区间划分不同，求得的模型也不一样。图 3-4(a)～(c)为最小模型解，图中平缓变化的曲线为式(3.70)所表示的连续模型 $m(x)$，剧烈变化的结果为反演结果。反演的离散模型可以较好地拟合 11 个观测数据，然而它与真实的连续模型相距甚远。很显然，这样平缓变化的模型，设计 L_1 范数形式的目标函数式(3.74)是不合理的。能否设计另一种目标函数，既能减少模型沿 x 轴向的变化，又能较好地拟合观测数据呢？下面我们来回答这个问题。

设目标函数为

$$E = \sum_{i=1}^{p} |m'_i| \tag{3.75}$$

式中，$m'_i = \frac{\partial m_i}{\partial x}$是模型沿 x 轴的变化率。求上式的极小，一定能确保模型沿 x 轴的起伏变化不大。图 3-4(d)～(f)是在式(3.72)约束下的最平缓模型解的反演结果，与理论模型比较接近。由此可见，选择合理的目标函数在反演中十分重要，选择合理，其解合理，否则反演结果不能正确反演模型的变化。

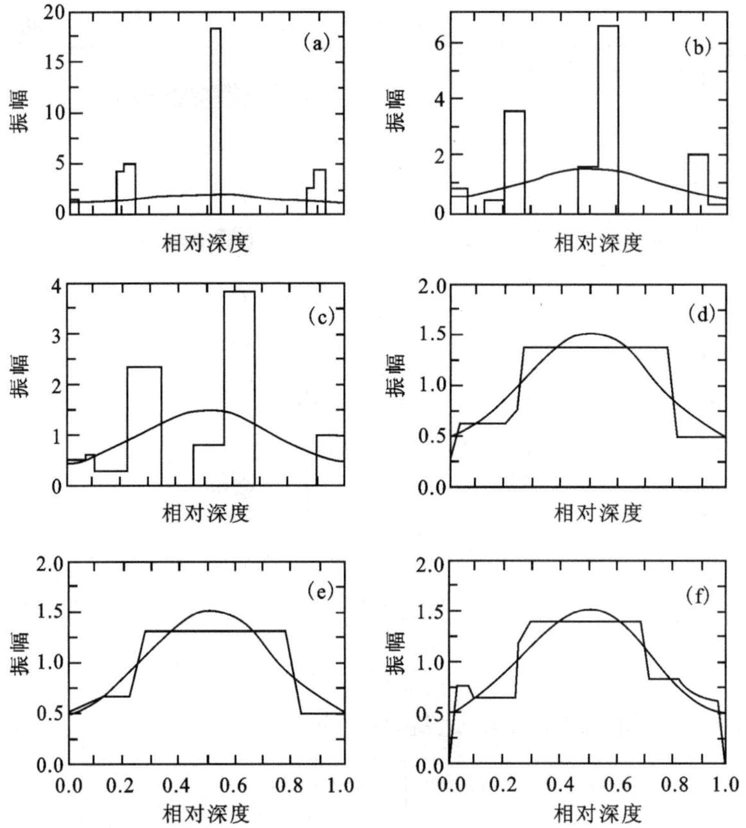

图 3-4　连续模型离散化后线性规划法反演结果

(a)～(c)最小模型解；(d)～(f)最平缓模型解

第 4 章　广义反演

在第 3 章中，我们讨论了解线性反演问题的长度法，包括 L_1 和 L_2 范数解。无疑，还可以定义其他各式各样的长度，比如 L_p 范数等。但是，由于其他范数解的应用并非如此广泛，因而，没有必要在这里进一步加以论述了。

本章中，我们将从另一个角度，即广义逆矩阵的角度来讨论线性反演问题，并称基于广义逆矩阵建立起来的线性反演法为广义反演法(generalized inversion)，或广义线性反演法(generalized linear inversion，GLI)。

4.1　广义逆矩阵的概念

设观测数据 $\boldsymbol{d}$ 是一个 M 维的向量，模型参数 $\boldsymbol{m}$ 是一个 N 维的向量，$\boldsymbol{G}$ 为 $M\times N$ 阶的核函数矩阵，对应的线性反演问题可表达为一个线性方程：

$$\boldsymbol{d}=\boldsymbol{G}\boldsymbol{m} \tag{4.1}$$

如果把 $\boldsymbol{G}$ 看成一个映射算子，那么正演问题就是将模型空间($\mathbb{R}^N$)中的模型 $\boldsymbol{m}$，通过算子 $\boldsymbol{G}$ 映射到数据空间($\mathbb{R}^M$)中的观测数据 $\boldsymbol{d}$ 的一种运算；而反演问题则是将在数据空间中的观测数据 $\boldsymbol{d}$ 通过 $\boldsymbol{G}^{-g}$ 映射到模型空间中的模型 $\boldsymbol{m}$ 的一种运算，如图 4-1 所示。

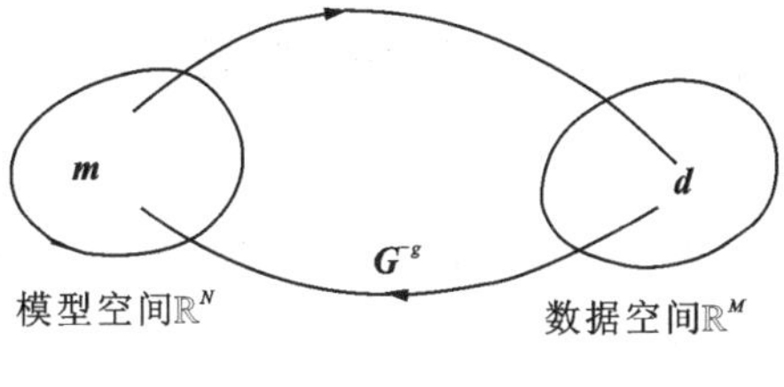

图 4-1　模型空间和数据空间的映射

式(4.1)对应的解，即反演问题的解，有

$$\boldsymbol{m}=\boldsymbol{G}^{-g}\boldsymbol{d} \tag{4.2}$$

由矩阵理论可知，若 $\boldsymbol{G}$ 是非奇异矩阵，那么 $\boldsymbol{G}^{-g}=\boldsymbol{G}^{-1}$。这里 $\boldsymbol{G}^{-1}$ 是矩阵 $\boldsymbol{G}$ 的逆矩阵，且有

$$\boldsymbol{G}\boldsymbol{G}^{-1}=\boldsymbol{G}^{-1}\boldsymbol{G}=\boldsymbol{I} \tag{4.3}$$

式中，$\boldsymbol{I}$ 为单位矩阵，矩阵 $\boldsymbol{G}$ 的逆矩阵 $\boldsymbol{G}^{-1}$ 的求解方法，在一般的线性代数书中均可找到。

在 $\boldsymbol{G}$ 是奇异矩阵的情况下，$\boldsymbol{G}$ 的逆 $\boldsymbol{G}^{-1}$ 并不存在，故称式(4.2)中的 $\boldsymbol{G}^{-g}$ 为矩阵 $\boldsymbol{G}$ 的广义逆。所谓广义逆，是矩阵 $\boldsymbol{G}$ 在常规意义下逆的推广。普通逆矩阵只是广义逆矩阵的一种特殊形式。

显然，在奇异矩阵情况下：

$$\boldsymbol{G}\boldsymbol{G}^{-g} \neq \boldsymbol{I}_M, \boldsymbol{G}^{-g}\boldsymbol{G} \neq \boldsymbol{I}_N \tag{4.4}$$

下面，分析广义逆矩阵的形式。

(1)当 $M=N$，且 $\det(\boldsymbol{G}) \neq 0$ 时，$\boldsymbol{G}^{-g}=\boldsymbol{G}^{-1}$，且式(4.3)存在，反演问题的解是唯一的。

(2)当 $M>N$，即方程(4.1)为超定系统的情况下，比较式(4.2)和式(3.4)，可知：

$$\boldsymbol{G}^{-g}=(\boldsymbol{G}^{\mathrm{T}}\boldsymbol{G})^{-1}\boldsymbol{G}^{\mathrm{T}} \tag{4.5}$$

且式(4.4)成立。

(3)当 $M<N$，即方程(4.1)为欠定系统的情况下，由式(4.2)和式(3.10)可知：

$$\boldsymbol{G}^{-g}=\boldsymbol{G}^{\mathrm{T}}(\boldsymbol{G}\boldsymbol{G}^{\mathrm{T}})^{-1} \tag{4.6}$$

且式(4.4)成立。

根据 Penrose(罗杰・彭罗斯)的定义，凡满足以下 4 个条件：

$$\begin{aligned}
&(\mathrm{a})\ \boldsymbol{G}\boldsymbol{G}^{-g}\boldsymbol{G}=\boldsymbol{G}\\
&(\mathrm{b})\ \boldsymbol{G}^{-g}\boldsymbol{G}\boldsymbol{G}^{-g}=\boldsymbol{G}^{-g}\\
&(\mathrm{c})\ (\boldsymbol{G}\boldsymbol{G}^{-g})^{\mathrm{T}}=\boldsymbol{G}\boldsymbol{G}^{-g}\\
&(\mathrm{d})\ (\boldsymbol{G}^{-g}\boldsymbol{G})^{\mathrm{T}}=\boldsymbol{G}^{-g}\boldsymbol{G}
\end{aligned} \tag{4.7}$$

的广义逆，必然是唯一的。一般把满足 Penrose 的 4 个条件的广义逆记为 $\boldsymbol{G}^{+}$。显然，$\boldsymbol{G}^{-1}$、最小方差解，以及模型的最小欧几里得长度解式(4.5)和式(4.6)都是 Penrose 的广义逆。

满足式(4.7)中 4 个条件的广义逆存在，当然，满足其中部分条件的广义逆也必然存在。但是，满足部分条件的广义逆并不是唯一的，因此就不是这里所说的 Penrose 逆。

4.2 奇异值分解与自然逆

为更好地了解在线性反演中应用相当普遍的奇异矩阵的奇异值分解(singular value decomposition，SVD)，我们先从矩阵分解讲起。

(1)若 $\boldsymbol{G}$ 为 $M\times M$ 阶实对称、非奇异矩阵，则总存在正交矩阵 $\boldsymbol{U}$，使

$$\boldsymbol{U}^{\mathrm{T}}\boldsymbol{G}\boldsymbol{U}=\boldsymbol{\Lambda}=\mathrm{diag}(\lambda_1,\lambda_2\cdots,\lambda_M) \tag{4.8}$$

式中，λ_i 为矩阵 $\boldsymbol{G}$ 的第 i 个特征值；$\boldsymbol{\Lambda}$ 为由 $\boldsymbol{G}$ 的 M 个特征值组成的对角矩阵，且

$$\boldsymbol{\Lambda}=\begin{bmatrix}\lambda_1 & & & 0\\ & \lambda_2 & & \\ & & \ddots & \\ 0 & & & \lambda_M\end{bmatrix} \tag{4.9}$$

而 $\boldsymbol{U}$ 是矩阵 $\boldsymbol{G}$ 的 M 个特征值所对应的 M 个特征向量所组成的矩阵。$\boldsymbol{U}$ 是一个正交矩阵，具有如下重要性质：

$$\boldsymbol{U}^{\mathrm{T}}=\boldsymbol{U}^{-1},\boldsymbol{U}^{\mathrm{T}}\boldsymbol{U}=\boldsymbol{U}\boldsymbol{U}^{\mathrm{T}}=\boldsymbol{I}_M \tag{4.10}$$

由式(4.8)可知

$$\boldsymbol{G}=\boldsymbol{U}\boldsymbol{\Lambda}\boldsymbol{U}^{\mathrm{T}} \tag{4.11}$$

这就是实对称矩阵的正交分解。任何一个实对称矩阵 $\boldsymbol{G}$ 均可分解为 3 个矩阵之连乘积，第一和第三个矩阵分别为 $\boldsymbol{G}$ 的特征向量矩阵 $\boldsymbol{U}$ 和它的转置 $\boldsymbol{U}^{\mathrm{T}}$，而第二个矩阵则是 $\boldsymbol{G}$ 的特征值构成的对角线矩阵 $\boldsymbol{\Lambda}$。

(2)如果 $\boldsymbol{G}$ 是 $M\times M$ 阶非奇异、非对称实矩阵，那么上述正交分解不成立。但可以证明，此时存在两个正交矩阵 $\boldsymbol{U}$ 和 $\boldsymbol{V}$，且

$$\boldsymbol{U}^{\mathrm{T}}\boldsymbol{G}\boldsymbol{V}=\boldsymbol{\Lambda}=\mathrm{diag}(\lambda_1,\lambda_2\cdots,\lambda_M) \tag{4.12}$$

式中，矩阵 $\boldsymbol{\Lambda}$ 为 $\boldsymbol{G}^{\mathrm{T}}\boldsymbol{G}$ 或 $\boldsymbol{G}\boldsymbol{G}^{\mathrm{T}}$ 特征值的正根组成的对角线矩阵，$\lambda_i>0$，$\boldsymbol{U}$ 和 $\boldsymbol{V}$ 分别为对称矩阵 $\boldsymbol{G}\boldsymbol{G}^{\mathrm{T}}$ 和 $\boldsymbol{G}^{\mathrm{T}}\boldsymbol{G}$ 的特征向量组成的特征向量矩阵，且具有如下性质：

$$\begin{aligned}\boldsymbol{U}^{\mathrm{T}}\boldsymbol{U}&=\boldsymbol{U}\boldsymbol{U}^{\mathrm{T}}=\boldsymbol{I}_M\\ \boldsymbol{V}^{\mathrm{T}}\boldsymbol{V}&=\boldsymbol{V}\boldsymbol{V}^{\mathrm{T}}=\boldsymbol{I}_M\end{aligned} \tag{4.13}$$

现在来证明式(4.12)。我们用矩阵 $\boldsymbol{G}$ 构造一个对称的实矩阵，记为 $\boldsymbol{S}$。

$$\boldsymbol{S}=\begin{bmatrix}\boldsymbol{0} & \boldsymbol{G}\\ \boldsymbol{G}^{\mathrm{T}} & \boldsymbol{0}\end{bmatrix} \tag{4.14}$$

显然，$\boldsymbol{S}$ 为一个 $2M\times 2M$ 的实对称矩阵。我们假设矩阵 $\boldsymbol{S}$ 的第 i 个特征值及其对应的特征向量分别为 λ_i 和矩阵 $\boldsymbol{w}_i$，则有

$$\boldsymbol{S}\boldsymbol{w}_i=\lambda_i\boldsymbol{w}_i \tag{4.15}$$

若设 $\boldsymbol{w}_i$ 分解为两个 M 维的向量 $\boldsymbol{u}_i$ 和 $\boldsymbol{v}_i$，即

$$\boldsymbol{w}_i=\begin{bmatrix}\boldsymbol{u}_i\\ \boldsymbol{v}_i\end{bmatrix} \tag{4.16}$$

则式(4.15)，可以改写为

$$\begin{bmatrix}\boldsymbol{0} & \boldsymbol{G}\\ \boldsymbol{G}^{\mathrm{T}} & \boldsymbol{0}\end{bmatrix}\begin{bmatrix}\boldsymbol{u}_i\\ \boldsymbol{v}_i\end{bmatrix}=\lambda_i\begin{bmatrix}\boldsymbol{u}_i\\ \boldsymbol{v}_i\end{bmatrix} \tag{4.17}$$

将上式展开，得

$$\begin{aligned}\boldsymbol{G}\boldsymbol{v}_i&=\lambda_i\boldsymbol{u}_i\\ \boldsymbol{G}^{\mathrm{T}}\boldsymbol{u}_i&=\lambda_i\boldsymbol{v}_i\end{aligned} \tag{4.18}$$

用矩阵 $\boldsymbol{G}^{\mathrm{T}}$ 和 $\boldsymbol{G}$ 分别乘式(4.18)中的第一式和第二式的左端和右端，并利用第二式和第一式替换下式中的右端项，可得

$$\begin{aligned}\boldsymbol{G}^{\mathrm{T}}\boldsymbol{G}\boldsymbol{v}_i&=\lambda_i\boldsymbol{G}^{\mathrm{T}}\boldsymbol{u}_i=\lambda_i^2\boldsymbol{v}_i\\ \boldsymbol{G}\boldsymbol{G}^{\mathrm{T}}\boldsymbol{u}_i&=\lambda_i\boldsymbol{G}\boldsymbol{v}_i=\lambda_i^2\boldsymbol{u}_i\end{aligned} \tag{4.19}$$

将 M 个特征向量 $\boldsymbol{u}_i$ 和 $\boldsymbol{v}_i$，分别扩张组成两个大的矩阵，有

$$U=[u_1,u_2,\cdots,u_M]$$
$$V=[v_1,v_2,\cdots,v_M] \tag{4.20}$$

由于 G^TG 或 GG^T 都是实对称矩阵，其特征值 λ_i^2 均为正值，所对应特征向量构成的矩阵 U 和 V 均为正交矩阵，满足：

$$U^TU=UU^T=I_M$$
$$V^TV=VV^T=I_M \tag{4.21}$$

扩张式(4.18)的第一式可得

$$GV=U\Lambda \tag{4.22}$$

利用式(4.21)，可推导出式(4.12)，并得到非奇异和非对称矩阵 G 的正交分解：

$$G=U\Lambda V^T \tag{4.23}$$

上式和式(4.11)形式相同，但各个矩阵的含义却不尽相同。式(4.23)说明，任何一个非奇异、非对称矩阵 G 均可分解为 3 个矩阵 U、Λ 和 V^T 之积，其中，U 和 V 分别为对称矩阵 GG^T 或 G^TG 的特征向量矩阵，而 Λ 是 GG^T 或 G^TG 特征值的正开根 $\sqrt{\lambda_i^2}(i=1,2,\cdots,M)$ 组成的对角线矩阵。

(3)如果 G 是 $M\times N$ 阶奇异矩阵，其秩为 $r=\text{rank}(G)$，此时也可以分解，可得

$$G=U_r\Lambda_r V_r^T \tag{4.24}$$

我们称上式为奇异矩阵的奇异值分解。上式中，矩阵 $\Lambda_r=\text{diag}(\lambda_1,\lambda_2\cdots,\lambda_r)$ 为 G^TG 或 GG^T 特征值的 r 个非零特征值的正开根($\lambda_i>0,i=1,2,\cdots,r$)组成的对角线矩阵，$U_r$ 为矩阵 GG^T 的 $M\times r$ 阶特征向量矩阵和 V_r 为 G^TG 的 $N\times r$ 阶特征向量矩阵，且它们都是半正交矩阵，具有下列性质：

$$U_r^TU_r=I_r,U_rU_r^T\neq I_r$$
$$V_r^TV_r=I_r,V_rV_r^T\neq I_r \tag{4.25}$$

类似非对称非奇异矩阵的正交分解证明，我们用 $M\times N$ 阶奇异矩阵 G 构造一个 $(M+N)\times(M+N)$ 阶的对称矩阵 S。

$$S=\begin{bmatrix}0_{M\times M} & G_{M\times N}\\ G_{N\times M}^T & 0_{N\times N}\end{bmatrix} \tag{4.26}$$

式中，矩阵 S 中的 4 个子矩阵的下标给出了矩阵的阶数。我们假设对称矩阵 S 的第 i 个特征值及其对应的特征向量分别为 λ_i 和列矩阵 w_i，则有

$$Sw_i=\lambda_i w_i \tag{4.27}$$

若将 w_i 分解为一个 M 维的向量 u_i 和一个 N 维的向量 v_i，类似地，可得到式(4.16)～式(4.19)，以及式(4.22)。GG^T 和 G^TG 分别是 $M\times M$ 阶和 $N\times N$ 阶的矩阵，故其对应的特征向量矩阵有

$$U=[u_1,u_2,\cdots,u_M]$$
$$V=[v_1,v_2,\cdots,v_N] \tag{4.28}$$

进一步，由于 GG^T 或 G^TG 都是实对称矩阵，其特征值 λ_i^2 均为正值，所对应特征向量构

成的矩阵 $\boldsymbol{U}$ 和 $\boldsymbol{V}$ 均为正交矩阵，满足：

$$\begin{aligned}\boldsymbol{U}^{\mathrm{T}}\boldsymbol{U}=\boldsymbol{U}\boldsymbol{U}^{\mathrm{T}}=\boldsymbol{I}_M\\ \boldsymbol{V}^{\mathrm{T}}\boldsymbol{V}=\boldsymbol{V}\boldsymbol{V}^{\mathrm{T}}=\boldsymbol{I}_N\end{aligned}\tag{4.29}$$

考虑到矩阵 $\boldsymbol{G}$ 的秩是 r，即 $\boldsymbol{G}$ 只有 r 个特征值，我们将特征矩阵 $\boldsymbol{U}$ 和 $\boldsymbol{V}$ 分解为非零特征向量和零向量组成的两部分，即 $\boldsymbol{U}=[\boldsymbol{U}_r,\boldsymbol{U}_0]$ 和 $\boldsymbol{V}=[\boldsymbol{V}_r,\boldsymbol{V}_0]$，其中 $\boldsymbol{U}_r$ 为一个 $M\times r$ 阶的矩阵，$\boldsymbol{V}_r$ 为一个 $N\times r$ 阶的矩阵，$\boldsymbol{U}_0$ 和 $\boldsymbol{V}_0$ 分别为 $M\times(M-r)$ 阶和 $N\times(N-r)$ 阶的零矩阵，则式(4.22)可以改写为

$$\boldsymbol{G}[\boldsymbol{V}_r,\boldsymbol{V}_0]=[\boldsymbol{U}_r,\boldsymbol{U}_0]\begin{bmatrix}\boldsymbol{\Lambda}_r & \boldsymbol{0}\\ \boldsymbol{0} & \boldsymbol{0}\end{bmatrix}\tag{4.30}$$

式中，$\boldsymbol{\Lambda}_r$ 是一个由非零特征值组成的 r 阶对角阵。上式两端右乘 $\boldsymbol{V}^{\mathrm{T}}=\begin{bmatrix}\boldsymbol{V}_r^{\mathrm{T}}\\ \boldsymbol{V}_0^{\mathrm{T}}\end{bmatrix}$，并注意到式(4.29)的关系，展开可得式(4.24)。

式(4.24)就是奇异矩阵 $\boldsymbol{G}$ 的奇异值分解结果。据此，任何一个 $M\times N$ 阶奇异矩阵，均可分解为 3 个矩阵 $\boldsymbol{U}_r$、$\boldsymbol{\Lambda}_r$ 和 $\boldsymbol{V}_r^{\mathrm{T}}$ 之乘积。取

$$\boldsymbol{G}_L=\boldsymbol{V}_r\boldsymbol{\Lambda}_r^{-1}\boldsymbol{U}_r^{\mathrm{T}}\tag{4.31}$$

为矩阵 $\boldsymbol{G}$ 的逆算子，它被 Lanczos 称为“自然逆”(natural inverse)，数学家又称它为 Lanczos 逆。尔后，大多数学者(如安艺静一)，包括 Penrose 在内都把它称为广义逆。而把基于式(4.31)建立起来的解线性反演问题的方法统称为广义反演法，因而 $\boldsymbol{d}=\boldsymbol{Gm}$ 的解为

$$\boldsymbol{m}=\boldsymbol{G}_L\boldsymbol{d}=\boldsymbol{V}_r\boldsymbol{\Lambda}_r^{-1}\boldsymbol{U}_r^{\mathrm{T}}\boldsymbol{d}\tag{4.32}$$

上述奇异值分解(SVD)理论早在 19 世纪和 20 世纪初由数学家发展出来了。可以证明式(4.31)定义的自然逆满足 Penrose 给出的 4 个条件，因为

(a) $\boldsymbol{GG}_L\boldsymbol{G}=\boldsymbol{U}_r\boldsymbol{\Lambda}_r\boldsymbol{V}_r^{\mathrm{T}}\boldsymbol{V}_r\boldsymbol{\Lambda}_r^{-1}\boldsymbol{U}_r^{\mathrm{T}}\boldsymbol{U}_r\boldsymbol{\Lambda}_r\boldsymbol{V}_r^{\mathrm{T}}=\boldsymbol{U}_r\boldsymbol{\Lambda}_r\boldsymbol{V}_r^{\mathrm{T}}=\boldsymbol{G}$

(b) $\boldsymbol{G}_L\boldsymbol{GG}_L=\boldsymbol{V}_r\boldsymbol{\Lambda}_r^{-1}\boldsymbol{U}_r^{\mathrm{T}}\boldsymbol{U}_r\boldsymbol{\Lambda}_r\boldsymbol{V}_r^{\mathrm{T}}\boldsymbol{V}_r\boldsymbol{\Lambda}_r^{-1}\boldsymbol{U}_r^{\mathrm{T}}=\boldsymbol{V}_r\boldsymbol{\Lambda}_r^{-1}\boldsymbol{U}_r^{\mathrm{T}}=\boldsymbol{G}_L$

(c) $(\boldsymbol{GG}_L)^{\mathrm{T}}=(\boldsymbol{U}_r\boldsymbol{\Lambda}_r\boldsymbol{V}_r^{\mathrm{T}}\boldsymbol{V}_r\boldsymbol{\Lambda}_r^{-1}\boldsymbol{U}_r^{\mathrm{T}})^{\mathrm{T}}=\boldsymbol{U}_r\boldsymbol{\Lambda}_r\boldsymbol{V}_r^{\mathrm{T}}\boldsymbol{V}_r\boldsymbol{\Lambda}_r^{-1}\boldsymbol{U}_r^{\mathrm{T}}=\boldsymbol{GG}_L$

(d) $(\boldsymbol{G}_L\boldsymbol{G})^{\mathrm{T}}=(\boldsymbol{V}_r\boldsymbol{\Lambda}_r^{-1}\boldsymbol{U}_r^{\mathrm{T}}\boldsymbol{U}_r\boldsymbol{\Lambda}_r\boldsymbol{V}_r^{\mathrm{T}})^{\mathrm{T}}=\boldsymbol{V}_r\boldsymbol{\Lambda}_r^{-1}\boldsymbol{U}_r^{\mathrm{T}}\boldsymbol{U}_r\boldsymbol{\Lambda}_r\boldsymbol{V}_r^{\mathrm{T}}=\boldsymbol{G}_L\boldsymbol{G}$

因此，$\boldsymbol{G}_L$ 也是广义逆 $\boldsymbol{G}^+$。

4.3　广义反演法

在这节里，我们只涉及基于 Lanczose 自然逆建立起来的广义反演法，而不讨论基于一般广义逆(即不全部满足 Penrose 定义的 4 个条件的逆)的所谓广义反演法。

设线性反演问题为

$$\boldsymbol{Gm}=\boldsymbol{d}$$

根据自然逆的定义，有

$$\boldsymbol{m}=\boldsymbol{G}_L\boldsymbol{d}$$

下面，我们分如下 4 种情况论述之。

(1)当 $M=N=r$ 时，$\boldsymbol{U}_0$ 和 $\boldsymbol{V}_0$ 均不存在，即 $\boldsymbol{U}_r$ 和 $\boldsymbol{V}_r$ 都是标准的正交矩阵，且

$$\boldsymbol{G}\boldsymbol{G}_L=\boldsymbol{U}_r\boldsymbol{\Lambda}_r\boldsymbol{V}_r^{\mathrm{T}}\boldsymbol{V}_r\boldsymbol{\Lambda}_r^{-1}\boldsymbol{U}_r^{\mathrm{T}}=\boldsymbol{G}_L\boldsymbol{G}=\boldsymbol{I}$$

因此，

$$\boldsymbol{G}_L=\boldsymbol{G}^{-1}$$

自然逆就是普通方阵的逆，用式(4.32)求得的 $\boldsymbol{m}$ 就是数据方程 $\boldsymbol{Gm}=\boldsymbol{d}$ 的唯一解。

(2)当 $r=N<M$ 时，$\boldsymbol{Gm}=\boldsymbol{d}$ 是超定方程。$\boldsymbol{V}_0$ 不复存在，但 $\boldsymbol{U}_0$ 存在，此时 $\boldsymbol{V}_r$ 是正交矩阵，即

$$\boldsymbol{V}_r^{\mathrm{T}}\boldsymbol{V}_r=\boldsymbol{V}_r\boldsymbol{V}_r^{\mathrm{T}}=\boldsymbol{I}$$

而 $\boldsymbol{U}_r$ 是半正交矩阵，即

$$\boldsymbol{U}_r^{\mathrm{T}}\boldsymbol{U}_r=\boldsymbol{I}_r,\boldsymbol{U}_r\boldsymbol{U}_r^{\mathrm{T}}\neq\boldsymbol{I}_r$$

这时，

$$\boldsymbol{G}_L=\boldsymbol{V}_r\boldsymbol{\Lambda}_r^{-1}\boldsymbol{U}_r^{\mathrm{T}}=\boldsymbol{V}_r\boldsymbol{\Lambda}_r^{-2}\boldsymbol{V}_r^{\mathrm{T}}\boldsymbol{V}_r\boldsymbol{\Lambda}_r\boldsymbol{U}_r^{\mathrm{T}}=(\boldsymbol{G}^{\mathrm{T}}\boldsymbol{G})^{-1}\boldsymbol{G}^{\mathrm{T}}$$

因此，在这种情况下，广义反演法的解为

$$\boldsymbol{m}=\boldsymbol{G}_L\boldsymbol{d}=(\boldsymbol{G}^{\mathrm{T}}\boldsymbol{G})^{-1}\boldsymbol{G}^{\mathrm{T}}\boldsymbol{d}$$

这就是第 3 章中讲的最小方差解，且具有唯一性。

(3)当 $r=M<N$ 时，$\boldsymbol{Gm}=\boldsymbol{d}$ 是欠定方程。此时，$\boldsymbol{U}_0$ 不复存在，而 $\boldsymbol{V}_0$ 存在。$\boldsymbol{U}_r$ 是正交矩阵，且

$$\boldsymbol{U}_r^{\mathrm{T}}\boldsymbol{U}_r=\boldsymbol{U}_r\boldsymbol{U}_r^{\mathrm{T}}=\boldsymbol{I}_r$$

而 $\boldsymbol{V}_r$ 是半正交矩阵，即

$$\boldsymbol{V}_r^{\mathrm{T}}\boldsymbol{V}_r=\boldsymbol{I}_r,\boldsymbol{V}_r\boldsymbol{V}_r^{\mathrm{T}}\neq\boldsymbol{I}_r$$

这时，有

$$\boldsymbol{G}_L=\boldsymbol{V}_r\boldsymbol{\Lambda}_r^{-1}\boldsymbol{U}_r^{\mathrm{T}}=\boldsymbol{V}_r\boldsymbol{\Lambda}_r\boldsymbol{U}_r^{\mathrm{T}}\boldsymbol{U}_r\boldsymbol{\Lambda}_r^{-2}\boldsymbol{U}_r^{\mathrm{T}}=\boldsymbol{G}^{\mathrm{T}}(\boldsymbol{G}\boldsymbol{G}^{\mathrm{T}})^{-1}$$

因此，广义反演法的解为

$$\boldsymbol{m}=\boldsymbol{G}_L\boldsymbol{d}=\boldsymbol{G}^{\mathrm{T}}(\boldsymbol{G}\boldsymbol{G}^{\mathrm{T}})^{-1}\boldsymbol{d}$$

这就是欠定问题的最小长度解，而且解是唯一的。

(4)当 $r<\min(M,N)$ 时，$\boldsymbol{U}_0$ 和 $\boldsymbol{V}_0$ 都存在。因此，可以把广义反演解看成同时在 $\boldsymbol{U}$ 空间极小 $\|\boldsymbol{d}-\boldsymbol{Gm}\|$ 和在 $\boldsymbol{V}$ 空间极小 $\|\boldsymbol{m}\|$ 的结果。

为了帮助读者理解奇异值分解和广义逆的意义，现在分析 3 个简单的例子。

例 1　$m_1+m_2=2$。

显然，这是一个欠定方程。用矩阵表示，则有

$$\begin{bmatrix}1 & 1\end{bmatrix}\begin{bmatrix}m_1\\m_2\end{bmatrix}=\begin{bmatrix}2\end{bmatrix}$$

其中，$\boldsymbol{G}=\begin{bmatrix}1 & 1\end{bmatrix}$，　$\boldsymbol{m}=\begin{bmatrix}m_1\\m_2\end{bmatrix}$，　$\boldsymbol{d}=\begin{bmatrix}2\end{bmatrix}$。

由线性代数可知，方程有无穷多个解。现在用广义逆方法解这一方程，由于

$$\boldsymbol{G}\boldsymbol{G}^{\mathrm{T}}=[2]$$

所以，$\boldsymbol{G}\boldsymbol{G}^{\mathrm{T}}$ 特征值为 2，$\boldsymbol{G}$ 的奇异值为$\sqrt{2}$，$\boldsymbol{G}\boldsymbol{G}^{\mathrm{T}}$ 的特征向量矩阵 $\boldsymbol{U}=[2]$，$\boldsymbol{G}^{\mathrm{T}}\boldsymbol{G}$ 的特征向量矩阵为

$$\boldsymbol{V}=\begin{bmatrix}\frac{1}{\sqrt{2}}\\ \frac{1}{\sqrt{2}}\end{bmatrix}$$

因而，有

$$\boldsymbol{G}=\boldsymbol{U}_r\boldsymbol{\Lambda}_r\boldsymbol{V}_r^{\mathrm{T}}=[1][\sqrt{2}]\begin{bmatrix}\frac{1}{\sqrt{2}} & \frac{1}{\sqrt{2}}\end{bmatrix}=[1\quad 1]$$

可见，奇异值分解是正确的。又由广义逆的定义可知

$$\boldsymbol{G}_L=\boldsymbol{V}_r\boldsymbol{\Lambda}_r^{-1}\boldsymbol{U}_r^{\mathrm{T}}=\begin{bmatrix}\frac{1}{\sqrt{2}}\\ \frac{1}{\sqrt{2}}\end{bmatrix}\begin{bmatrix}\frac{1}{\sqrt{2}}\end{bmatrix}[1]=\begin{bmatrix}\frac{1}{2}\\ \frac{1}{2}\end{bmatrix}$$

则方程的解为

$$\boldsymbol{m}=\boldsymbol{G}_L\boldsymbol{d}=\begin{bmatrix}\frac{1}{2}\\ \frac{1}{2}\end{bmatrix}[2]=\begin{bmatrix}1\\ 1\end{bmatrix}$$

由图 4-2 可知，满足 $m_1+m_2=2$ 的解中，只有 $m_1=m_2=1$ 这一个解，即广义反演法的解距原点的距离为最小，即长度为最小。

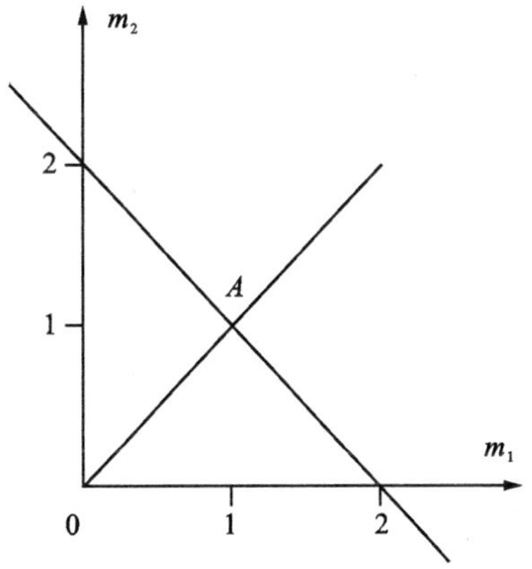

图 4-2　欠定方程广义反演法解的示意图

例 2　求方程组$\begin{cases}m_1+m_2=3\\ m_3=3\end{cases}$。

显然，这也是一个欠定问题，2 个方程（$M=2$），3 个未知数（$N=3$）。改写为矩阵形式：

$$\begin{bmatrix}1 & 1 & 0\\ 0 & 0 & 1\end{bmatrix}\begin{bmatrix}m_1\\ m_2\\ m_3\end{bmatrix}=\begin{bmatrix}3\\ 3\end{bmatrix}$$

其中，$\boldsymbol{G}=\begin{bmatrix}1 & 1 & 0\\ 0 & 0 & 1\end{bmatrix}$，　$\boldsymbol{m}=\begin{bmatrix}m_1\\ m_2\\ m_3\end{bmatrix}$，　$\boldsymbol{d}=\begin{bmatrix}3\\ 3\end{bmatrix}$。

根据奇异值分解方法，可得

$$GG^{\mathrm{T}}=\begin{bmatrix}1&1&0\\0&0&1\end{bmatrix}\begin{bmatrix}10\\10\\01\end{bmatrix}=\begin{bmatrix}2&0\\0&1\end{bmatrix}$$

其特征值为 2 和 1；矩阵 $\boldsymbol{G}$ 的奇异值有两个，分别为$\sqrt{2}$和 1；矩阵 $\boldsymbol{G}^{\mathrm{T}}\boldsymbol{G}$ 的奇异值也为$\sqrt{2}$和 1；$\boldsymbol{GG}^{\mathrm{T}}$ 的特征向量为

$$\boldsymbol{U}=\begin{bmatrix}1&0\\0&1\end{bmatrix}$$

$\boldsymbol{G}^{\mathrm{T}}\boldsymbol{G}$ 的特征向量为

$$\boldsymbol{V}=\begin{bmatrix}\frac{1}{\sqrt{2}}&0\\\frac{1}{\sqrt{2}}&0\\0&1\end{bmatrix}$$

因而

$$\boldsymbol{G}=\boldsymbol{U}_r\boldsymbol{\Lambda}_r\boldsymbol{V}_r^{\mathrm{T}}=\begin{bmatrix}1&0\\0&1\end{bmatrix}\begin{bmatrix}\sqrt{2}&0\\0&1\end{bmatrix}\begin{bmatrix}\frac{1}{\sqrt{2}}&\frac{1}{\sqrt{2}}&0\\0&0&1\end{bmatrix}=\begin{bmatrix}1&1&0\\0&0&1\end{bmatrix}$$

这说明奇异值分解是正确的。而

$$\boldsymbol{G}_L=\boldsymbol{V}_r\boldsymbol{\Lambda}_r^{-1}\boldsymbol{U}_r^{\mathrm{T}}=\begin{bmatrix}\frac{1}{\sqrt{2}}&0\\\frac{1}{\sqrt{2}}&0\\0&1\end{bmatrix}\begin{bmatrix}\frac{1}{\sqrt{2}}&0\\0&1\end{bmatrix}\begin{bmatrix}1&0\\0&1\end{bmatrix}=\begin{bmatrix}\frac{1}{2}&0\\\frac{1}{2}&0\\0&1\end{bmatrix}$$

由此，可得方程组的广义逆解：

$$\boldsymbol{m}=\boldsymbol{G}_L\boldsymbol{d}=\begin{bmatrix}\frac{1}{2}&0\\\frac{1}{2}&1\\0&1\end{bmatrix}\begin{bmatrix}3\\3\end{bmatrix}=\begin{bmatrix}\frac{3}{2}\\\frac{3}{2}\\3\end{bmatrix}$$

可见，方程的解是 $m_1=3/2, m_2=3/2, m_3=3$。

从图 4 - 3 可知，在平面 $BCDF$ 上的任何点满足 $m_1+m_2=3$；而在平面 DEF 上的任何点都满足 $m_3=3$。因此，两个平面的交线 DF 上的所有点都满足联立方程：

$$\begin{cases}m_1+m_2=3\\m_3=3\end{cases}$$

但是，在 DF 上距坐标原点最近的一点，即广义反演法求得的解，只能是 $m_1=3/2, m_2=3/2, m_3=3$，这就是最小长度解。

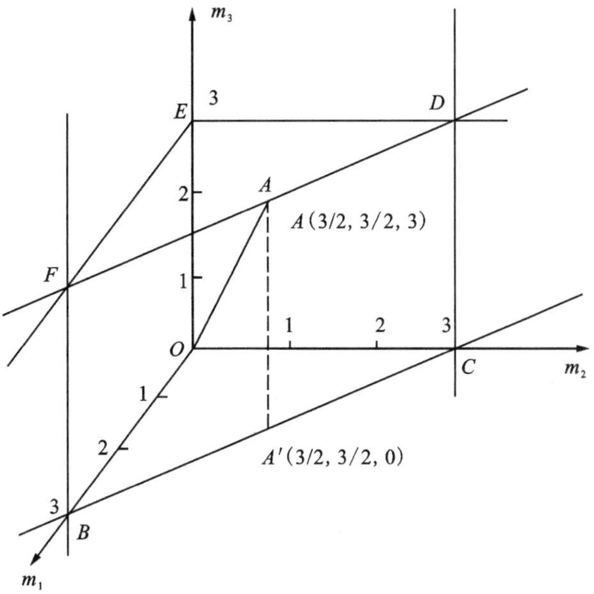

图 4-3　例 2 广义反演法解的示意图

例 3　求解方程组$\begin{cases} m_1+m_2=3 \\ m_1=1 \\ m_2=1 \end{cases}$。

显然这是一个超定方程。改写为矩阵形式

$$\begin{bmatrix} 1 & 1 \\ 1 & 0 \\ 0 & 1 \end{bmatrix}\begin{bmatrix} m_1 \\ m_2 \end{bmatrix}=\begin{bmatrix} 3 \\ 1 \\ 1 \end{bmatrix}$$

其中，$\boldsymbol{G}=\begin{bmatrix} 1 & 1 \\ 1 & 0 \\ 0 & 1 \end{bmatrix}$，　$\boldsymbol{m}=\begin{bmatrix} m_1 \\ m_2 \end{bmatrix}$，　$\boldsymbol{d}=\begin{bmatrix} 3 \\ 1 \\ 1 \end{bmatrix}$。所以

$$\boldsymbol{G}\boldsymbol{G}^{\mathrm{T}}=\begin{bmatrix} 1 & 1 \\ 1 & 0 \\ 0 & 1 \end{bmatrix}\begin{bmatrix} 1 & 1 & 0 \\ 1 & 0 & 1 \end{bmatrix}=\begin{bmatrix} 2 & 1 & 1 \\ 1 & 1 & 0 \\ 1 & 0 & 1 \end{bmatrix}$$

有 3 个特征值，分别为 3，1 和 0，其秩 $r=2$，对应的非零特征向量矩阵为

$$\boldsymbol{U}_r=\begin{bmatrix} \sqrt{\frac{2}{3}} & 0 \\ \frac{1}{2}\sqrt{\frac{2}{3}} & \frac{1}{\sqrt{2}} \\ \frac{1}{2}\sqrt{\frac{2}{3}} & \frac{-1}{\sqrt{2}} \end{bmatrix}$$

又

$$\boldsymbol{G}^{\mathrm{T}}\boldsymbol{G}=\begin{bmatrix}1 & 1 & 0\\ 1 & 0 & 1\end{bmatrix}\begin{bmatrix}1 & 1\\ 1 & 0\\ 0 & 1\end{bmatrix}=\begin{bmatrix}2 & 1\\ 1 & 2\end{bmatrix}$$

有 2 个特征值，分别为 3 和 1，由此可得对应的特征向量矩阵为

$$\boldsymbol{V}=\begin{bmatrix}\frac{1}{\sqrt{2}} & \frac{1}{\sqrt{2}}\\ \frac{1}{\sqrt{2}} & \frac{-1}{\sqrt{2}}\end{bmatrix}$$

$\boldsymbol{G}\boldsymbol{G}^{\mathrm{T}}$ 和 $\boldsymbol{G}^{\mathrm{T}}\boldsymbol{G}$ 共有的特征值分别为 3 和 1，故 $\boldsymbol{G}$ 的奇异值分别为$\sqrt{3}$和 1，即

$$\boldsymbol{\Lambda}_r=\begin{bmatrix}\sqrt{3} & 0\\ 0 & 1\end{bmatrix}$$

从而可得

$$\boldsymbol{G}=\boldsymbol{U}_r\boldsymbol{\Lambda}_r\boldsymbol{V}^{\mathrm{T}}=\begin{bmatrix}\sqrt{\frac{2}{3}} & 0\\ \frac{1}{2}\sqrt{\frac{2}{3}} & \frac{1}{\sqrt{2}}\\ \frac{1}{2}\sqrt{\frac{2}{3}} & \frac{-1}{\sqrt{2}}\end{bmatrix}\begin{bmatrix}\sqrt{3} & 0\\ 0 & 1\end{bmatrix}\begin{bmatrix}\frac{1}{\sqrt{2}} & \frac{1}{\sqrt{2}}\\ \frac{1}{\sqrt{2}} & \frac{-1}{\sqrt{2}}\end{bmatrix}=\begin{bmatrix}1 & 1\\ 1 & 0\\ 0 & 1\end{bmatrix}$$

$$\boldsymbol{G}_L=\boldsymbol{V}\boldsymbol{\Lambda}_r^{-1}\boldsymbol{U}_r^{\mathrm{T}}=\begin{bmatrix}\frac{1}{\sqrt{2}} & \frac{1}{\sqrt{2}}\\ \frac{1}{\sqrt{2}} & \frac{-1}{\sqrt{2}}\end{bmatrix}\begin{bmatrix}\frac{1}{\sqrt{3}} & 0\\ 0 & 1\end{bmatrix}\begin{bmatrix}\sqrt{\frac{2}{3}} & \frac{1}{2}\sqrt{\frac{2}{3}} & \frac{1}{2}\sqrt{\frac{2}{3}}\\ 0 & \frac{1}{\sqrt{2}} & \frac{-1}{\sqrt{2}}\end{bmatrix}=\begin{bmatrix}\frac{1}{3} & \frac{2}{3} & -\frac{1}{3}\\ \frac{1}{3} & -\frac{1}{3} & \frac{2}{3}\end{bmatrix}$$

方程组的解为

$$\boldsymbol{m}=\boldsymbol{G}_L\boldsymbol{d}=\begin{bmatrix}\frac{1}{3} & \frac{2}{3} & -\frac{1}{3}\\ \frac{1}{3} & -\frac{1}{3} & \frac{2}{3}\end{bmatrix}\begin{bmatrix}3\\ 1\\ 1\end{bmatrix}=\begin{bmatrix}\frac{4}{3}\\ \frac{4}{3}\end{bmatrix}$$

这个解与方程组的最小方差解一致。

4.4 数据分辨矩阵

用广义反演法解线性反演问题，不但可以求得一个拟合观测数据的模型 $\boldsymbol{m}$，而且可以获得一些与观测数据 $\boldsymbol{d}$ 和模型参数 $\boldsymbol{m}$ 有关的辅助信息，例如，数据分辨矩阵（data resolution matrix）等。

假定已知观测数据 $\boldsymbol{d}^{\text{obs}}$，由于实际数据具有误差，我们把跟式(4.32)所求得的模型，记为 $\boldsymbol{m}^{\text{est}}$，表示用广义反演法构制的模型，以示和真实模型 $\boldsymbol{m}$ 的区别：

$$\boldsymbol{m}^{\text{est}}=\boldsymbol{G}_L\boldsymbol{d}^{\text{obs}}=\boldsymbol{V}_r\boldsymbol{\Lambda}_r^{-1}\boldsymbol{U}_r^{\mathrm{T}}\boldsymbol{d}^{\text{obs}}$$

试问，$\boldsymbol{m}^{\text{est}}$能拟合观测数据吗？也就是说，把 $\boldsymbol{m}^{\text{est}}$代入线性方程 $\boldsymbol{d}=\boldsymbol{Gm}$，能获得与 $\boldsymbol{d}^{\text{obs}}$相同的重建数据吗？若用 $\boldsymbol{d}^{\text{cal}}$表示重建数据，则有

$$\boldsymbol{d}^{\text{cal}}=\boldsymbol{Gm}^{\text{est}}=\boldsymbol{GG}_L\boldsymbol{d}^{\text{obs}}=\boldsymbol{U}_r\boldsymbol{\Lambda}_r\boldsymbol{V}_r^{\mathrm{T}}\boldsymbol{V}_r\boldsymbol{\Lambda}_r^{-1}\boldsymbol{U}_r^{\mathrm{T}}\boldsymbol{d}^{\text{obs}}=\boldsymbol{U}_r\boldsymbol{U}_r^{\mathrm{T}}\boldsymbol{d}^{\text{obs}}=\boldsymbol{Fd}^{\text{obs}} \tag{4.33}$$

式中

$$\boldsymbol{F}=\boldsymbol{U}_r\boldsymbol{U}_r^{\mathrm{T}} \tag{4.34}$$

是一个$(M\times M)$阶方阵，称为数据分辨矩阵或信息密度矩阵(information density matrix)。它是 $\boldsymbol{m}^{\text{est}}$拟合观测数据 $\boldsymbol{d}^{\text{obs}}$好坏程度的一种度量或标志。如果 $\boldsymbol{F}$ 是单位矩阵，即 $\boldsymbol{F}=\boldsymbol{I}_M$，则 $\boldsymbol{d}^{\text{cal}}=\boldsymbol{d}^{\text{obs}}$，即 $\boldsymbol{m}^{\text{est}}$完全拟合观测数据 $\boldsymbol{d}^{\text{obs}}$，观测数据的方差为

$$E=\|\boldsymbol{d}^{\text{cal}}-\boldsymbol{d}^{\text{obs}}\|=(\boldsymbol{d}^{\text{cal}}-\boldsymbol{d}^{\text{obs}})^{\mathrm{T}}(\boldsymbol{d}^{\text{cal}}-\boldsymbol{d}^{\text{obs}})=0$$

如果 $\boldsymbol{F}$ 不是单位矩阵，即 $\boldsymbol{F}\neq\boldsymbol{I}_M$，则 $\boldsymbol{d}^{\text{cal}}\neq\boldsymbol{d}^{\text{obs}}$，重建数据与观测数据之间有误差，则 $E\neq0$。

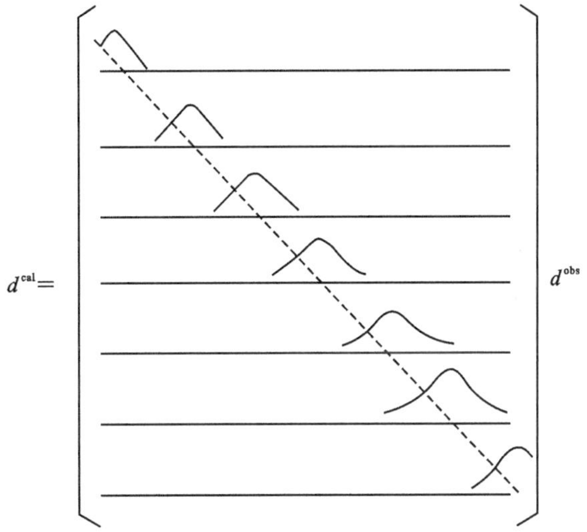

图 4-4　数据分辨矩阵

如图 4-4 所示，矩阵 $\boldsymbol{F}$ 的第 i 行中诸对角线元素 f_{ii}越接近 1，则计算得到的数据 d_i^{cal} 越接近观测数据 d_i^{obs}，即分辨力越高，因为

$$d_i^{\text{cal}}=\sum_{j=1}^{M}f_{ij}d_j^{\text{obs}} \tag{4.35}$$

可见，d_i^{cal} 是 $d_j^{\text{obs}}(j=1,2,\cdots,M)$的加权平均，而权系数是 f_{ij}，f_{ij}是矩阵 $\boldsymbol{F}$ 的元素。

如果 $f_{ij}(j=1,2,\cdots,M)$的峰值虽在第 i 个位置上，但变化比较缓慢，不接近 δ 函数，d_i^{cal} 对 d_j^{obs} 的分辨力不高。f_{ij}虽有峰值，但不位于第 i 个位置上，或具有多个峰值，说明数据之间存在相关，数据分辨矩阵分辨力很差，这种情况在地球物理资料反演中经常可见。

数据分辨矩阵 $\boldsymbol{F}$ 主对角线元素 f_{ii} 表明 d_i^{cal} 接近 d_i^{obs} 的程度，或者 d_i^{obs} 在 d_i^{cal} 中所占比例(或权)的大小。因此定义 $\boldsymbol{F}$ 的对角线矩阵 $\boldsymbol{f}$，即

$$\boldsymbol{f}=\text{diag}(\boldsymbol{F}) \tag{4.36}$$

为重要性(importance)矩阵。

由前面的讨论可知，当 $\boldsymbol{U}_0=\boldsymbol{0}$ 不存在时，$\boldsymbol{U}_r\boldsymbol{U}_r^{\text{T}}=\boldsymbol{I}_r$，或者说，当 $r=M<N$，在纯欠定的情况下，分辨矩阵 $\boldsymbol{F}$ 的分辨力最高。

显然，分辨矩阵 $\boldsymbol{F}$ 不是观测数据 $\boldsymbol{d}^{\text{obs}}$ 的函数，而仅仅是核矩阵 $\boldsymbol{G}$ 和解反演问题时所附加先验信息的函数。在进行实际观测之前就可以把 $\boldsymbol{F}$ 计算出来，从而可以根据 $\boldsymbol{F}$ 的性态选择一组最佳的观测方式，获得一组分辨力最高的观测数据，这就是所谓的反演实验设计，实际上就是观测系统的设计。

不难理解，当 $\boldsymbol{F}=\boldsymbol{I}_M$ 时，数据分辨矩阵的分辨力最高，其观测数据 $d_i^{\text{obs}}(i=1,2,\cdots,M)$ 之间是独立的、不相关的。此时，观测数据的利用率最高，所以，下面的定义：

$$g_k=\sum_{j=1}^{M}\left(\sum_{i=1}^{N}U_{ki}U_{ji}-\delta_{kj}\right)^2 \tag{4.37}$$

描述了数据的利用率，g_k 越小，则利用率越高。

4.5 模型参数分辨矩阵

与数据分辨矩阵一样，模型参数分辨矩阵也是广义反演法获得的另一重要辅助信息。试问，由广义反演法构制出来的模型 $\boldsymbol{m}^{\text{est}}=\boldsymbol{G}_L\boldsymbol{d}^{\text{obs}}=\boldsymbol{V}_r\boldsymbol{\Lambda}_r^{-1}\boldsymbol{U}_r^{\text{T}}\boldsymbol{d}^{\text{obs}}$ 是真正的模型 $\boldsymbol{m}^{\text{true}}$ 吗？或者说，与真实模型 $\boldsymbol{m}^{\text{true}}$ 接近程度有多少？为回答这一问题，可先将 $\boldsymbol{d}^{\text{obs}}=\boldsymbol{G}\boldsymbol{m}^{\text{true}}=\boldsymbol{U}_r\boldsymbol{\Lambda}_r\boldsymbol{V}_r^{\text{T}}\boldsymbol{m}^{\text{true}}$ 代入上式，则得

$$\begin{aligned}\boldsymbol{m}^{\text{est}}&=\boldsymbol{G}_L\boldsymbol{d}^{\text{obs}}=\boldsymbol{G}_L\boldsymbol{G}\boldsymbol{m}^{\text{true}}=\boldsymbol{V}_r\boldsymbol{\Lambda}_r^{-1}\boldsymbol{U}_r^{\text{T}}\boldsymbol{U}_r\boldsymbol{\Lambda}_r\boldsymbol{V}_r^{\text{T}}\boldsymbol{m}^{\text{true}}\\&=\boldsymbol{V}_r\boldsymbol{V}_r^{\text{T}}\boldsymbol{m}^{\text{true}}\\&=\boldsymbol{R}\boldsymbol{m}^{\text{true}}\end{aligned} \tag{4.38}$$

式中，$\boldsymbol{R}$ 为 $(N\times N)$ 阶方阵，为模型参数分辨矩阵(parameter resolution matrix)或模型分辨矩阵(model resolution matrix)。它是用广义反演法构制的模型 $\boldsymbol{m}^{\text{est}}$ 和真正地球物理模型 $\boldsymbol{m}^{\text{true}}$ 接近程度的一种重要标志或度量。

当 $\boldsymbol{R}$ 为单位矩阵，即 $\boldsymbol{R}=\boldsymbol{I}_N$ 时，$\boldsymbol{m}^{\text{est}}=\boldsymbol{m}^{\text{true}}$。当核矩阵 $\boldsymbol{G}$ 的秩 $r=N<M$ 时，即在纯超定情况下，$\boldsymbol{V}_0$ 不存在，即 $\boldsymbol{V}_0=\boldsymbol{0}$ 时，有 $\boldsymbol{V}_r\boldsymbol{V}_r^{\text{T}}=\boldsymbol{I}_N$。这时 $\boldsymbol{R}$ 的分辨力最高。

当 $\boldsymbol{V}_0$ 存在时，$\boldsymbol{R}=\boldsymbol{V}_r\boldsymbol{V}_r^{\text{T}}\neq\boldsymbol{I}_N$。所以 $\boldsymbol{m}^{\text{est}}\neq\boldsymbol{m}^{\text{true}}$。$\boldsymbol{m}^{\text{est}}$ 的每一个元素 m_i^{est} 均可视为 $\boldsymbol{m}^{\text{true}}$ 各元素加权的结果。这是因为

$$m_i^{\text{est}}=\sum_{j=1}^{N}r_{ij}m_j^{\text{true}} \tag{4.39}$$

式中，r_{ij} 为矩阵 $\boldsymbol{R}$ 第 i 行第 j 列元素。只有 $r_{ij}=\delta_{ij}(i,j=1,2,\cdots,N)$ 时，$\boldsymbol{m}^{\text{est}}=\boldsymbol{m}^{\text{true}}$，矩阵 $\boldsymbol{R}$

的分辨力最高。

如果 r_{ij} 虽有峰值，但变化比较缓慢，或者其峰值不在 $\boldsymbol{R}$ 的主对角线上，则 $\boldsymbol{R}$ 的分辨力不高。分辨力越低，说明模型参数之间越存在相关性。

和数据分辨矩阵相似，模型参数分辨矩阵也只是核矩阵 $\boldsymbol{G}$ 和反演时所加先验信息的函数，而与观测数据 $\boldsymbol{d}$ 无关。因此，$\boldsymbol{R}$ 矩阵也是实验设计（观测系统设计）的重要依据。

同样，可以定义：

$$h_k = \sum_{j=1}^{M}\left(\sum_{i=1}^{M} V_{ki}V_{ji} - \delta_{kj}\right)^2 \tag{4.40}$$

为分辨核。h_k 越小，$\boldsymbol{R}$ 矩阵的分辨能力越高，一般取其倒数 h_k^{-1} 作为分辨能力（俗称分辨力）的度量。

4.6　特征值的应用

前两节讲述了特征向量 $\boldsymbol{U}_r$ 和 $\boldsymbol{V}_r$ 在解释中的应用。作为广义反演法的辅助信息，$\boldsymbol{U}_r\boldsymbol{U}_r^{\mathrm{T}}$、$\boldsymbol{V}_r\boldsymbol{V}_r^{\mathrm{T}}$ 为我们揭示了观测数据之间和模型参数之间的相关程度，为更好地反演提供了一些有用的、重要的辅助信息。在这一节中，我们将要论述利用广义反演法获得的另一类辅助信息——从特征值所获取的辅助信息。

1）特征值对观测数据和模型参数的影响

将核矩阵 $\boldsymbol{G}$ 作奇异值分解，并代入数据方程，得

$$\boldsymbol{d}^{\mathrm{cal}} = \boldsymbol{U}_r\boldsymbol{\Lambda}_r\boldsymbol{V}_r^{\mathrm{T}}\boldsymbol{m}^{\mathrm{est}}$$

改为求和形式书写，则有

$$d_i^{\mathrm{cal}} = \sum_{j=1}^{r} U_{ij}\lambda_j \sum_{k=1}^{N} V_{jk} m_k^{\mathrm{est}} \tag{4.41}$$

由上式可见，特征值越大，其对重建观测数据的贡献越大；相反，λ_j 越小，则对 d_i^{cal} 的贡献也越小。当反演中，大小特征值相差非常悬殊时，小特征值对重建观测数据几乎毫无作用，甚至将它们去掉也不会影响观测数据的重建精度。

另一方面，有

$$\boldsymbol{m}^{\mathrm{est}} = \boldsymbol{V}_r\boldsymbol{\Lambda}_r^{-1}\boldsymbol{U}_r^{\mathrm{T}}\boldsymbol{d}^{\mathrm{obs}}$$

其展开式为

$$m_i^{\mathrm{est}} = \sum_{j=1}^{r} V_{ij}\lambda_j^{-1} \sum_{k=1}^{M} U_{jk} d_k^{\mathrm{obs}} \tag{4.42}$$

其结论和式(4.41)完全相反，即特征值越小，它对构制的模型参数 m_i^{est} 影响越大。换言之，λ_j 的微小变化会导致模型参数 m_i^{est} 的巨大变化，使解变得极不稳定。

结论必然是：注意大特征值，摒弃小特征值，或者阻止小特征值的影响，是取得良好反演结果的重要途径。

2)解的方差

如果观测数据具有误差 $\delta\boldsymbol{d}$,用广义反演法所得反演结果的误差为 $\delta\boldsymbol{m}$,且满足:

$$\delta\boldsymbol{m}^{\text{est}}=\boldsymbol{G}_L\delta\boldsymbol{d} \tag{4.43}$$

因此,解的协方差矩阵:

$$\begin{aligned}\text{cov}[\boldsymbol{m}]&=E(\delta\boldsymbol{m}\delta\boldsymbol{m}^{\text{T}})\\&=E(\boldsymbol{G}_L\delta\boldsymbol{d}\delta\boldsymbol{d}^{\text{T}}\boldsymbol{G}_L^{\text{T}})\\&=\boldsymbol{G}_L\text{cov}[\boldsymbol{d}]\boldsymbol{G}_L^{\text{T}}\end{aligned} \tag{4.44}$$

假设观测数据是统计且独立的,并有相同的方差 σ^2,则

$$\text{cov}[\boldsymbol{d}]=\sigma^2\boldsymbol{I}_M$$

故

$$\text{cov}[\boldsymbol{m}]=\sigma^2\boldsymbol{G}_L\boldsymbol{G}_L^{\text{T}} \tag{4.45}$$

讨论:

(1)当 $M=N=r$,即 $\boldsymbol{U}_0$ 和 $\boldsymbol{V}_0$ 均不存在时,$\boldsymbol{G}_L=\boldsymbol{G}^{-1}$,则有

$$\text{cov}[\boldsymbol{m}]=\sigma^2\boldsymbol{G}^{-1}(\boldsymbol{G}^{-1})^T=\sigma^2\ (\boldsymbol{G}^{\text{T}}\boldsymbol{G})^{-1}=\sigma^2(\boldsymbol{V}\boldsymbol{\Lambda}^{-2}\boldsymbol{V}^{\text{T}}) \tag{4.46}$$

(2)当 $r=N\leqslant M$ 时,存在 $\boldsymbol{U}_0$,不存在 $\boldsymbol{V}_0$,$\boldsymbol{G}_L=(\boldsymbol{G}^{\text{T}}\boldsymbol{G})^{-1}\boldsymbol{G}^{\text{T}}$,则有

$$\begin{aligned}\text{cov}[\boldsymbol{m}]&=\sigma^2\ (\boldsymbol{G}^{\text{T}}\boldsymbol{G})^{-1}\boldsymbol{G}^{\text{T}}\ [(\boldsymbol{G}^{\text{T}}\boldsymbol{G})^{-1}\boldsymbol{G}^{\text{T}}]^{\text{T}}=\sigma^2\ (\boldsymbol{G}^{\text{T}}\boldsymbol{G})^{-1}\boldsymbol{G}^{\text{T}}\boldsymbol{G}\ (\boldsymbol{G}^{\text{T}}\boldsymbol{G})^{-1}\\&=\sigma^2\ (\boldsymbol{G}^{\text{T}}\boldsymbol{G})^{-1}=\sigma^2(\boldsymbol{V}_r\boldsymbol{\Lambda}_r^{-2}\boldsymbol{V}_r^{\text{T}})\end{aligned} \tag{4.47}$$

(3)当 $r=M<N$ 时,不存在 $\boldsymbol{U}_0$,存在 $\boldsymbol{V}_0$,$\boldsymbol{G}_L=\boldsymbol{G}^{\text{T}}\ (\boldsymbol{G}\boldsymbol{G}^{\text{T}})^{-1}$,则有

$$\begin{aligned}\text{cov}[\boldsymbol{m}]&=\sigma^2\boldsymbol{G}^{\text{T}}\ (\boldsymbol{G}\boldsymbol{G}^{\text{T}})^{-1}[\boldsymbol{G}^{\text{T}}\ (\boldsymbol{G}\boldsymbol{G}^{\text{T}})^{-1}]^{\text{T}}=\sigma^2\boldsymbol{G}^{\text{T}}\ (\boldsymbol{G}\boldsymbol{G}^{\text{T}})^{-1}(\boldsymbol{G}\boldsymbol{G}^{\text{T}})^{-1}\boldsymbol{G}\\&=\sigma^2\boldsymbol{G}^{\text{T}}\ (\boldsymbol{G}\boldsymbol{G}^{\text{T}})^{-2}G=\sigma^2(\boldsymbol{V}_r\boldsymbol{\Lambda}_r^{-2}\boldsymbol{V}_r^{\text{T}})\end{aligned} \tag{4.48}$$

从式(4.46)~式(4.48)可知,某个模型参数方差的一般形式为

$$\text{var}[m_i]=\sigma^2\sum_{k=1}^{r}V_{ik}^2\lambda_k^{-2} \tag{4.49}$$

显然,特征值 λ_k 越小,所对应的模型参数的方差越大。为了减少解的方差影响,Wiggins(1972)建议:删去一些小的特征值,因为小特征值与高分辨力相应。删去一些小特征值就意味着,以牺牲一些分辨力作为代价来换取较小的方差。要得到分辨力高、方差又小的解,即所谓“最优解”是不可能的,只能在分辨力和方差这一对矛盾中折衷,求得方差合理、分辨力又不低的最佳折衷解。

解的方差 $\text{var}[m_i]$对了解反演结果的质量有重要意义。根据广义反演法的辅助信息,由特征值 $\lambda_i(i=1,2,\cdots,r)$和特征向量矩阵 $\boldsymbol{V}$,可以求得待求模型参数的方差 $\text{var}[m_i]$。无疑,这也是一种十分重要的辅助信息。

例 4 解如下联立方程:

$$\begin{cases}m_1+m_2=3\\m_3=1\\m_3=-1\end{cases}$$

这是 3 个未知数的联立方程，其中 m_1 和 m_2 只与第一式有关，各有无限多解，而 m_3 与第二、三式有关，它们却是矛盾方程，无一般意义下的解。现在用广义反演法解之，并分析由此而获得的一些辅助信息，如数据分辨矩阵、参数分辨矩阵和解的方差等。

将上式写成形如 $\boldsymbol{Gm}=\boldsymbol{d}$ 的矩阵方程，其中

$$\boldsymbol{G}=\begin{bmatrix}1 & 1 & 0\\ 0 & 0 & 1\\ 0 & 0 & -1\end{bmatrix},\quad \boldsymbol{m}=\begin{bmatrix}m_1\\ m_2\\ m_3\end{bmatrix},\quad \boldsymbol{d}^{\text{obs}}=\begin{bmatrix}3\\ 1\\ -1\end{bmatrix}$$

因此有

$$\boldsymbol{GG}^{\text{T}}=\begin{bmatrix}2 & 0 & 0\\ 0 & 1 & -1\\ 0 & -1 & 1\end{bmatrix};\quad \boldsymbol{G}^{\text{T}}\boldsymbol{G}=\begin{bmatrix}1 & 1 & 0\\ 1 & 1 & 0\\ 0 & 0 & 2\end{bmatrix}$$

由于 $\boldsymbol{GG}^{\text{T}}$ 和 $\boldsymbol{G}^{\text{T}}\boldsymbol{G}$ 的特征值完全相同，不难求得它们分别为 2，2。显然，此时 $r<\min(M,N)$ 是一个混定问题。因此，矩阵 $\boldsymbol{G}$ 之奇异值分别为 $\lambda_1=\lambda_2=\sqrt{2}$，与对称矩阵 $\boldsymbol{GG}^{\text{T}}$ 和 $\boldsymbol{G}^{\text{T}}\boldsymbol{G}$ 相对应的特征向量矩阵 $\boldsymbol{U}$ 和 $\boldsymbol{V}$ 分别是

$$\boldsymbol{U}=\begin{bmatrix}1 & 0 & 0\\ 0 & \frac{1}{\sqrt{2}} & \frac{1}{\sqrt{2}}\\ 0 & -\frac{1}{\sqrt{2}} & \frac{1}{\sqrt{2}}\end{bmatrix};\quad \boldsymbol{V}=\begin{bmatrix}0 & \frac{1}{\sqrt{2}} & \frac{1}{\sqrt{2}}\\ 0 & -\frac{1}{\sqrt{2}} & \frac{1}{\sqrt{2}}\\ 1 & 0 & 0\end{bmatrix}$$

因为这是一个混定问题，此时，$\boldsymbol{R}\neq\boldsymbol{I}$，$\boldsymbol{F}\neq\boldsymbol{I}$，由于矩阵 $\boldsymbol{GG}^{\text{T}}$ 和 $\boldsymbol{G}^{\text{T}}\boldsymbol{G}$ 的秩都是 2，据此：

$$\boldsymbol{U}_r=\begin{bmatrix}1 & 0\\ 0 & \frac{1}{\sqrt{2}}\\ 0 & -\frac{1}{\sqrt{2}}\end{bmatrix};\quad \boldsymbol{U}_0=\begin{bmatrix}\frac{1}{\sqrt{2}}\\ \frac{1}{\sqrt{2}}\\ 0\end{bmatrix}$$

$$\boldsymbol{V}_r=\begin{bmatrix}0 & \frac{1}{\sqrt{2}}\\ 0 & \frac{1}{\sqrt{2}}\\ 1 & 0\end{bmatrix};\quad \boldsymbol{V}_0=\begin{bmatrix}\frac{1}{\sqrt{2}}\\ -\frac{1}{\sqrt{2}}\\ 0\end{bmatrix}$$

进行奇异值分解，可得

$$\boldsymbol{G}=\boldsymbol{U}_r\boldsymbol{\Lambda}_r\boldsymbol{V}_r^{\text{T}}=\begin{bmatrix}1 & 0\\ 0 & \frac{1}{\sqrt{2}}\\ 0 & -\frac{1}{\sqrt{2}}\end{bmatrix}\begin{bmatrix}\sqrt{2} & 0\\ 0 & \sqrt{2}\end{bmatrix}\begin{bmatrix}0 & 0 & 1\\ \frac{1}{\sqrt{2}} & \frac{1}{\sqrt{2}} & 0\end{bmatrix}=\begin{bmatrix}1 & 1 & 0\\ 0 & 0 & 1\\ 0 & 0 & -1\end{bmatrix}$$

$$\boldsymbol{G}_L=\boldsymbol{V}_r\boldsymbol{\Lambda}_r^{-1}\boldsymbol{U}_r^{\mathrm{T}}=\begin{bmatrix}0 & \frac{1}{\sqrt{2}}\\ 0 & \frac{1}{\sqrt{2}}\\ 1 & 0\end{bmatrix}\begin{bmatrix}\frac{1}{\sqrt{2}} & 0\\ 0 & \frac{1}{\sqrt{2}}\end{bmatrix}\begin{bmatrix}0 & \frac{1}{\sqrt{2}} & -\frac{1}{\sqrt{2}}\\ 1 & 0 & 0\end{bmatrix}=\begin{bmatrix}\frac{1}{2} & 0 & 0\\ \frac{1}{2} & 0 & 0\\ 0 & \frac{1}{2} & -\frac{1}{2}\end{bmatrix}$$

因而，得到解：

$$\boldsymbol{m}^{\mathrm{est}}=\boldsymbol{G}_L\boldsymbol{d}^{\mathrm{obs}}=\begin{bmatrix}\frac{1}{2} & 0 & 0\\ \frac{1}{2} & 0 & 0\\ 0 & \frac{1}{2} & -\frac{1}{2}\end{bmatrix}\begin{bmatrix}3\\ 1\\ -1\end{bmatrix}=\begin{bmatrix}\frac{3}{2}\\ \frac{3}{2}\\ 1\end{bmatrix}$$

$\boldsymbol{m}^{\mathrm{est}}$能拟合观测数据吗？将 $\boldsymbol{m}^{\mathrm{est}}$代入数据方程，可得

$$\boldsymbol{d}^{\mathrm{cal}}=\boldsymbol{G}\boldsymbol{m}^{\mathrm{est}}=\begin{bmatrix}1 & 1 & 0\\ 0 & 0 & 1\\ 0 & 0 & -1\end{bmatrix}\begin{bmatrix}\frac{3}{2}\\ \frac{3}{2}\\ 1\end{bmatrix}=\begin{bmatrix}3\\ 1\\ -1\end{bmatrix}$$

显然，$\boldsymbol{d}^{\mathrm{cal}}$与 $\boldsymbol{d}^{\mathrm{obs}}$完全相同，但数据分辨矩阵：

$$\boldsymbol{F}=\boldsymbol{U}_r\boldsymbol{U}_r^{\mathrm{T}}=\begin{bmatrix}1 & 0\\ 0 & \frac{1}{\sqrt{2}}\\ 0 & -\frac{1}{\sqrt{2}}\end{bmatrix}\begin{bmatrix}1 & 0 & 0\\ 0 & \frac{1}{\sqrt{2}} & -\frac{1}{\sqrt{2}}\end{bmatrix}=\begin{bmatrix}1 & 0 & 0\\ 0 & \frac{1}{2} & -\frac{1}{2}\\ 0 & -\frac{1}{2} & \frac{1}{2}\end{bmatrix}$$

从上式可以看出，$\boldsymbol{F}$ 不是单位矩阵，但

$$\boldsymbol{d}^{\mathrm{cal}}=\boldsymbol{F}\boldsymbol{d}^{\mathrm{obs}}=\begin{bmatrix}1 & 0 & 0\\ 0 & \frac{1}{2} & -\frac{1}{2}\\ 0 & -\frac{1}{2} & \frac{1}{2}\end{bmatrix}\begin{bmatrix}3\\ 1\\ -1\end{bmatrix}=\begin{bmatrix}3\\ 1\\ -1\end{bmatrix}$$

上式说明，计算数据 $\boldsymbol{d}^{\mathrm{cal}}$与观测数据 $\boldsymbol{d}^{\mathrm{obs}}$一样，但这纯粹是巧合。事实上，计算数据 $\boldsymbol{d}^{\mathrm{cal}}$是观测数据 $\boldsymbol{d}^{\mathrm{obs}}$的加权平均的结果。

下面我们再看，计算出的模型参数 $\boldsymbol{m}^{\mathrm{est}}$与真实的模型参数相差多大？根据式(4.38)，因为

$$\boldsymbol{R}=\boldsymbol{V}_r\boldsymbol{V}_r^{\mathrm{T}}=\begin{bmatrix}0 & \frac{1}{\sqrt{2}}\\ 0 & \frac{1}{\sqrt{2}}\\ 1 & 0\end{bmatrix}\begin{bmatrix}0 & 0 & 1\\ \frac{1}{\sqrt{2}} & \frac{1}{\sqrt{2}} & 0\end{bmatrix}=\begin{bmatrix}\frac{1}{2} & \frac{1}{2} & 0\\ \frac{1}{2} & \frac{1}{2} & 0\\ 0 & 0 & 1\end{bmatrix}$$

显然，$\boldsymbol{R}$ 也不是一个单位阵。综合上述分析，$r<\min(M,N)$，这是一个混定问题，此时，$\boldsymbol{F}\neq\boldsymbol{I}_M$，$\boldsymbol{R}\neq\boldsymbol{I}_N$。由此可得

$$\boldsymbol{m}^{\text{est}}=\boldsymbol{R}\boldsymbol{m}^{\text{true}}=\begin{bmatrix}\frac{1}{2} & \frac{1}{2} & 0\\ \frac{1}{2} & \frac{1}{2} & 0\\ 0 & 0 & 1\end{bmatrix}\begin{bmatrix}m_1^{\text{true}}\\ m_2^{\text{true}}\\ m_3^{\text{true}}\end{bmatrix}$$

这说明，$m_3^{\text{est}}=m_3^{\text{true}}$，而 $m_1^{\text{est}}=m_2^{\text{est}}=(m_1^{\text{true}}+m_2^{\text{true}})/2$。由此来看，根据广义反演法，可以唯一地确定 m_3^{est}，而不能唯一地确定 m_1^{est} 和 m_2^{est} 的数值大小，只能求得它们的平均值。

模型参数的协方差：

$$\text{cov}[\boldsymbol{m}]=\sigma^2(\mathbf{V}_r\boldsymbol{\Lambda}_r^{-2}\mathbf{V}_r^{\text{T}})=\sigma^2\begin{bmatrix}0 & \frac{1}{\sqrt{2}}\\ 0 & \frac{1}{\sqrt{2}}\\ 1 & 0\end{bmatrix}\begin{bmatrix}\frac{1}{2} & 0\\ 0 & \frac{1}{2}\end{bmatrix}\begin{bmatrix}0 & 0 & 1\\ \frac{1}{\sqrt{2}} & \frac{1}{\sqrt{2}} & 0\end{bmatrix}=\sigma^2\begin{bmatrix}\frac{1}{4} & \frac{1}{4} & 0\\ \frac{1}{4} & \frac{1}{4} & 0\\ 0 & 0 & \frac{1}{2}\end{bmatrix}$$

从上式可知，在协方差矩阵中，有两行(或列)完全相同，这是因为 m_1^{est} 和 m_2^{est} 是相关的，它们之间的相关系数为“+1”。

4.7　分辨率和方差大小的测度

前面讨论了利用观测数据的方差和模型的长度为最小这一原则求取线性反演问题的长度解，下面将定义一种利用数据分辨矩阵 $\boldsymbol{F}$、参数分辨矩阵 $\boldsymbol{R}$ 和协方差矩阵 $\text{cov}[\boldsymbol{m}]$ 计算模型参数的办法。

由于分辨矩阵($\boldsymbol{F}$,$\boldsymbol{R}$)接近单位矩阵时，说明其分辨力最高，因此一种最好的办法是利用非对角线元素的大小(或其展伸情况)来描述分辨力的高低，则有

$$S(\boldsymbol{F})=\|\boldsymbol{F}-\boldsymbol{I}\|=(\boldsymbol{F}-\boldsymbol{I})^{\text{T}}(\boldsymbol{F}-\boldsymbol{I})=\sum_{i=1}^{M}\sum_{j=1}^{M}(F_{ij}-\delta_{ij})^2 \tag{4.50}$$

$$S(\boldsymbol{R})=\|\boldsymbol{R}-\boldsymbol{I}\|=(\boldsymbol{R}-\boldsymbol{I})^{\text{T}}(\boldsymbol{R}-\boldsymbol{I})=\sum_{i=1}^{M}\sum_{j=1}^{M}(R_{ij}-\delta_{ij})^2 \tag{4.51}$$

这种展伸准则有时也称为狄利赫里(Dirichlet)准则。由式(4.45)可知：

$$\text{cov}[\boldsymbol{m}]=\sigma^2\boldsymbol{G}_L\boldsymbol{G}_L^{\text{T}}$$

如果，我们考虑式(4.50)、式(4.51)和上式，并把目标函数写为

$$E=\alpha_1 S(\boldsymbol{F})+\alpha_2 S(\boldsymbol{R})+\alpha_3\,\text{cov}[\boldsymbol{m}] \tag{4.52}$$

并极小之，可以得到模型的最佳解，式中 α_1、α_2 和 α_3 为相应项的加权系数。

讨论：

(1)$M>N=r$，即超定方程时，注意到关系 $\boldsymbol{F}=\boldsymbol{G}\boldsymbol{G}_L$

$$E=S(\boldsymbol{F})=\|\boldsymbol{F}-\boldsymbol{I}\|=(\boldsymbol{F}-\boldsymbol{I})^{\mathrm{T}}(\boldsymbol{F}-\boldsymbol{I})$$
$$=\boldsymbol{G}_L^{\mathrm{T}}\boldsymbol{G}^{\mathrm{T}}\boldsymbol{G}\boldsymbol{G}_L-\boldsymbol{G}\boldsymbol{G}_L-\boldsymbol{G}_L^{\mathrm{T}}\boldsymbol{G}^{\mathrm{T}}+\boldsymbol{I}$$

若使 $S(\boldsymbol{F})$ 极小，必须满足：

$$\frac{\partial E}{\partial \boldsymbol{G}_L^{\mathrm{T}}}=\boldsymbol{G}^{\mathrm{T}}\boldsymbol{G}\boldsymbol{G}_L-\boldsymbol{G}^{\mathrm{T}}=\boldsymbol{0}$$

故

$$\boldsymbol{G}^{\mathrm{T}}\boldsymbol{G}\boldsymbol{G}_L=\boldsymbol{G}^{\mathrm{T}}$$

根据上式，立即可以推得

$$\boldsymbol{G}_L=(\boldsymbol{G}^{\mathrm{T}}\boldsymbol{G})^{-1}\boldsymbol{G}^{\mathrm{T}} \tag{4.53}$$

这与超定方程的最小方差解[式(3.4)]完全一致。

(2) $N>M=r$，即纯欠定方程时，

$$E=S(\boldsymbol{R})=(\boldsymbol{R}-\boldsymbol{I})^{\mathrm{T}}(\boldsymbol{R}-\boldsymbol{I})$$

将式(4.38)中的 $\boldsymbol{R}=\boldsymbol{G}_L\boldsymbol{G}$ 代入上式，并利用 $\boldsymbol{G}_L^{\mathrm{T}}\boldsymbol{G}_L=(\boldsymbol{G}\boldsymbol{G}^{\mathrm{T}})^{-1}$，则

$$E=\boldsymbol{G}^{\mathrm{T}}\boldsymbol{G}_L^{\mathrm{T}}\boldsymbol{G}_L\boldsymbol{G}-\boldsymbol{G}_L\boldsymbol{G}-\boldsymbol{G}^{\mathrm{T}}\boldsymbol{G}_L^{\mathrm{T}}+\boldsymbol{I}$$
$$=\boldsymbol{G}^{\mathrm{T}}(\boldsymbol{G}\boldsymbol{G}^{\mathrm{T}})^{-1}\boldsymbol{G}-\boldsymbol{G}_L\boldsymbol{G}-\boldsymbol{G}^{\mathrm{T}}\boldsymbol{G}_L^{\mathrm{T}}+\boldsymbol{I}$$

故

$$\frac{\partial E}{\partial \boldsymbol{G}^{\mathrm{T}}}=(\boldsymbol{G}\boldsymbol{G}^{\mathrm{T}})^{-1}\boldsymbol{G}-\boldsymbol{G}_L^{\mathrm{T}}=\boldsymbol{0}$$

立即可得

$$\boldsymbol{G}_L=\boldsymbol{G}^{\mathrm{T}}(\boldsymbol{G}\boldsymbol{G}^{\mathrm{T}})^{-1} \tag{4.54}$$

可见，由 $S(\boldsymbol{R})$ 的极小求出的逆，与第 3 章中纯欠定问题求得的逆式(3.10)，以及第 4 章中的广义逆式(4.6)完全相同。

(3)在式(4.52)，即目标函数的通式中，极小 $S(\boldsymbol{F})$、$S(\boldsymbol{R})$ 和 $\mathrm{cov}[\boldsymbol{m}]$ 显然是矛盾的，三者不可兼得。在 $\alpha_1=1,\alpha_2=\alpha_3=0$ 时，极小解就是式(4.53)；在 $\alpha_1=\alpha_3=0,\alpha_2=1$ 时，为式(4.54)；当 $\alpha_1=1,\alpha_2=0,\alpha_3=\varepsilon^2$，且 $\sigma^2=1$ 时，则有

$$E=S(\boldsymbol{F})+\varepsilon^2\mathrm{cov}[\boldsymbol{m}]$$
$$=\boldsymbol{G}_L^{\mathrm{T}}\boldsymbol{G}^{\mathrm{T}}\boldsymbol{G}\boldsymbol{G}_L-\boldsymbol{G}\boldsymbol{G}_L-\boldsymbol{G}_L^{\mathrm{T}}\boldsymbol{G}^{\mathrm{T}}+\boldsymbol{I}+\varepsilon^2\boldsymbol{G}_L\boldsymbol{G}_L^{\mathrm{T}}$$

故

$$\frac{\partial E}{\partial \boldsymbol{G}_L^{\mathrm{T}}}=\boldsymbol{G}^{\mathrm{T}}\boldsymbol{G}\boldsymbol{G}_L-\boldsymbol{G}^{\mathrm{T}}+\varepsilon^2\boldsymbol{G}_L=\boldsymbol{0}$$

由此可得

$$\boldsymbol{G}_L=(\boldsymbol{G}^{\mathrm{T}}\boldsymbol{G}+\varepsilon^2\boldsymbol{I})^{-1}\boldsymbol{G}^{\mathrm{T}}$$

上式和第 3 章中的混定问题的逆的表达式(3.13)完全一样，此即阻尼最小二乘解。

综上所述，最小方差解也可以理解为极小数据分辨矩阵的特解；最小长度解，就是极小参数分辨矩阵的特解；而马夸特法解，则是极小数据分辨矩阵和模型方差之特定解，一言以蔽之，用广义反演法所求得的解，也就是在 L_2 范数意义下的解。

4.8　最佳折衷解

在大多数地球物理反演问题中，核矩阵 $\boldsymbol{G}$ 的条件数都很差，最大与最小奇异值有时相差几十个数量级。根据式(4.42)和式(4.49)，我们知道，小的奇异值会引起模型参数的很大误差，却能保证模型参数的高分辨能力。分辨率和方差是一对矛盾参数，分辨率高必然方差大；反之，分辨率低，方差也小，二者不可兼得，只能取其折衷，或者以牺牲一些分辨率为代价换取较低的方差；或者以较大的方差为代价，获得较高的分辨率。

将核矩阵 $\boldsymbol{G}$ 的特征值按大小顺序排列，例如，

$$\lambda_1>\lambda_2>\lambda_3>\cdots>\lambda_k>\cdots>\lambda_r$$

Wiggins(1972)和 Jackson(1972)建议，用广义反演法求解时，模型参数的方差设一个最大允许方差 t，即

$$\mathrm{var}[m_i]<t \tag{4.55}$$

仅保留 k 个大特征值，摒弃小于 λ_k 的$(r-k)$个特征值，以降低模型参数的方差。这里 t 为保留 k 个大特征值的“方差门槛”值。上述想法，可表达为

$$\mathrm{var}[m_i]=\sigma^2\sum_{j=1}^{k}V_{ij}^2\lambda_j^{-2}<t \tag{4.56}$$

式中，V_{ij} 为矩阵 $\boldsymbol{V}$ 的元素；去掉$(r-k)$个奇异值，相当于把矩阵 $\boldsymbol{U}$ 和 $\boldsymbol{V}$ 中最后$(r-k)$个向量用零向量代替。因而，相对应的数据分辨矩阵 $\boldsymbol{F}$ 和参数分辨矩阵 $\boldsymbol{R}$ 都发生了变化，设为 $\boldsymbol{F}_k$ 和 $\boldsymbol{R}_k$，则有

$$\boldsymbol{F}_k=\boldsymbol{U}_k\boldsymbol{U}_k^{\mathrm{T}},\boldsymbol{R}_k=\boldsymbol{V}_k\boldsymbol{V}_k^{\mathrm{T}}$$

此时，相应的广义逆变为

$$\boldsymbol{G}_L=\boldsymbol{V}_k\boldsymbol{\Lambda}_k^{-1}\boldsymbol{U}_k^{\mathrm{T}} \tag{4.57}$$

由于将小特征值截断的结果，使式(4.40)定义的模型参数分辨力降低了，而式(4.53)的方差却大大降低。图 4-5 是 k 个模型参数分辨力和方差的示意图。分辨力式(4.40)随 k 值的增大而提高(即 h_k 降低)，方差则随 k 值的增大而增大；反演时，令 k 值从小到大变化，计算 h_k 和每一个 $\mathrm{var}[m_i]$，以 h_k 和 $\mathrm{var}[m_i]$为纵、横坐标，做出如图 4-6 所示的不同 k 值的折衷曲线，并由此选择最佳折衷 k 值。

折衷曲线的形态完全取决于矩阵 $\boldsymbol{G}$ 奇异值 $\lambda_k(k=1,2,\cdots,r)$的相对变化情况，图 4-6 是一种典型的形态。在实际地球物理资料反演中，还可以经常见到如图 4-7 所示的折衷曲线的其他形态。曲线 a 表明，在最佳折衷点，稍微牺牲一点分辨力就可以换来方差的大幅度降低。因此，这是一种最佳折衷曲线，k 值很好确定；当奇异值变化缓慢时，会出现 b 型折衷曲线或其他类型的折衷曲线，无疑，这都不是我们所期望的。

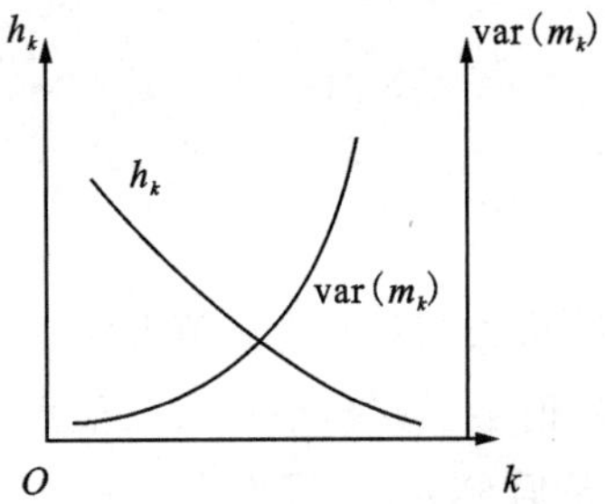

图 4-5 方差和选用特征值个数的关系

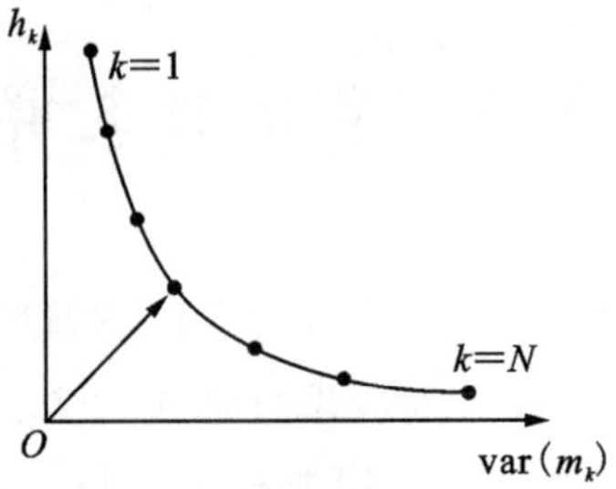

图 4-6 折衷曲线

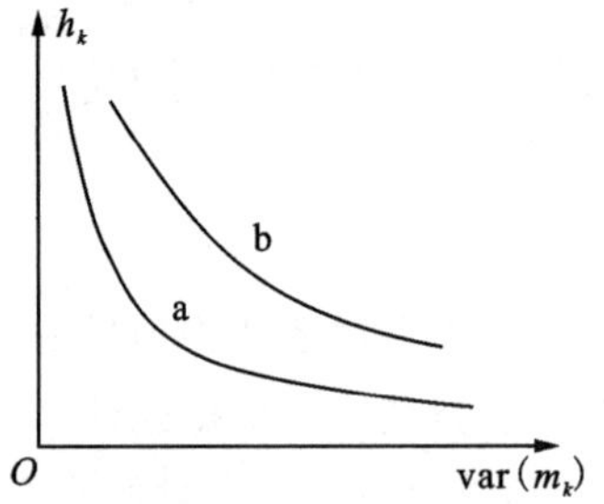

图 4-7 折衷曲线的类型

第 5 章　迭代类非线性反演

所谓非线性问题，是指观测数据 $d_i(i=1,2,\cdots,M)$ 和模型参数 $m_j(j=1,2,\cdots,N)$ 之间不存在线性关系。这种非线性关系既可能呈显式 $\boldsymbol{d}=\boldsymbol{f}(\boldsymbol{m})$，也可能呈隐式 $\boldsymbol{F}(\boldsymbol{d},\boldsymbol{m})=\boldsymbol{0}$。在前面几章中，我们系统地论述了在地球物理资料反演中广泛应用的线性反演方法。这是一种理论完整、效果明显、应用广泛的反演方法。求解非线性反演问题，最简单的做法是我们将非线性反演问题线性化，采用线性反演的理论和方法。本章 5.1 节将讨论非线性反演的线性化方法。

然而，由于大多数地球物理问题都是非线性的，把非线性问题线性化，用线性反演方法解非线性问题，其结果必然是使解非线性问题中本来就很严重的非唯一性雪上加霜，使反演很容易陷入局部极小。因此，一遇到非线性问题，特别是那些高维数、多极值的非线性反演问题时，非线性问题线性化的解法总是“力不从心”。

非线性反演的解法，目前主要分为两类方法：第一类为迭代类非线性反演；第二类为随机搜索类非线性反演。本章的主要部分将阐述非线性反演的迭代类方法，包括梯度法、共轭梯度法、牛顿法、拟牛顿方法和子空间法，以及高斯-牛顿法，均通过迭代方法求解非线性问题，实现从数据空间到模型空间的直接映射。

5.1　非线性问题的线性化方法

如前所述，将非线性问题线性化，使非线性反演问题简化为线性反演问题，是当今解决非线性反演问题的一个重要途径和方法。下面将简单介绍一些非线性问题的线性化方法。

5.1.1　参数置换法

参数置换法是通过参数置换将非线性的地球物理方程线性化，以便用线性反演方法求解模型参数的方法。

例 1　某地发生天然地震后，在其周围有 M 个地震观测站，其坐标分别为 $(x_k,y_k,0)$ $(k=1,2,\cdots,M)$，观测到 M 个地震直达 P 波的走时 $t_k(k=1,2,\cdots,M)$。假定地面是水平的，地球介质是均匀的，震中坐标为 (x,y)，震源深度为 h，发震时刻为 t_0，则存在下列方程：

$$(x-x_k)^2+(y-y_k)^2+h^2=(t_k-t_0)^2v_P^2\quad(k=1,2,\cdots,M)\tag{5.1}$$

式中，v_P 为介质中地震纵波的传播速度。对地震参数 (x,y,h,t_0,v_P) 而言，式(5.1)是一个非线性方程。为了将该方程转换为线性方程，我们做参数置换，设：

$$
\begin{aligned}
a_{k1} &= 1 \\
a_{k2} &= -2x_k \\
a_{k3} &= -2y_k \\
a_{k4} &= -t_k^2 \\
a_{k5} &= 2t_k \\
b_k &= x_k^2 + y_k^2
\end{aligned}
$$

以及

$$
\begin{aligned}
\rho_1 &= x^2 + y^2 + h^2 - t_0^2 v_{\mathrm{P}}^2 \\
\rho_2 &= x \\
\rho_3 &= y \\
\rho_4 &= v_{\mathrm{P}}^2 \\
\rho_5 &= t_0 v_{\mathrm{P}}^2
\end{aligned}
$$

则式(5.1)可化为

$$a_{k1}\rho_1 + a_{k2}\rho_2 + a_{k3}\rho_3 + a_{k4}\rho_4 + a_{k5}\rho_5 + b_k = 0 \quad (k=1,2,\cdots,M)$$

上列方程中，共有5个未知量，每个方程中的系数矩阵$\{a_{ki}\}$和常数项b_k可以根据第k个观测点的地理坐标(x_k,y_k)和地震波的走时t_k求得。因而，只要$M>5$，则未知量$\rho_1,\rho_2,\rho_3,\rho_4,\rho_5$就不难用线性反演理论求得，从而地震参数$(x,y,h,t_0,v_p)$就能获得了。

例2 X射线在不同的介质中吸收（衰减）系数不同，例如，肌肉组织和骨头的吸收系数差异巨大。给定强度为I_0的X射线源，发射的X射线穿过介质后被X射线检测器所接收，设接收到的X射线强度为I，并满足下列非线性方程：

$$I = I_0 e^{-\int_L \mu \mathrm{d}l} \tag{5.2}$$

式中，L表示射线路径，为直线；$\mu=\mu(l)$表示吸收系数。为了方便计算，我们将介质离散化成很多个体元(图5-1)，每个体元的长度为Δl，并将所有体元的吸收系数$\mu_k(k=1,2,\cdots,N)$进行编号，设总共进行了M次X射线观测，式(5.2)可改写为离散形式的数据方程，如下：

$$I_i = I_0 e^{-\sum_{k=1}^{N}\mu_k \Delta l} \quad (i=1,2,\cdots,M) \tag{5.3}$$

将上式两边取自然对数，得

$$\ln I_i = \ln I_0 - \sum_{k=1}^{N}\mu_k \Delta l \quad (i=1,2,\cdots,M) \tag{5.4}$$

令$d_i=\ln I_0-\ln I_i$，且设Δl为单位长度，即$\Delta l=1$，则上式简化为

$$d_i = \sum_{k=1}^{N}\mu_k \quad (i=1,2,\cdots,M) \tag{5.5}$$

上式的矩阵形式为

$$\boldsymbol{d}=\boldsymbol{G}\boldsymbol{m} \tag{5.6}$$

其中，$\boldsymbol{d}=[d_1 \quad d_2 \quad \cdots \quad d_M]^{\mathrm{T}}$，$\boldsymbol{m}=[\mu_1 \quad \mu_2 \quad \cdots \quad \mu_N]^{\mathrm{T}}$；核矩阵$\boldsymbol{G}$是一个大型稀疏矩阵，每

条射线对应其中的一行。因为每条射线穿过的体元个数是有限的(图 5-1),每行中的元素,只有少量的元素值为 1,其余的都为 0,类似于式(5.7)所示的情况。式(5.6)是一个线性方程,可以用前述的线性反演方法求解。

$$\boldsymbol{G}=\begin{bmatrix} 1 & 0 & \cdots & 1 & \cdots & 0 \\ 0 & 1 & 0 & \cdots & 1 & 0 \\ 0 & \cdots & 1 & 1 & \cdots & 0 \\ 0 & \cdots & 0 & 1 & \cdots & 0 \\ 1 & 1 & 0 & 1 & 0 & 1 \\ \cdots & \cdots & 0 & 1 & 0 & \cdots \end{bmatrix} \tag{5.7}$$

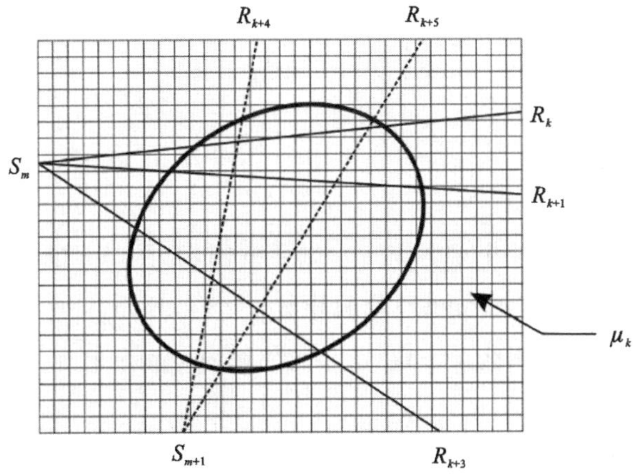

图 5-1　X 射线层析成像原理示意图

(每个网格代表一个体元,其吸收系数为 μ_k,S 代表 X 射线源,R 代表射线检测器)

在简单非线性情况下,参数置换法简单有效,可以很容易地将数据方程线性化,但这种置换有潜在的问题,使用的时候需加以注意。因为,线性化会改变观测数据的误差分布形式。图 5-2 所示的一组观测数据 y_i 随观测距离 x_i 的增加,其值呈指数下降,可以用方程

$$y_i=ae^{-bx_i} \quad (i=1,2,\cdots,N) \tag{5.8}$$

表示,数据的误差为正态分布。若目标函数采用 L_2 范数(最小方差),反演得到的模型参数为 $a=1.0$,$b=0.1$,参见图 5-2(a)中的实线。

将式(5.8)两边取对数,得

$$\ln(a)-bx_i=\ln(y_i) \quad (i=1,2,\cdots,N)$$

并令,$m_1=\ln(a)$,$m_2=b$,$d_i=\ln(y_i)$,得到线性化后的新数据方程:

$$m_1-x_im_2=d_i \quad (i=1,2,\cdots,N) \tag{5.9}$$

仍然采用 L_2 范数构造目标函数,按照式(5.9)求出的反演结果,如图 5-2(b)中的虚线所示,与线性化前的反演结果(实线)对比是有差距的。由上可知,X 射线层析成像需要考虑线性化后观测数据的误差分布,在反演中选择合适的目标函数,才能得到接近真实模型的解。

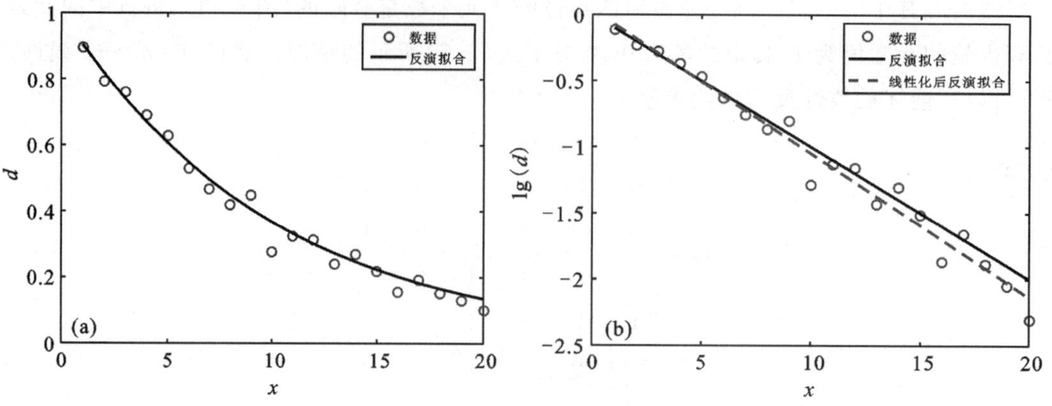

图 5-2　数据的误差分布

(a)正态分布;(b)对数正态分布

5.1.2　泰勒级数展开法

级数理论告诉我们,任何一个函数 $f(x)$,如果条件:①在点 a 的某邻域 $|x-a|<\delta$ 内有定义;②在此邻域内,从 1 阶直到 $(n-1)$ 阶的导数 $f'(x),f''(x),\cdots,f^{(n-1)}(x)$ 都存在;③在点 a 处有 n 阶导数 $f^{(n)}(a)$。那么 $f(x)$ 在点 a 的邻域内可表示成如下泰勒级数:

$$f(x)=f(a)+f'(a)(x-a)+\frac{1}{2!}f''(a)(x-a)^2+\cdots+\frac{1}{n!}f^{(n)}(a)(x-a)^n+O(|x-a|^n)$$

其中,$O(|x-a|^n)$ 为高阶无穷小。如果仅取前两项作为 $f(x)$ 的一阶近似,则有

$$f(x)=f(a)+f'(a)(x-a)+O(|x-a|)$$

忽略上式中的一阶无穷小,则有

$$f(x)\approx f(a)+f'(a)(x-a)$$

如果 $\boldsymbol{x}$ 是 N 维向量,则有

$$f(\boldsymbol{x})=f(\boldsymbol{a})+\sum_{i=1}^{N}\frac{\partial f(\boldsymbol{a})}{\partial a_i}(x_i-a_i) \tag{5.10}$$

式中:

$$\boldsymbol{x}=\begin{bmatrix}x_1\\x_2\\\cdots\\x_N\end{bmatrix},\boldsymbol{a}=\begin{bmatrix}a_1\\a_2\\\cdots\\a_N\end{bmatrix}$$

将式(5.10)应用于非线性地球物理问题,如下式所示的数据方程:

$$d_j=f(\boldsymbol{m},\lambda_j)\quad (j=1,2,\cdots,M) \tag{5.11}$$

或

$$d_j = f_j(\boldsymbol{m}) \quad (j=1,2,\cdots,M) \tag{5.12}$$

或统一改写为

$$\boldsymbol{d} = \boldsymbol{f}(\boldsymbol{m}) \tag{5.13}$$

其中，d_j 为第 j 个观测数据，其矩阵形式为 $\boldsymbol{d}=[d_1 \quad d_2 \quad \cdots \quad d_M]^{\mathrm{T}}$；$\boldsymbol{f}=[f_1 \quad f_2 \quad \cdots \quad f_M]^{\mathrm{T}}$；模型 $\boldsymbol{m}=[m_1 \quad m_2 \quad \cdots \quad m_N]^{\mathrm{T}}$ 共有 N 个模型参数。这是一个 N 维的数学问题。对式(5.12)，在初始模型 $\boldsymbol{m}^{(0)}=[m_1^{(0)} \quad m_2^{(0)} \quad \cdots \quad m_N^{(0)}]^{\mathrm{T}}$ 处做泰勒级数展开，有

$$d_j = d_j^{(0)} + \sum_{i=1}^{N} \left(\frac{\partial f_i}{\partial m_i}\right)_{\boldsymbol{m}=\boldsymbol{m}^{(0)}} (m_i - m_i^{(0)}) \quad (j=1,2,\cdots,M) \tag{5.14}$$

令 $\Delta d_j = d_j - d_j^{(0)}$，$\Delta m_i = m_i - m_i^{(0)}$，其中 $d_j^{(0)}$ 表示 $m_i^{(0)}$ 所对应的数据，有

$$\Delta d_j = \sum_{i=1}^{N} \left(\frac{\partial f_j}{\partial m_i}\right)_{\boldsymbol{m}=\boldsymbol{m}^{(0)}} \Delta m_i \tag{5.15}$$

将上式改写为矩阵方程，有

$$\Delta \boldsymbol{d} = \boldsymbol{G} \Delta \boldsymbol{m} \tag{5.16}$$

式中：

$$\Delta\boldsymbol{d}=\begin{bmatrix}\Delta d_1\\ \Delta d_2\\ \vdots\\ \Delta d_M\end{bmatrix},\quad \Delta\boldsymbol{m}=\begin{bmatrix}\Delta m_1\\ \Delta m_2\\ \vdots\\ \Delta m_N\end{bmatrix},\quad \boldsymbol{G}=\begin{bmatrix}\frac{\partial f_1}{\partial m_1} & \frac{\partial f_1}{\partial m_2} & \cdots & \frac{\partial f_1}{\partial m_N}\\ \frac{\partial f_2}{\partial m_1} & \frac{\partial f_2}{\partial m_2} & \cdots & \frac{\partial f_2}{\partial m_N}\\ \vdots & \vdots & \ddots & \vdots\\ \frac{\partial f_M}{\partial m_1} & \frac{\partial f_M}{\partial m_2} & \cdots & \frac{\partial f_M}{\partial m_N}\end{bmatrix}_{\boldsymbol{m}=\boldsymbol{m}^{(0)}}$$

矩阵 $\boldsymbol{G}=\left[\frac{\partial f_j}{\partial m_i}\right]_{M\times N}$ 就是著名的雅可比矩阵(Jacobian matrix)。由此可见，将非线性地球物理响应函数线性化，可以得到形如式(5.16)所示的矩阵方程。到此为止，我们通过泰勒级数展开法，将非线性问题化为如式(5.16)所示的线性问题。因而，不难用线性反演理论，求出：

$$\Delta \boldsymbol{m} = \boldsymbol{G}^{-g} \Delta \boldsymbol{d} \tag{5.17}$$

从而得到模型解：

$$\boldsymbol{m} = \boldsymbol{m}^{(0)} + \Delta \boldsymbol{m} \tag{5.18}$$

我们知道，泰勒级数展开的条件是数据方程在局部线性，因此，仅从式(5.17)和式(5.18)，很难得到准确的解，通常将式(5.17)和式(5.18)，改写为迭代公式：

$$\Delta \boldsymbol{m}^{(k)} = [\boldsymbol{G}^{(k)}]^{-g} \Delta \boldsymbol{d}^{(k)} \tag{5.19}$$

$$\boldsymbol{m}^{(k+1)} = \boldsymbol{m}^{(k)} + \Delta \boldsymbol{m}^{(k)} \tag{5.20}$$

从初始模型 $\boldsymbol{m}^{(0)}$ 出发，依照式(5.19)和式(5.20)反复迭代，直到 $\boldsymbol{m}^{(k)}$ 收敛。

5.1.3　连续介质的离散

例 2 是一个既有参数置换，也有介质离散的反问题例子。下面我们考虑更一般的情况，

设有观测数据 d_j 和连续介质模型 $m(z)$ 之间呈非线性泛函关系：

$$d_j = \int_0^{\infty} g(z,\tau_j)m(z)\mathrm{d}z \quad (j = 1,2,\cdots,M) \tag{5.21}$$

其中，z 表示深度，$g(z,\tau_j)$ 是非线性核函数，它既是 z 的函数，也是参数 τ_j 的函数。

将 z 做划分 $0=z_0,z_1,z_2,\cdots,z_N=\infty$，形成 N 个区间，并假设每个区间中的模型 $m_i(z)$ 是一个常量，则式(5.21)可改写为

$$d_j = \sum_{i=1}^{N} G_{ji}m_i \quad (j = 1,2,\cdots,M) \tag{5.22}$$

其中：

$$G_{ji} = \int_{z_{i-1}}^{z_i} g(z,\tau_j)\mathrm{d}z \quad (j = 1,2,\cdots,M) \tag{5.23}$$

将式(5.22)表示为矩阵方程，有

$$\boldsymbol{d}=\boldsymbol{G}\boldsymbol{m}$$

式中，$\boldsymbol{d}=[d_1 \quad d_2 \quad \cdots \quad d_M]^{\mathrm{T}}$，$\boldsymbol{m}=[m_1 \quad m_2 \quad \cdots \quad m_N]^{\mathrm{T}}$，核矩阵 $\boldsymbol{G}$ 的元素由式(5.23)决定。上式与式(1.10)完全一样，可以用第3章和第4章所介绍的方法求解。

5.2 目标函数和迭代收敛准则

5.2.1 目标函数

由于非线性反演问题的复杂性，特别是现在没有统一的、普适的解析解法，最优化解法就是必然的途径。最优化解法的基本特征就是将数据方程的反演问题转化为一个最优化问题，具体地说，就是用数据方程构造一个目标函数，通过求目标函数的极值来获得对应数据方程的解。

如果已知观测数据的噪声或误差分布类型，我们可以采用不同的范数，例如高斯分布采用 L_2 范数，指数分布采用 L_1 范数等，来构造目标函数。当观测数据的噪声或误差分布类型未知时，在本章中如果没有说明，我们都假定是高斯分布，并采用 L_2 范数构造目标函数。

理论上说，如果数据方程是线性方程，采用 L_2 范数构造的目标函数都是二阶(次)曲面(一、二维反演问题)或二阶超曲面(三维或高维问题)。例如，对于一个形如 $\boldsymbol{d}=\boldsymbol{G}\boldsymbol{m}$ 的线性方程，由数据误差 $\boldsymbol{E}=\boldsymbol{d}-\boldsymbol{G}\boldsymbol{m}$ 的 L_2 范数构造的目标函数定义为

$$\begin{aligned}\varphi(\boldsymbol{m}) &= \|\boldsymbol{E}\|_2^2=\boldsymbol{E}^{\mathrm{T}}\boldsymbol{E} \\ &= \|\boldsymbol{d}-\boldsymbol{G}\boldsymbol{m}\|_2^2=(\boldsymbol{d}-\boldsymbol{G}\boldsymbol{m})^{\mathrm{T}}(\boldsymbol{d}-\boldsymbol{G}\boldsymbol{m})\end{aligned} \tag{5.24}$$

其展开式为

$$\varphi(\boldsymbol{m}) = \|\boldsymbol{d}-\boldsymbol{G}\boldsymbol{m}\|_2^2 = \sum_{i=1}^{M}\sum_{j=1}^{N}(d_i - G_{ij}m_j)^2 \tag{5.25}$$

数学可以证明，上式表达的二阶超曲面只有一个极小值点，只需要直接求式(5.24)或

式(5.25)的极值,即可获得极值点对应的模型解,这就是第 3 章讨论过的求解方法。

如果数据方程是非线性方程,如式(5.12)所示的方程,采用 L_2 范数可以构造如下目标函数:

$$\varphi(\boldsymbol{m}) = \sum_{i=1}^{M} [d_i - f_i(\boldsymbol{m})]^2 = \|\boldsymbol{d} - \boldsymbol{f}(\boldsymbol{m})\|_2^2 \tag{5.26a}$$

或者

$$\varphi(\boldsymbol{m}) = \sum_{i=1}^{M} \left[\frac{d_i - f_i(\boldsymbol{m})}{d_i}\right]^2 \tag{5.26b}$$

在地球物理反演中,有许多数据方程,例如波动方程,是隐式方程:

$$F_i(\boldsymbol{m},\boldsymbol{d})=0 \quad (j=1,2,\cdots,M) \tag{5.27}$$

目标函数可设计为

$$\varphi(\boldsymbol{m}) = \sum_{i=1}^{M} (F_i(\boldsymbol{m}))^2 = \|\boldsymbol{F}(\boldsymbol{m})\|_2^2 = \boldsymbol{F}^{\mathrm{T}}\boldsymbol{F} \tag{5.28}$$

其中,$\boldsymbol{F}=[F_1 \quad F_2 \quad \cdots \quad F_M]^{\mathrm{T}}$。

式(5.26)和式(5.28)这样的目标函数是三阶以上的曲面或超曲面。三阶以上的超曲面有多个极值点。一般来说,数据方程的非线性程度越高,其目标函数对应的极值点数越多;反问题的维数越高,极值点就越多。

一些复杂的非线性方程(组)构造出的目标函数的超曲面阶数无法估计,有多少极值点完全是未知的。我们定义所有极值点中,其值最小的极值点为全局极值点(global extrema),其余的极值点为局部极值点(local extrema)。从式(5.26)和式(5.28)中可以看出,全局极值点实际上是最小值点(minimum extrema),目标函数的全局极值点就是反问题的解,即我们反演要得到的模型。在数据没有噪声的情况下,全局极值点或最小极值点所对应目标函数的值应该为 0。由于数据都有观测误差和噪声,全局极值点的值一般都大于 0。

全局极小值点的数学定义为:存在一个点 $\boldsymbol{m}^* \in \mathbb{R}^N$,如果对所有的 $\boldsymbol{m}\in \mathbb{R}^N$,都满足$\varphi(\boldsymbol{m})\geqslant \varphi(\boldsymbol{m}^*)$,就称点 $\boldsymbol{m}^*$ 为 $\varphi(\boldsymbol{m})$的全局极值点。从反演的角度来说,非线性问题的反演,就是寻找全局极值点 $\boldsymbol{m}^*$ 的过程;找到了全局极值点 $\boldsymbol{m}^*$,就找到了非线性反问题的解 $\boldsymbol{m}^*$。数学上,这就是泛函的极值问题,也称为最优化问题。

如何在模型空间找到目标函数对应的极值点呢? 可以用 3 种方法来寻找极值点。

第一种方法是最简单的方法,称为穷举法,在模型空间中遍历所有的模型,依照式(5.26)或式(5.28),计算所有模型的目标函数 $\varphi=\varphi(\boldsymbol{m})$,并从中确定出目标函数全局极小所对应的模型 $\boldsymbol{m}^*$。这种方法也称为彻底搜索法,其致命缺点是计算量极大,在可预见的未来,计算机也难以在人们可接受的时间限度内彻底搜索模型空间。因此,穷举法只有理论上的价值,而没有丝毫实用的意义。

我们举一个例子来说明穷举法的巨大计算量。假设一个模型有 N 个参数,每个参数可能取 K 个值,即潜在的模型有 K^N 个,因此我们需要搜索 K^N 个模型才能彻底完成模型空间的搜索任务。当 N 和 K 值比较小时,计算量在现有的超级计算机上是可以完成的,当 N 和 K 稍微大一点,计算就无法在允许的时间内完成。考虑 $N=100, K=10$,即模型空间共有

$K^N=10^{100}$个模型。以每秒运行1万万亿次$=10^{16}$次的计算机进行计算，每搜索一个模型只需要$1ps=10^{-12}s$，彻底搜索需要3.171×10^{76}年，比宇宙的年龄140亿年$=1.4\times10^{10}$年还要大得多。以地震全波形反演为例，实际的模型参数可能达到数百万至数千万，因此，用穷举法是完全没有可能的。

第二种方法是迭代法，从某一个初始模型出发，通过迭代不断修正模型，直至模型收敛到目标函数的极值点，这是本章所要讲解的主要内容。这种方法有一个缺点，当初始模型选择不当，会收敛到初始模型附近的局部极值点。

第三种方法是随机搜索法，也称为蒙特卡洛(Monte Carlo)方法。它的基本思想是不彻底搜索模型空间，而是随机搜索模型空间，在合适的搜索策略下，可以找到全局极值点。这种方法的缺点是计算量较大，有可能漏掉全局极值点。第6章中将详细介绍和讨论随机反演方法。

5.2.2 收敛准则

迭代类反演方法，需要从初始模型$\boldsymbol{m}^{(0)}$开始，在模型空间中，按照公式$\boldsymbol{m}^{(k+1)}=\boldsymbol{m}^{(k)}+\Delta\boldsymbol{m}^{(k)}$，构造一个模型序列：

$$\boldsymbol{m}^{(0)},\boldsymbol{m}^{(1)},\cdots,\boldsymbol{m}^{(k)},\cdots\cdots$$

来搜索模型空间。假定模型序列所对应的目标函数值序列为

$$\varphi(\boldsymbol{m}^{(0)}),\varphi(\boldsymbol{m}^{(1)}),\cdots,\varphi(\boldsymbol{m}^{(k)}),\cdots\cdots$$

如果上述模型序列是一个柯西序列，即

$$\text{当 } k\to\infty \text{ 时}, \|\boldsymbol{m}^{(k)}-\boldsymbol{m}^*\|\to0 \tag{5.29}$$

或者

$$\text{当 } k,j\to\infty \text{ 时}, \|\boldsymbol{m}^{(k)}-\boldsymbol{m}^{(j)}\|\to0 \tag{5.30}$$

$\boldsymbol{m}^*$就是目标函数极值点(全局极值或局部极值)所对应的模型解。

在实际反演计算时，我们一般都在赋范空间内完成，构造一个柯西模型序列是完全可行的。但在实际反演中，式(5.29)不宜作为判断模型迭代收敛的依据，因为我们不可能知道$\boldsymbol{m}^*$，所以式(5.29)不可行。又因为我们在反演的时候，不可能迭代无穷多次，故式(5.30)也不可以直接使用。常用以下3个条件作为判断是否收敛的准则。给定一个小的正实数$\varepsilon>0$，如果满足

准则1：

$$\|\boldsymbol{m}^{(k+1)}-\boldsymbol{m}^{(k)}\|<\varepsilon \tag{5.31}$$

或者

$$\frac{\|\boldsymbol{m}^{(k+1)}-\boldsymbol{m}^{(k)}\|}{\max\{1,\|\boldsymbol{m}^{(k)}\|\}}<\varepsilon \tag{5.32}$$

准则2：

$$\|\varphi(\boldsymbol{m}^{(k+1)})-\varphi(\boldsymbol{m}^{(k)})\|<\varepsilon \tag{5.33}$$

或者

$$\frac{|\varphi(\boldsymbol{m}^{(k+1)})-\varphi(\boldsymbol{m}^{(k)})|}{\max\{1,\varphi(\boldsymbol{m}^{(k)})\}}<\varepsilon \tag{5.34}$$

准则 3：

$$\|\nabla\varphi(\boldsymbol{m}^{(k+1)})\|<\varepsilon \tag{5.35}$$

就认为模型序列收敛了，解为 $\boldsymbol{m}^{*}=\boldsymbol{m}^{(k+1)}$。其中，式(5.32)和式(5.34)的分母上的 max{1,0}的意义是，当迭代中模型的值或目标函数的值较小的时候，不让分母起作用；式(5.35)的数学意义是，在极值点处目标函数的梯度为零向量，即 $\nabla\varphi(\boldsymbol{m}^{(k+1)})=\boldsymbol{0}$。

5.3　梯度法

梯度法(Gradient Method)又称为最速下降法(Steepest Descent Method)，是最早发展起来的非线性方程的最优化解法。最速下降法是一种古老的反演方法，在地球物理的发展过程中曾经起过重要的作用，而且，直到目前仍有一些地球物理数据的反演问题采用这种方法求解。

上一节的高维空间中，一般来说，目标函数 $\varphi(\boldsymbol{m})$是一个高阶超曲面。为便于理解，现以二维空间为例，此时 $\varphi(\boldsymbol{m})$所表示的曲面是一个三维空间的二维曲面，将其绘制到平面上就是一个等值线图(图 5-3)，$\varphi(\boldsymbol{m})$曲面的最小值在平面上的投影就是极小值点的位置。极小值点所对应的坐标 $\boldsymbol{m}^{*}=[m_1^{*},m_2^{*}]^{\mathrm{T}}$ 就是观测数据 $\boldsymbol{d}$ 对应的地球物理模型。

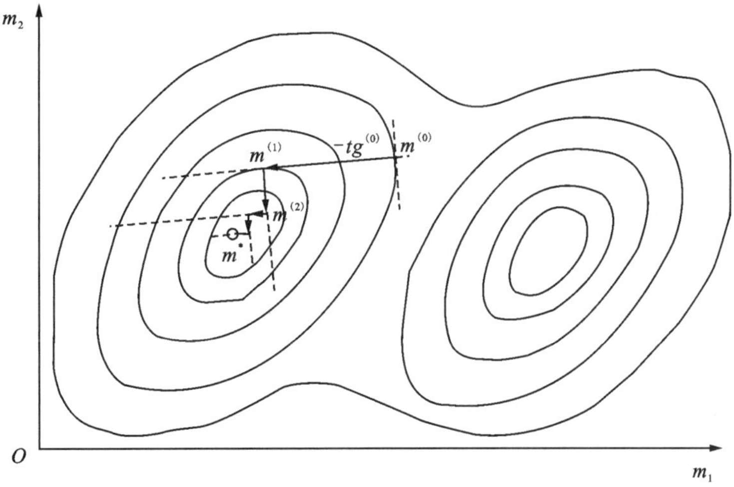

图 5-3　最速下降法的搜索和收敛过程示意图

为了通过迭代方法找到目标函数 $\varphi(\boldsymbol{m})$的全局极值点 $\boldsymbol{m}^{*}$，我们给定一个模型的初始估计，称为初始模型 $\boldsymbol{m}^{(0)}$，构造一个模型序列 $\boldsymbol{m}^{(0)},\boldsymbol{m}^{(1)},\cdots,\boldsymbol{m}^{(k)},\cdots\cdots$，其中第 $k+1$ 次迭代的模型 $\boldsymbol{m}^{(k+1)}=\boldsymbol{m}^{(k)}+\Delta\boldsymbol{m}^{(k)}$，设其模型修改量为

$$\Delta \boldsymbol{m}^{(k)}=t^{(k)}\boldsymbol{p}^{(k)} \tag{5.36}$$

我们称 $\boldsymbol{p}^{(k)}$ 为模型修改的方向，是一个向量；$t^{(k)}$ 是一个大于零的正数，称为模型修改步长系数，简称为步长。迭代过程的目标是：每一次迭代后，使其目标函数值都下降，即 $\varphi(\boldsymbol{m}^{(k+1)})<\varphi(\boldsymbol{m}^{(k)})$。为了达到这个目的，最快捷的方法是沿着目标函数的负梯度方向下降。

目标函数的梯度可由下式计算得到：

$$\boldsymbol{g}=\boldsymbol{g}(\boldsymbol{m})=\nabla\varphi(\boldsymbol{m})=\begin{bmatrix}\dfrac{\partial\varphi}{\partial m_1} & \dfrac{\partial\varphi}{\partial m_2} & \cdots & \dfrac{\partial\varphi}{\partial m_N}\end{bmatrix}^{\mathrm{T}} \tag{5.37}$$

则模型修改的方向为 $\boldsymbol{p}^{(k)}=-\boldsymbol{g}^{(k)}$；第 $k+1$ 次迭代的模型为

$$\boldsymbol{m}^{(k+1)}=\boldsymbol{m}^{(k)}+t^{(k)}\boldsymbol{p}^{(k)}=\boldsymbol{m}^{(k)}-t^{(k)}\boldsymbol{g}^{(k)} \tag{5.38}$$

如何获得模型修改步长 $t^{(k)}$？简单的方法是沿着 $\boldsymbol{p}^{(k)}$ 方向，找到目标函数的极小值，然后计算出 $t^{(k)}$。例如，图 5－3 中，以初始模型 $\boldsymbol{m}^{(0)}$ 为迭代起点的模型修改方向为 $\boldsymbol{p}^{(0)}=-\boldsymbol{g}^{(0)}=-\nabla\varphi(\boldsymbol{m}^{(0)})$，沿着 $\boldsymbol{p}^{(0)}$ 方向的目标函数值如图 5－4 所示，其中的目标函数最小值是 $\varphi(\boldsymbol{m}^{(1)})$。对应的 $\boldsymbol{m}^{(1)}$ 就是我们下一个迭代步的起点（图 5－3）。

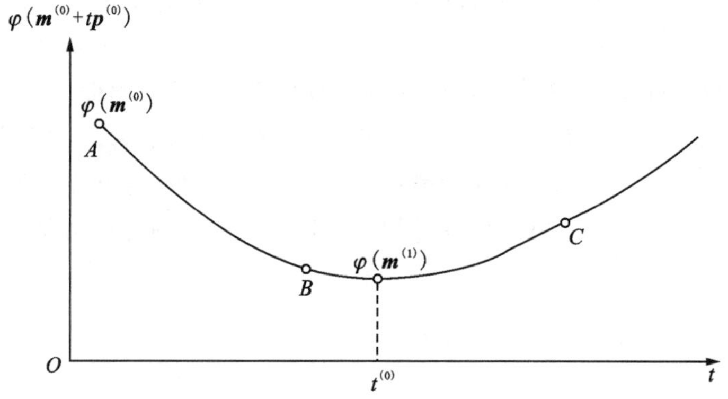

图 5－4　迭代步长的求取示意图

由此，可以将求迭代步长系数的问题归结为：求一个合适的 t，且 $t>0$，使 $\varphi(t)=\varphi(\boldsymbol{m}^{(k)}+t\boldsymbol{p}^{(k)})$ 最小的问题，即

$$\varphi(t^{(k)})=\min_{t\geqslant 0}(\varphi(\boldsymbol{m}^{(k)}+t\boldsymbol{p}^{(k)})) \tag{5.39}$$

或记为

$$t^{(k)}=\arg\min_{t\geqslant 0}(\varphi(t))=\arg\min_{t\geqslant 0}(\varphi(\boldsymbol{m}^{(k)}+t\boldsymbol{p}^{(k)})) \tag{5.40}$$

因为目标函数 $\varphi(\boldsymbol{m})$ 有多个极值点，因此沿着 $\boldsymbol{p}^{(k)}$ 方向的目标函数的一部分，仍可能有多个极小值。为了方便求取 $\boldsymbol{m}^{(k)}$ 附近的极值，我们用多变量函数的泰勒级数，忽略三阶以上的高阶项，将目标函数 $\varphi(\boldsymbol{m})$ 展开为一个只有一个极值点的二阶超曲面，具体如下：

$$\begin{aligned}\varphi(\boldsymbol{m}) = {} & \varphi(\boldsymbol{m}^{(k)})+\sum_{i=1}^{N}\left(\frac{\partial\varphi}{\partial m_i}\right)_{\boldsymbol{m}=\boldsymbol{m}^{(k)}}[m_i-m_i^{(k)}]+ \\ & \frac{1}{2}\sum_{i=1}^{N}\sum_{j=1}^{N}\left(\frac{\partial^2\varphi}{\partial m_i\partial m_j}\right)_{\boldsymbol{m}=\boldsymbol{m}^{(k)}}[m_i-m_i^{(k)}][m_j-m_j^{(k)}]\end{aligned} \tag{5.41}$$

简记为

$$\varphi(\boldsymbol{m})=\varphi(\boldsymbol{m}^{(k)})+\nabla^{\mathrm{T}}\varphi(\boldsymbol{m}^{(k)})[\boldsymbol{m}-\boldsymbol{m}^{(k)}]+\frac{1}{2}[\boldsymbol{m}-\boldsymbol{m}^{(k)}]^{\mathrm{T}}\nabla^{2}\varphi(\boldsymbol{m}^{(k)})[\boldsymbol{m}-\boldsymbol{m}^{(k)}] \tag{5.42}$$

其中，符号 ∇^2 不是拉普拉斯算子，其含义是 $\nabla^2\varphi(\boldsymbol{m}^{(k)})=\left(\frac{\partial^2\varphi}{\partial m_i\partial m_j}\right)_{\boldsymbol{m}=\boldsymbol{m}^{(k)}}$ 称为海森矩阵(Hessian Matrix)，为一个 $N\times N$ 的二阶导数矩阵，将其记为 $\boldsymbol{H}_k=\nabla^2\varphi(\boldsymbol{m}^{(k)})$。

因为，$\boldsymbol{m}=\boldsymbol{m}^{(k)}+\Delta\boldsymbol{m}^{(k)}=\boldsymbol{m}^{(k)}+t\boldsymbol{p}^{(k)}$，所以，$\boldsymbol{m}-\boldsymbol{m}^{(k)}=\Delta\boldsymbol{m}^{(k)}=t\boldsymbol{p}^{(k)}$，代入式(5.42)，得

$$\varphi(\boldsymbol{m})=\varphi(\boldsymbol{m}^{(k)}+t\boldsymbol{p}^{(k)})=\varphi(\boldsymbol{m}^{(k)})+t\,\nabla^{\mathrm{T}}\varphi(\boldsymbol{m}^{(k)})\boldsymbol{p}^{(k)}+\frac{1}{2}t^2\,(\boldsymbol{p}^{\mathrm{T}})^{(k)}\boldsymbol{H}_k\boldsymbol{p}^{(k)} \tag{5.43}$$

上式也可以简记为

$$\varphi(t)=\varphi(\boldsymbol{m}^{(k)})+t\,\nabla^{\mathrm{T}}\varphi(\boldsymbol{m}^{(k)})\boldsymbol{p}^{(k)}+\frac{1}{2}t^2\,(\boldsymbol{p}^{\mathrm{T}})^{(k)}\boldsymbol{H}_k\boldsymbol{p}^{(k)} \tag{5.44}$$

求上式关于步长参数 t 的导数，并令 $\varphi'(t)=\frac{\partial\varphi(t)}{\partial t}=0$，可得

$$-\nabla^{\mathrm{T}}\varphi(\boldsymbol{m}^{(k)})\boldsymbol{p}^{(k)}=t\,(\boldsymbol{p}^{\mathrm{T}})^{(k)}\boldsymbol{H}_k\boldsymbol{p}^{(k)}$$

注意到 $\boldsymbol{p}^{(k)}=-\boldsymbol{g}^{(k)}=-\nabla\varphi(\boldsymbol{m}^{(k)})$，立即可以求得

$$t^{(k)}=\frac{(\boldsymbol{p}^{\mathrm{T}})^{(k)}\boldsymbol{p}^{(k)}}{(\boldsymbol{p}^{\mathrm{T}})^{(k)}\boldsymbol{H}_k\boldsymbol{p}^{(k)}} \tag{5.45}$$

总结梯度法的思想和相关公式，可以构造出梯度法的算法，具体如下：

---

(1)给定初始模型 $\boldsymbol{m}^{(0)}$，允许误差 $\varepsilon>0$，置计数器 $k=0$；

(2)计算搜索方向 $\boldsymbol{p}^{(k)}=-\nabla\varphi(\boldsymbol{m}^{(k)})$；

(3)确定迭代步长 $t^{(k)}=\arg\min\limits_{t\geqslant 0}[\varphi(\boldsymbol{m}^{(k)}+t\boldsymbol{p}^{(k)})]$；

(4)令 $\boldsymbol{m}^{(k+1)}=\boldsymbol{m}^{(k)}+t^{(k)}\boldsymbol{p}^{(k)}$，若 $\|\boldsymbol{m}^{(k+1)}-\boldsymbol{m}^{(k)}\|<\varepsilon$，停止迭代，得最优解(模型)$\boldsymbol{m}^{*}=\boldsymbol{m}^{(k+1)}$；否则，令 $k=k+1$，返回步骤(2)。

梯度法沿着负梯度方向 $\boldsymbol{p}^{(k)}=-\nabla\varphi(\boldsymbol{m}^{(k)})$ 搜索，肯定能保证收敛，但通常情况下收敛缓慢。下面我们分析具体原因。

若目标函数 $\varphi(\boldsymbol{m})$ 存在二阶偏导数，则梯度法的收敛性与极小点处的海森矩阵的特征值相关，可以证明：

$$0\leqslant\lim_{k\to\infty}\frac{\varphi(\boldsymbol{m}^{(k+1)})}{\varphi(\boldsymbol{m}^{(k)})}\leqslant\left|\frac{\lambda_{\max}-\lambda_{\min}}{\lambda_{\max}+\lambda_{\min}}\right|<1 \tag{5.46}$$

其中，$\lambda_{\max}$、$\lambda_{\min}$ 为海森矩阵 $\nabla^2\varphi(\boldsymbol{m}^{(k)})$ 的最大和最小特征值。因为，矩阵的条件数 $r=\left|\frac{\lambda_{\max}}{\lambda_{\min}}\right|$，从而有

$$\left|\frac{\lambda_{\max}-\lambda_{\min}}{\lambda_{\max}+\lambda_{\min}}\right|=\left|\frac{r-1}{r+1}\right|$$

由上式和式(5.46)可见，矩阵条件数 r 越小，收敛越快，反之亦然。

可以证明，梯度法相邻两次的搜索方向彼此正交，即$(\boldsymbol{p}^{\mathrm{T}})^{(k)}\boldsymbol{p}^{(k+1)}=0$。这可以从图 5-3 上锯齿状箭头线所指示的迭代路径看出来，下面给予证明。

$$\begin{aligned}(\boldsymbol{p}^{\mathrm{T}})^{(k)}\boldsymbol{p}^{(k+1)}&=\nabla\varphi^{\mathrm{T}}(\boldsymbol{m}^{(k)})\nabla\varphi(\boldsymbol{m}^{(k+1)})\\&=-(\boldsymbol{p}^{\mathrm{T}})^{(k)}\nabla\varphi(\boldsymbol{m}^{(k)}+t\boldsymbol{p}^{(k)})\\&=-(\boldsymbol{p}^{\mathrm{T}})^{(k)}[\nabla\varphi(\boldsymbol{m}^{(k)})+t\boldsymbol{H}_k\boldsymbol{p}^{(k)}]\\&=-(\boldsymbol{p}^{\mathrm{T}})^{(k)}\nabla\varphi(\boldsymbol{m}^{(k)})+t(\boldsymbol{p}^{\mathrm{T}})^{(k)}\boldsymbol{H}_k\boldsymbol{p}^{(k)}\\&=0\end{aligned}$$

在证明的推导过程中，第三个等号后的项，用到了泰勒展开，并略去了高阶项；第四个等号后的项，用到了式(5.45)。

观察图 5-3，在极小值点附近，目标函数比较平缓，其等值线(面)可以视为一个多维椭球面(体)，其长短轴分别位于海森矩阵 $\boldsymbol{H}_k=\nabla^2\varphi(\boldsymbol{m}^{(k)})$的最小和最大特征值对应的特征向量上，条件数越大，长短轴之比越大，可能造成的迭代搜索路径越长。在接近极值点时，由于极值点附近曲面十分光滑，迭代搜索方向不易确定(受计算误差的影响)，故收敛十分缓慢。例如，一个二维的反演问题，如果用梯度法进行反演，大约需要搜索 1000 次到达极小值点，其中 3～5 次即可到达极值点附近，但还需要迭代搜索 1000 次才能最终到达极小值点。

梯度法有两个值得关注的点：①梯度法原理简单，方便实现，但迭代过程较长，收敛较慢；②在计算步长系数时，所用到的式(5.45)有一个需要计算二阶导数的海森矩阵，这造成较大的计算量，且海森矩阵经常是一个病态矩阵，对反演十分不利。

在计算迭代步长时，为了避免计算海森矩阵，常用曲线拟合的方法获得迭代步长。如果假定 $\varphi(t)=\varphi(\boldsymbol{m}^{(k)}+t\boldsymbol{p}^{(k)})$是一个二次曲线：

$$\varphi(t)=at^2+bt+c \tag{5.47}$$

求 $\varphi(t)$的极值，令$\dfrac{\partial\varphi(t)}{\partial t}=0$，立刻可以求得步长系数：

$$t^{(k)}=-\frac{b}{2a} \tag{5.48}$$

为了求得 a 和 b 两个系数，我们在图 5-4 的曲线上任取 A、B、C 三个点，分别对应参数 t_1、t_2 和 t_3 三个位置，由此得到

$$\begin{cases}\varphi(t_1)=\varphi(\boldsymbol{m}^{(k)}+t_1\boldsymbol{p}^{(k)})=at_1^2+bt_1+c\\\varphi(t_2)=\varphi(\boldsymbol{m}^{(k)}+t_2\boldsymbol{p}^{(k)})=at_2^2+bt_2+c\\\varphi(t_3)=\varphi(\boldsymbol{m}^{(k)}+t_3\boldsymbol{p}^{(k)})=at_3^2+bt_3+c\end{cases}$$

整理上式，可得 $\boldsymbol{y}=\boldsymbol{G}\boldsymbol{x}$，其中 $\boldsymbol{x}=\begin{bmatrix}a\\b\\c\end{bmatrix}$，$\boldsymbol{y}=\begin{bmatrix}\varphi(t_1)\\\varphi(t_2)\\\varphi(t_3)\end{bmatrix}$，$\boldsymbol{G}=\begin{bmatrix}t_1^2&t_1&1\\t_2^2&t_2&1\\t_3^2&t_3&1\end{bmatrix}$。

因为，$\boldsymbol{x}=[a\quad b\quad c]^{\mathrm{T}}=\boldsymbol{G}^{-1}\boldsymbol{y}$，从而得到 a 和 b 两个系数。

5.4 共轭梯度法

上节梯度法(最速下降法)中的负梯度方向,从局部上看是目标函数值下降最快的方向,但从全局上看未必是最快的方向,特别是在极值点附近,收敛缓慢。其主要原因有:①负梯度的计算由于是导数计算(差分计算),受计算误差的影响较大;②两次迭代方向正交,造成锯齿状迭代路径,没有直接指向极值点方向。

为了加快收敛速度,需要改进搜索方向的产生方法。仔细观察图 5-3 会发现,沿着锯齿的弦线(上弦或下弦都可以)搜索会缩短迭代路径,快速到达极值点。如何实现上述意图?采用共轭方向来搜索迭代可以达到快速收敛的目的。

5.4.1 共轭向量

设矩阵 $\boldsymbol{Q}$ 为正定对称矩阵,若存在 N 维向量 $\boldsymbol{x}$ 和 $\boldsymbol{y}$,使得:

$$\boldsymbol{x}^{\mathrm{T}}\boldsymbol{Q}\boldsymbol{y}=0 \tag{5.49}$$

就称向量 $\boldsymbol{x}$ 和 $\boldsymbol{y}$ 是关于矩阵 $\boldsymbol{Q}$ 共轭的。特别地,当 $\boldsymbol{Q}$ 是单位矩阵,即 $\boldsymbol{Q}=\boldsymbol{I}$ 时,$\boldsymbol{x}^{\mathrm{T}}\boldsymbol{Q}\boldsymbol{y}=\boldsymbol{x}^{\mathrm{T}}\boldsymbol{I}\boldsymbol{y}=\boldsymbol{x}^{\mathrm{T}}\boldsymbol{y}=0$,则称 $\boldsymbol{x}$ 和 $\boldsymbol{y}$ 是正交的。由此可以看出,共轭是正交概念的拓广,而正交可以看作共轭的特殊情况。另外,共轭向量具有对称性,即满足 $\boldsymbol{x}^{\mathrm{T}}\boldsymbol{Q}\boldsymbol{y}=\boldsymbol{y}^{\mathrm{T}}\boldsymbol{Q}\boldsymbol{x}=0$。

例 1 设有矩阵

$$\boldsymbol{Q}=\begin{bmatrix}2 & 1\\1 & 2\end{bmatrix},\quad \boldsymbol{p}_1=\begin{bmatrix}1\\1\end{bmatrix},\quad \boldsymbol{p}_2=\begin{bmatrix}1\\-1\end{bmatrix}$$

因为

$$\boldsymbol{p}_1^{\mathrm{T}}\boldsymbol{Q}\boldsymbol{p}_2=\begin{bmatrix}1 & 1\end{bmatrix}\begin{bmatrix}2 & 1\\1 & 2\end{bmatrix}\begin{bmatrix}1\\-1\end{bmatrix}=0,\quad \boldsymbol{p}_1^{\mathrm{T}}\boldsymbol{p}_2=\begin{bmatrix}1 & 1\end{bmatrix}\begin{bmatrix}1\\-1\end{bmatrix}=0$$

故 $\boldsymbol{p}_1$ 和 $\boldsymbol{p}_2$ 正交且共轭。

例 2 设有矩阵

$$\boldsymbol{Q}=\begin{bmatrix}2 & 1\\1 & 2\end{bmatrix},\quad \boldsymbol{p}_1=\begin{bmatrix}1\\0\end{bmatrix},\quad \boldsymbol{p}_2=\begin{bmatrix}1\\-2\end{bmatrix}$$

因为

$$\boldsymbol{p}_1^{\mathrm{T}}\boldsymbol{Q}\boldsymbol{p}_2=\begin{bmatrix}1 & 0\end{bmatrix}\begin{bmatrix}2 & 1\\1 & 2\end{bmatrix}\begin{bmatrix}1\\-2\end{bmatrix}=0,\quad \boldsymbol{p}_1^{\mathrm{T}}\boldsymbol{p}_2=\begin{bmatrix}1 & 0\end{bmatrix}\begin{bmatrix}1\\-2\end{bmatrix}=1\neq 0$$

故 $\boldsymbol{p}_1$ 和 $\boldsymbol{p}_2$ 不正交,但彼此共轭。

5.4.2 共轭搜索和二次截止性

设我们所研究的问题是一个 N 维非线性反问题,其对应的目标函数 $\varphi(\boldsymbol{m})$ 是一个二次型,如式(5.42)所示,不失一般性,简记为

$$\varphi(\boldsymbol{m})=a+\boldsymbol{q}^{\mathrm{T}}\boldsymbol{m}+\frac{1}{2}\boldsymbol{m}^{\mathrm{T}}\boldsymbol{Q}\boldsymbol{m} \tag{5.50}$$

式中，a 为常数；$\boldsymbol{q}$ 为模型参数向量 $\boldsymbol{m}$ 的系数矩阵；$\boldsymbol{Q}$ 为 $N\times N$ 阶对称正定矩阵，即 $\boldsymbol{Q}$ 满足 $\boldsymbol{Q}=\boldsymbol{Q}^{\mathrm{T}}$ 且 $\boldsymbol{m}^{\mathrm{T}}\boldsymbol{Q}\boldsymbol{m}>0$。

若存在 N 个关于 $\boldsymbol{Q}$ 的互相共轭的非零向量 $\boldsymbol{p}^{(0)},\boldsymbol{p}^{(1)},\cdots,\boldsymbol{p}^{(N-1)}$，则从任意初始模型 $\boldsymbol{m}^{(0)}$ 出发，依次沿 $\boldsymbol{p}^{(k)}$ 方向求目标函数的极值，至多 N 步便可以收敛到二阶目标函数 $\varphi(\boldsymbol{m})$ 的极值点（极小点）$\boldsymbol{m}^*$。下面证明上述命题。

$\boldsymbol{p}^{(0)},\boldsymbol{p}^{(1)},\cdots,\boldsymbol{p}^{(N-1)}$ 彼此共轭，即满足：

$$(\boldsymbol{p}^{(i)})^{\mathrm{T}}\boldsymbol{Q}\boldsymbol{p}^{(j)}=0 \quad (i\neq j) \tag{5.51}$$

仿照梯度法中的模型迭代修改格式，构造迭代步：

$$\begin{gathered}\boldsymbol{m}^{(1)}=\boldsymbol{m}^{(0)}+t^{(0)}\boldsymbol{p}^{(0)}\\ \boldsymbol{m}^{(2)}=\boldsymbol{m}^{(1)}+t^{(1)}\boldsymbol{p}^{(1)}\\ \vdots\\ \boldsymbol{m}^{(k)}=\boldsymbol{m}^{(k-1)}+t^{(k-1)}\boldsymbol{p}^{(k-1)}\end{gathered}$$

则，

$$\begin{aligned}\boldsymbol{m}^{(k+1)}&=\boldsymbol{m}^{(k)}+t^{(k)}\boldsymbol{p}^{(k)}=\boldsymbol{m}^{(k-1)}+t^{(k-1)}\boldsymbol{p}^{(k-1)}+t^{(k)}\boldsymbol{p}^{(k)}\\ &=\boldsymbol{m}^{(k-2)}+t^{(k-2)}\boldsymbol{p}^{(k-2)}+t^{(k-1)}\boldsymbol{p}^{(k-1)}+t^{(k)}\boldsymbol{p}^{(k)}\\ &=\boldsymbol{m}^{(k-l)}+\sum_{i=k-l}^{K}t^{(i)}\boldsymbol{p}^{(i)}\end{aligned} \tag{5.52}$$

对式(5.50)的目标函数 $\varphi(\boldsymbol{m})$ 求关于模型 $\boldsymbol{m}$ 的梯度，有

$$\nabla\varphi(\boldsymbol{m})=\boldsymbol{q}+\boldsymbol{Q}\boldsymbol{m} \tag{5.53}$$

令 $\boldsymbol{g}(\boldsymbol{m})=\nabla\varphi(\boldsymbol{m})$，从而：

$$\begin{cases}\boldsymbol{g}(\boldsymbol{m}^{(k)})=\boldsymbol{g}^{(k)}=\boldsymbol{q}+\boldsymbol{Q}\boldsymbol{m}^{(k)}\\ \boldsymbol{g}(\boldsymbol{m}^{(k+1)})=\boldsymbol{g}^{(k+1)}=\boldsymbol{q}+\boldsymbol{Q}\boldsymbol{m}^{(k+1)}\end{cases}$$

上两式相减，并注意到式(5.52)，得

$$\boldsymbol{g}^{(k+1)}-\boldsymbol{g}^{(k)}=\boldsymbol{Q}(\boldsymbol{m}^{(k+1)}-\boldsymbol{m}^{(k)})=t^{(k)}\boldsymbol{Q}\boldsymbol{p}^{(k)} \tag{5.54}$$

在 $\boldsymbol{m}^{(k+1)}$ 处，求取迭代步长 $t^{(k)}$，按一维搜索，即

$$\begin{aligned}\frac{\partial\varphi(t)}{\partial t}&=\frac{\partial\varphi(\boldsymbol{m}^{(k+1)})}{\partial t}=\frac{\partial\varphi(\boldsymbol{m}^{(k)}+t\boldsymbol{p}^{(k)})}{\partial t}\\ &=\nabla^{\mathrm{T}}\varphi(\boldsymbol{m}^{(k)}+t\boldsymbol{p}^{(k)})\boldsymbol{p}^{(k)}=(\boldsymbol{g}^{(k+1)})^{\mathrm{T}}\boldsymbol{p}^{(k)}=(\boldsymbol{p}^{(k)})^{\mathrm{T}}\boldsymbol{g}^{(k+1)}=0\end{aligned} \tag{5.55}$$

由式(5.54)，可推得

$$\boldsymbol{g}^{(k+1)}=\boldsymbol{g}^{(k)}+t^{(k)}\boldsymbol{Q}\boldsymbol{p}^{(k)}$$

$$\begin{aligned}\boldsymbol{g}^{(N)}&=\boldsymbol{g}^{(N-1)}+t^{(N-1)}\boldsymbol{Q}\boldsymbol{p}^{(N-1)}\\ &=\boldsymbol{g}^{(N-2)}+t^{(N-2)}\boldsymbol{Q}\boldsymbol{p}^{(N-2)}+t^{(N-1)}\boldsymbol{Q}\boldsymbol{p}^{(N-1)}\\ &=\boldsymbol{g}^{(k+1)}+\sum_{l=k+1}^{N-1}t^{(l)}\boldsymbol{Q}\boldsymbol{p}^{(l)}\end{aligned} \tag{5.56}$$

将上式两边同乘以 $(\boldsymbol{p}^{(k)})^{\mathrm{T}}$，得

$$(\boldsymbol{p}^{(k)})^{\mathrm{T}}\boldsymbol{g}^{(N)}=(\boldsymbol{p}^{(k)})^{\mathrm{T}}\boldsymbol{g}^{(k+1)}+\sum_{l=k+1}^{N-1}t^{(l)}(\boldsymbol{p}^{(k)})^{\mathrm{T}}\boldsymbol{Q}\boldsymbol{p}^{(l)}$$

利用式(5.55)和共轭向量的定义,可推导出

$$(\boldsymbol{p}^{(k)})^{\mathrm{T}}\boldsymbol{g}^{(N)}=0$$

由于 $\boldsymbol{p}^{(k)}$ 非零,故

$$\boldsymbol{g}^{(N)}=\nabla\varphi(\boldsymbol{m}^{(N)})=\boldsymbol{0}$$

所以,$\boldsymbol{m}^{(N)}=\boldsymbol{m}^*$ 为极小值点。上述通过迭代 N 次而收敛到极小值点的特性,称为二次截止性(或称为二次终止性)。

5.4.3　共轭梯度算法

共轭向量的构造

在上一节中,我们知道,只要能找到一组互相共轭的向量,就可以在初始模型 $\boldsymbol{m}^{(0)}$ 任选的情况下,使迭代收敛至 $\boldsymbol{m}^*$。但如何确定一组共轭向量呢?最好的方法是,一边迭代,一边构造。

设初始模型 $\boldsymbol{m}^{(0)}$ 为任意给定的初始点,在 $\boldsymbol{m}^{(0)}$ 处,我们取 $\varphi(\boldsymbol{m}^{(0)})$ 的负梯度 $\boldsymbol{g}^{(0)}$ 方向作为第一次模型修改的搜索方向:

$$\boldsymbol{p}^{(0)}=-\boldsymbol{g}^{(0)}=-\nabla\varphi(\boldsymbol{m}^{(0)})$$

再从 $\boldsymbol{m}^{(0)}$ 出发,沿 $\boldsymbol{p}^{(0)}$ 方向找出 $\varphi(\boldsymbol{m}^{(0)}+t\boldsymbol{p}^{(0)})$ 的极小点,并按照式(5.40)求取 $t^{(0)}$,得到

$$\boldsymbol{m}^{(1)}=\boldsymbol{m}^{(0)}+t^{(0)}\boldsymbol{p}^{(0)}$$

设目标函数 $\varphi(\boldsymbol{m}^{(0)})$ 在 $\boldsymbol{m}^{(0)}$ 的梯度为 $\boldsymbol{g}^{(0)}=\nabla\varphi(\boldsymbol{m}^{(0)})$,根据 5.3 节中的证明,$(\boldsymbol{g}^{(1)})^{\mathrm{T}}\boldsymbol{g}^{(0)}=0$。利用 $\boldsymbol{g}^{(1)}$ 和 $\boldsymbol{p}^{(0)}$ 构造第二次搜索的方向:

$$\boldsymbol{p}^{(1)}=-\boldsymbol{g}^{(1)}+\beta_0\boldsymbol{p}^{(0)}$$

这里要求 $\boldsymbol{p}^{(1)}$ 和 $\boldsymbol{p}^{(0)}$ 关于 $\boldsymbol{Q}$ 共轭,即 $(\boldsymbol{p}^{(1)})^{\mathrm{T}}\boldsymbol{Q}\boldsymbol{p}^{(0)}=0$,所以:

$$(\boldsymbol{p}^{(1)})^{\mathrm{T}}\boldsymbol{Q}\boldsymbol{p}^{(0)}=-(\boldsymbol{g}^{(1)})^{\mathrm{T}}\boldsymbol{Q}\boldsymbol{p}^{(0)}+\beta_0(\boldsymbol{p}^{(0)})^{\mathrm{T}}\boldsymbol{Q}\boldsymbol{p}^{(0)}=0$$

从而

$$\beta_0=\frac{(\boldsymbol{g}^{(1)})^{\mathrm{T}}\boldsymbol{Q}\boldsymbol{p}^{(0)}}{(\boldsymbol{p}^{(0)})^{\mathrm{T}}\boldsymbol{Q}\boldsymbol{p}^{(0)}}$$

如此反复,我们可以构造出 $\boldsymbol{p}^{(2)},\cdots,\boldsymbol{p}^{(k)}$,得到

$$\boldsymbol{m}^{(k+1)}=\boldsymbol{m}^{(k)}+t^{(k)}\boldsymbol{p}^{(k)}$$

进一步取

$$\boldsymbol{p}^{(k+1)}=-\boldsymbol{g}^{(k+1)}+\beta_k\boldsymbol{p}^{(k)} \tag{5.57}$$

并计算出

$$\beta_k=\frac{(\boldsymbol{g}^{(k+1)})^{\mathrm{T}}\boldsymbol{Q}\boldsymbol{p}^{(k)}}{(\boldsymbol{p}^{(k)})^{\mathrm{T}}\boldsymbol{Q}\boldsymbol{p}^{(k)}}\quad(k=0,1,2,\cdots,N-1) \tag{5.58}$$

由此可构造出 N 个互相共轭的向量 $\boldsymbol{p}^{(0)},\boldsymbol{p}^{(1)},\cdots,\boldsymbol{p}^{(N-1)}$,可以证明(Fletcher and Reeves,1964),如果 $\boldsymbol{Q}$ 为正定对称的矩阵,有

$$\beta_k = \frac{(\boldsymbol{g}^{(k+1)})^{\mathrm{T}}\boldsymbol{g}^{(k+1)}}{(\boldsymbol{g}^{(k)})^{\mathrm{T}}\boldsymbol{g}^{(k)}} = \frac{\|\boldsymbol{g}^{(k+1)}\|_2^2}{\|\boldsymbol{g}^{(k)}\|_2^2} \tag{5.59}$$

为了进一步提高共轭梯度法的收敛效率，Polak 和 Ribiere(1969)给出了 β_k 的另一个计算方法：

$$\beta_k = \frac{(\boldsymbol{g}^{(k+1)} - \boldsymbol{g}^{(k)})^{\mathrm{T}}\boldsymbol{g}^{(k+1)}}{(\boldsymbol{g}^{(k)})^{\mathrm{T}}\boldsymbol{g}^{(k)}} \tag{5.60}$$

这种方法具有自我校正的功能。当 $|\boldsymbol{g}^{(k+1)} - \boldsymbol{g}^{(k)}|$ 值较小时，β_k 接近于 0，共轭搜索方向 $\boldsymbol{p}^{(k+1)} \doteq -\boldsymbol{g}^{(k+1)}$，相当于重新启动共轭梯度法。

从上述推导过程可以看出，共轭向量的构造过程很简单。在迭代计算的每一步，利用目标函数的梯度，以及前一步计算出的共轭向量，构造出新的搜索方向，参见式(5.57)，而且，在每一步的计算中，包括式(5.59)和式(5.60)，仅需要保存上一步的梯度和搜索方向，也不需要 $\boldsymbol{Q}$ 矩阵参与计算。因此这种算法具有计算快和存储量小的优点。

此外，共轭梯度法还有其他许多变种，如随机共轭梯度法(朱培民和王家映，2000)，预条件共轭梯度法等(Exl&Fischbacher 等，2019)，这里不再一一论述。

共轭梯度法的算法实现

(1)给定初始模型 $\boldsymbol{m}^{(0)}$，允许误差 $\varepsilon>0$，置计数器 $k=0$；

(2)计算梯度 $\boldsymbol{g}^{(k)} = \nabla\varphi(\boldsymbol{m}^{(k)})$，若 $\|\boldsymbol{g}^{(k)}\| < \varepsilon$，停止迭代，得最优解(模型)$\boldsymbol{m}^* = \boldsymbol{m}^{(k)}$；否则，进行下一步；

(3)构造搜索方向，令 $\boldsymbol{p}^{(k)} = -\boldsymbol{g}^{(k)} + \beta_{k-1}\boldsymbol{p}^{(k-1)}$，其中当 $k=1$ 时，$\beta_{k-1}=0$，$\beta_k=\beta_0$；当 $k>0$ 时，根据式(5.59)计算 β_k；

(4)确定迭代步长 $t^{(k)} = \arg\min\limits_{t\geqslant 0}(\varphi(\boldsymbol{m}^{(k)} + t\boldsymbol{p}^{(k)}))$，并计算 $\boldsymbol{m}^{(k+1)} = \boldsymbol{m}^{(k)} + t^{(k)}\boldsymbol{p}^{(k)}$；令 $k=k+1$，返回到第(2)步。

上述共轭梯度算法虽是按照二阶目标函数的情况设计，并具有二次截止性，但算法适用于高阶目标函数的情况。当目标函数 $\varphi(\boldsymbol{m})$ 高于二阶时，其搜索的次数会超过 N 次。

为了说明共轭梯度法的应用效果，下面举一个例子。

例 3 设目标函数为

$$\varphi(x,y) = 1 - \frac{1}{\sqrt{2\pi}}\left[\exp\left(-\frac{(x-\mu_1)^2+y^2}{2}\right) + 0.6\exp\left(-\frac{(x-\mu_2)^2+y^2}{2}\right)\right] \tag{5.61}$$

当 $\mu_1=3$、$\mu_2=-3$ 时，目标函数 $\varphi(x,y)$ 在 $p_1(x,y)=(3,0)$ 和 $p_2(x,y)=(-3,0)$ 处有两个极小点，其值分别为 0.601 058 和 0.760 635，前者是全局最小值(图 5-5)。

表 5-1～表 5-3 给出了从 3 个初始模型出发，用梯度法、Fletcher-Reeves 共轭梯度法和随机共轭梯度法分别反演以式(5-61)为目标函数的反演结果和迭代次数的比较。可见，梯度法迭代次数多达 1440 次，才收敛到全局极小。共轭梯度法，迭代次数不大，但依赖于初始模型，如初始模型选择得当，可以比较快地收敛到全局极小。随机共轭梯度法迭代次数不大，且能收敛到全局极小。

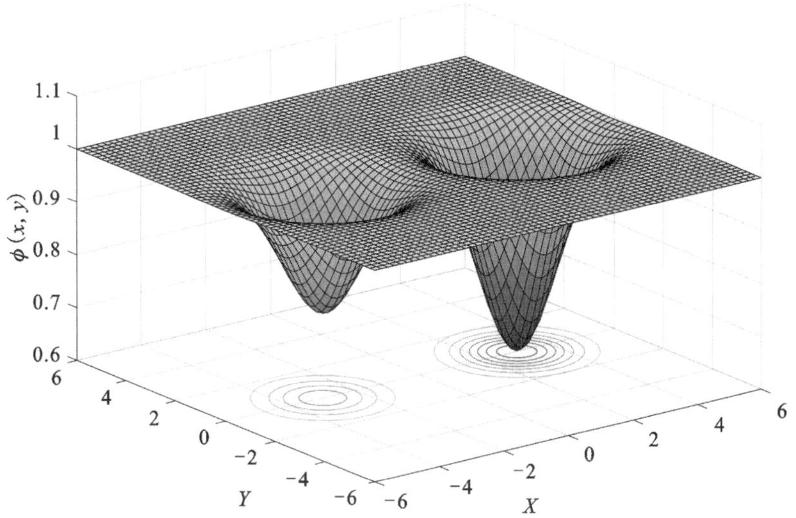

图 5－5　共轭梯度法反演的目标函数

表 5－1　梯度法 3 次试验结果

初始模型(*x*,*y*)	反演结果(*x*,*y*)	极值解 *S*	迭代次数
(0.5,1.0)	(3.050 8,−0.092 6)	0.603 3	2500
(−0.5,1.0)	(2.997 7,0.005 6)	0.601 1	524
(0.0,2.5)	(3.056 9,−0.037 9)	0.602 0	1279

表 5－2　共轭梯度法试验结果

初始模型(*x*,*y*)	反演结果(*x*,*y*)	极值解 *S*	迭代次数
(0.5,1.0)	(3.000,0.0)	0.601	5
(−0.5,1.0)	(3.001,0.0)	0.761	5
(0.0,2.5)	(0.000,2.5)	1.0	5

表 5－3　随机共轭梯度法试验结果

初始模型(*x*,*y*)	反演结果(*x*,*y*)	极值解 *S*	迭代次数
(0.5,1.0)	(3.000 0,0.000 0)	0.601 1	12
(−0.5,1.0)	(3.002 1,0.000 3)	0.601 1	5
(0.0,2.5)	(3.000 1,0.000 0)	0.601 1	3

5.5 牛顿法

牛顿法是求解极值问题最古老的方法之一，但到目前为止，它仍不失为一种有效的反演方法。下面我们来介绍非线性反问题牛顿法求解的基本思想。考虑一般的非线性问题，设目标函数 $\varphi(\boldsymbol{m})$二阶可微，在 $\boldsymbol{m}^{(0)}$ 处展开成泰勒级数，保留至二阶项，有

$$\varphi(\boldsymbol{m}) \doteq \varphi(\boldsymbol{m}^{(0)}) + \nabla^{\mathrm{T}}\varphi(\boldsymbol{m}^{(0)})[\boldsymbol{m}-\boldsymbol{m}^{(0)}] + \frac{1}{2}[\boldsymbol{m}-\boldsymbol{m}^{(0)}]^{\mathrm{T}}\nabla^2\varphi(\boldsymbol{m}^{(0)})[\boldsymbol{m}-\boldsymbol{m}^{(0)}] \tag{5.62}$$

其中，$\boldsymbol{H}_0=\nabla^2\varphi(\boldsymbol{m}^{(0)})$就是之前我们在式(5.42)所定义的海森矩阵。一般情况下，海森矩阵应该为一个正定对称的矩阵。式(5.62)是一个典型的二次型，是一个二次超曲面。

我们的目标是求出在 $\boldsymbol{m}^{(0)}$ 附近的 $\varphi(\boldsymbol{m})$的极小值。因为一个二次超曲面只有一个极值点，可以直接求出该近似二阶超曲面的极小点 $\boldsymbol{m}^{(1)}$。很显然，$\boldsymbol{m}^{(1)}$ 不是我们要求的最终极值点，为此，我们在 $\boldsymbol{m}^{(1)}$ 处，对目标函数 $\varphi(\boldsymbol{m})$进行泰勒展开，并保留至二阶项，求出新的极值点 $\boldsymbol{m}^{(2)}$。继续在 $\boldsymbol{m}^{(2)}$ 处对目标函数 $\varphi(\boldsymbol{m})$进行泰勒展开……如此反复，即可求得一个模型序列，直至到达 $\varphi(\boldsymbol{m})$的极值点 $\boldsymbol{m}^{(*)}$（全局极值点或局部极值点）。

将上述思想数学化。我们对式(5.62)求其极值点，为此，令：$\dfrac{\partial\varphi(\boldsymbol{m})}{\partial\boldsymbol{m}}=\nabla\varphi(\boldsymbol{m})=0$，可得

$$\nabla\varphi(\boldsymbol{m}^{(0)}) + \nabla^2\varphi(\boldsymbol{m}^{(0)})[\boldsymbol{m}-\boldsymbol{m}^{(0)}]=0 \tag{5.63}$$

从而

$$\boldsymbol{m}=\boldsymbol{m}^{(0)} - [\nabla^2\varphi(\boldsymbol{m}^{(0)})]^{-1}\nabla\varphi(\boldsymbol{m}^{(0)}) \tag{5.64}$$

或

$$\boldsymbol{m}=\boldsymbol{m}^{(0)} - \boldsymbol{H}_0^{-1}\nabla\varphi(\boldsymbol{m}^{(0)}) \tag{5.65}$$

从上列公式的推导过程可知，对于一个二次型超曲面，只需一次搜索即可到达极值点，牛顿法也具有二次截止的性质。

对于一般的非线性反问题，将式(5.65)改写成第 k 次迭代的递推公式，有

$$\boldsymbol{m}^{(k+1)}=\boldsymbol{m}^{(k)} - \boldsymbol{H}_k^{-1}\nabla\varphi(\boldsymbol{m}^{(k)}) \tag{5.66}$$

牛顿法的算法如下：

---

(1)给定初始模型 $\boldsymbol{m}^{(0)}$，允许误差 $\varepsilon>0$，置计数器 $k=0$；

(2)计算梯度 $\boldsymbol{g}^{(k)}=\nabla\varphi(\boldsymbol{m}^{(k)})$，若$\|\boldsymbol{g}^{(k)}\|<\varepsilon$，停止迭代，得最优解(模型)$\boldsymbol{m}^*=\boldsymbol{m}^{(k)}$；否则，进行下一步；

(3)计算海森矩阵 $\boldsymbol{H}_k$ 和 $\boldsymbol{m}^{(k+1)}=\boldsymbol{m}^{(k)}-\boldsymbol{H}_k^{-1}\nabla\varphi(\boldsymbol{m}^{(k)})$；

(4)$k=k+1$，返回到第(2)步。

在目标函数是二阶超曲面时，牛顿法的一次搜索就到达极值点的特点，十分吸引人，但

其缺点也是十分明显的。牛顿法的核心计算是海森矩阵 $\boldsymbol{H}_k$ 及其逆的计算，该矩阵的元素是目标函数的二阶导数。当模型参数比较多时，计算量和存储量都十分惊人，特别是该矩阵的逆常常是病态的和奇异的情况，造成迭代过程不收敛。为了克服这一不足，有人对算法进行了改进，主要改进有两种。

（1）在搜索方向上增加一维搜索：

$$\boldsymbol{m}^{(k+1)}=\boldsymbol{m}^{(k)}-t^{(k)}\boldsymbol{H}_k^{-1}\nabla\varphi(\boldsymbol{m}^{(k)}) \tag{5.67}$$

求迭代步长 $t^{(k)}=\arg\min\limits_{t\geqslant 0}(\varphi(\boldsymbol{m}^{(k)}+t\boldsymbol{p}^{(k)}))$，可以使收敛过程更平稳。

（2）改造海森矩阵：

$$\boldsymbol{H}_k=\nabla^2\varphi(\boldsymbol{m}^{(k)})+\lambda^{(k)}\boldsymbol{I} \tag{5.68}$$

使矩阵的条件数变小，且正定，可逆，也可以使收敛过程更平稳。

这两种改进都可以改善算法的收敛性，但并没有从本质上改变牛顿法计算量大和存储量大的问题。在下一节中，我们将讨论牛顿法的重大改进——拟牛顿法及其适应大规模计算的 L-BFGS(Limited-memory Broyden-Fletcher-Goldfarb-Shanno algorithm)方法。

5.6　拟牛顿法和 L-BFGS 法

牛顿法和梯度法、共轭梯度法明显不同。梯度法、共轭梯度法主要利用了目标函数的梯度，牛顿法不仅利用了梯度信息，还利用了目标函数的曲率，即二阶偏导数。因此它们具有不同的特性，其中梯度法、共轭梯度法在远离极小点的地方收敛较快，而牛顿法在极小点附近收敛比梯度法要快。

目标函数的曲率表示——海森矩阵，是牛顿法收敛快的核心。为了克服牛顿法中海森矩阵计算量大和需要较大的存储空间等问题，一些科学家尝试不直接计算海森矩阵，而是在迭代过程中构造出一个近似矩阵来替代它，这就是拟牛顿法(Quasi-Newton Method)的初衷。

5.6.1　变尺度法(DFP)

如何构造一个海森矩阵序列 $\boldsymbol{H}_0,\boldsymbol{H}_1,\cdots,\boldsymbol{H}_k,\cdots$，且由此计算出模型序列 $\boldsymbol{m}^{(1)},\boldsymbol{m}^{(2)},\cdots,\boldsymbol{m}^{(k+1)},\cdots$能收敛到极值点 $\boldsymbol{m}^*$？这可以转化到一个迭代公式，即

$$\boldsymbol{H}_{k+1}=\boldsymbol{H}_k+\Delta\boldsymbol{H}_k \tag{5.69}$$

关键是如何给定 $\boldsymbol{H}_0$ 并计算出每一个 $\Delta\boldsymbol{H}_k$。

变尺度法(Variable Metric Method)是最早被发明出来的拟牛顿法，其提出者是物理学家 Davidon(1959)，后来两位数学家 Fletcher 和 Powell(1963)将其改进并进行了推广。这种方法用他们 3 个人姓氏的第一个字母组合起来命名，简称 DFP 方法。下面详细讨论这种方法。

我们将 $\varphi(\boldsymbol{m})$ 在 $\boldsymbol{m}^{(k)}$ 处做二阶泰勒展开，重写式(5.42)如下：

$$\varphi(\boldsymbol{m})=\varphi(\boldsymbol{m}^{(k)})+\nabla^{\mathrm{T}}\varphi(\boldsymbol{m}^{(k)})[\boldsymbol{m}-\boldsymbol{m}^{(k)}]+\frac{1}{2}[\boldsymbol{m}-\boldsymbol{m}^{(k)}]^{\mathrm{T}}\boldsymbol{H}_k[\boldsymbol{m}-\boldsymbol{m}^{(k)}] \tag{5.70}$$

求上式的梯度，得

$$\nabla\varphi(\boldsymbol{m})=\nabla\varphi(\boldsymbol{m}^{(k)})+\boldsymbol{H}_k[\boldsymbol{m}-\boldsymbol{m}^{(k)}]$$

类似地，在 $\boldsymbol{m}^{(k+1)}$ 处对 $\varphi(\boldsymbol{m})$ 求梯度，可得

$$\nabla\varphi(\boldsymbol{m})=\nabla\varphi(\boldsymbol{m}^{(k+1)})+\boldsymbol{H}_{k+1}[\boldsymbol{m}-\boldsymbol{m}^{(k+1)}]$$

整理上式，得

$$\boldsymbol{m}^{(k+1)}-\boldsymbol{m}=\boldsymbol{H}_{k+1}^{-1}[(\nabla\varphi)^{(k+1)}-\nabla\varphi(\boldsymbol{m})]$$

用 $\boldsymbol{m}^{(k)}$ 替换 $\boldsymbol{m}$，可得

$$\boldsymbol{m}^{(k+1)}-\boldsymbol{m}^{(k)}=\boldsymbol{H}_{k+1}^{-1}[(\nabla\varphi)^{(k+1)}-\nabla\varphi^{(k)}] \tag{5.71}$$

上式也可以改写为

$$\Delta\boldsymbol{m}^{(k)}=\boldsymbol{H}_{k+1}^{-1}\Delta\boldsymbol{g}^{(k)} \tag{5.72}$$

其中，$\Delta\boldsymbol{m}^{(k)}=\boldsymbol{m}^{(k+1)}-\boldsymbol{m}^{(k)}$，$\Delta\boldsymbol{g}^{(k)}=(\nabla\varphi)^{(k+1)}-\nabla\varphi^{(k)}=\boldsymbol{g}^{(k+1)}-\boldsymbol{g}^{(k)}$。

我们用两个 $N\times1$ 维的向量 $\boldsymbol{u}$ 和 $\boldsymbol{v}$，以及两个常数 a 和 b，来构造 $\Delta\boldsymbol{H}_k$。改写式(5.69)为

$$\boldsymbol{H}_{k+1}^{-1}=\boldsymbol{H}_k^{-1}+\Delta\boldsymbol{H}_k^{-1}=\boldsymbol{H}_k^{-1}+a\boldsymbol{u}\boldsymbol{u}^{\mathrm{T}}+b\boldsymbol{v}\boldsymbol{v}^{\mathrm{T}} \tag{5.73}$$

将上式代入式(5.72)，得

$$(a\boldsymbol{u}\boldsymbol{u}^{\mathrm{T}}+b\boldsymbol{v}\boldsymbol{v}^{\mathrm{T}})\Delta\boldsymbol{g}^{(k)}=\Delta\boldsymbol{m}^{(k)}-\boldsymbol{H}_k^{-1}\Delta\boldsymbol{g}^{(k)} \tag{5.74}$$

从上式可以看出，如果选择

$$\boldsymbol{u}=\Delta\boldsymbol{m}^{(k)},\ \boldsymbol{v}=-\boldsymbol{H}_k^{-1}\Delta\boldsymbol{g}^{(k)} \tag{5.75}$$

可以很容易地计算出

$$a=\frac{1}{\boldsymbol{u}^{\mathrm{T}}\Delta\boldsymbol{g}^{(k)}},\ b=\frac{1}{\boldsymbol{v}^{\mathrm{T}}\Delta\boldsymbol{g}^{(k)}} \tag{5.76}$$

由此，可以立即得到 DFP 法的拟牛顿修改公式：

$$\boldsymbol{H}_{k+1}^{-1}=\boldsymbol{H}_k^{-1}+\frac{\Delta\boldsymbol{m}^{(k)}(\Delta\boldsymbol{m}^{(k)})^{\mathrm{T}}}{(\Delta\boldsymbol{m}^{(k)})^{\mathrm{T}}\Delta\boldsymbol{g}^{(k)}}-\frac{\boldsymbol{H}_k^{-1}\Delta\boldsymbol{g}^{(k)}(\boldsymbol{H}_k^{-1}\Delta\boldsymbol{g}^{(k)})^{\mathrm{T}}}{(\Delta\boldsymbol{g}^{(k)})^{\mathrm{T}}\boldsymbol{H}_k^{-1}\Delta\boldsymbol{g}^{(k)}} \tag{5.77}$$

只需将牛顿法算法步骤(3)中的 $\boldsymbol{H}_k$ 改为直接计算 $\boldsymbol{H}_k^{-1}$，就可以得到变尺度法的算法公式。另外，初始的海森逆矩阵可以取为单位矩阵，即 $\boldsymbol{H}_0^{-1}=\boldsymbol{I}$。

5.6.2 L-BFGS 法

BFGS 法是由 Broyden、Fletcher、Goldfarb 和 Shanno(1970)四人分别独立发展出来的拟牛顿算法。BFGS 法的本质思想与 DFP 法相同。下面我们描述 BFGS 法的推导过程。为了方便推导，我们将式(5.71)改写为

$$\boldsymbol{H}_{k+1}(\boldsymbol{m}^{(k+1)}-\boldsymbol{m}^{(k)})=(\nabla\varphi)^{(k+1)}-\nabla\varphi^{(k)} \tag{5.78}$$

并令 $\boldsymbol{s}^{(k)}=\boldsymbol{m}^{(k+1)}-\boldsymbol{m}^{(k)}$，$\boldsymbol{y}^{(k)}=(\nabla\varphi)^{(k+1)}-\nabla\varphi^{(k)}=\boldsymbol{g}^{(k+1)}-\boldsymbol{g}^{(k)}$，上式即可简化为

$$\boldsymbol{H}_{k+1}\boldsymbol{s}^{(k)}=\boldsymbol{y}^{(k)} \tag{5.79}$$

设有两个 $N\times1$ 维的向量 $\boldsymbol{u}$ 和 $\boldsymbol{v}$，构造：

$$\boldsymbol{H}_{k+1}=\boldsymbol{H}_k+\Delta\boldsymbol{H}_k=\boldsymbol{H}_k+\alpha\boldsymbol{u}\boldsymbol{u}^{\mathrm{T}}+\beta\boldsymbol{v}\boldsymbol{v}^{\mathrm{T}} \tag{5.80}$$

将上式代入式(5.79),得

$$(\boldsymbol{H}_k+\alpha\boldsymbol{u}\boldsymbol{u}^{\mathrm{T}}+\beta\boldsymbol{v}\boldsymbol{v}^{\mathrm{T}})\boldsymbol{s}^{(k)}=\boldsymbol{y}^{(k)} \tag{5.81}$$

整理上式,有

$$\alpha(\boldsymbol{u}^{\mathrm{T}}\boldsymbol{s}^{(k)})\boldsymbol{u}+\beta(\boldsymbol{v}^{\mathrm{T}}\boldsymbol{s}^{(k)})\boldsymbol{v}=\boldsymbol{y}^{(k)}-\boldsymbol{H}_k\boldsymbol{s}^{(k)}$$

我们选择 $\boldsymbol{u}=\boldsymbol{y}^{(k)}$,$\boldsymbol{v}=\boldsymbol{H}_k\boldsymbol{s}^{(k)}$,代入上式,可得

$$\alpha=\frac{1}{(\boldsymbol{y}^{(k)})^{\mathrm{T}}\boldsymbol{s}^{(k)}},\beta=-\frac{1}{(\boldsymbol{s}_k)^{\mathrm{T}}\boldsymbol{H}_k\boldsymbol{s}_k} \tag{5.82}$$

将上式代入式(5.80),可得 BFGS 法的海森矩阵修改公式为

$$\boldsymbol{H}_{k+1}=\boldsymbol{H}_k+\frac{\boldsymbol{y}^{(k)}(\boldsymbol{y}^{(k)})^{\mathrm{T}}}{(\boldsymbol{y}^{(k)})^{\mathrm{T}}\boldsymbol{s}^{(k)}}-\frac{\boldsymbol{H}_k\boldsymbol{s}^{(k)}(\boldsymbol{H}_k\boldsymbol{s}^{(k)})^{\mathrm{T}}}{(\boldsymbol{s}^{(k)})^{\mathrm{T}}\boldsymbol{H}_k\boldsymbol{s}^{(k)}} \tag{5.83}$$

上式计算的是海森矩阵,我们需要的是海森矩阵的逆,引用 Sherman-Morrison(1950)公式可以改造上式,直接计算出海森矩阵的逆。

假设 $\boldsymbol{A}$ 是一个存在逆的方阵,且 $\boldsymbol{u}$ 和 $\boldsymbol{v}$ 是两个 $N\times 1$ 维的向量,如果 $1+\boldsymbol{v}^{\mathrm{T}}\boldsymbol{A}\boldsymbol{u}\neq 0$,则$\boldsymbol{A}+\boldsymbol{u}\boldsymbol{v}^{\mathrm{T}}$ 必然存在逆,且有下式成立:

$$(\boldsymbol{A}+\boldsymbol{u}\boldsymbol{v}^{\mathrm{T}})^{-1}=\boldsymbol{A}^{-1}-\frac{\boldsymbol{A}^{-1}\boldsymbol{u}\boldsymbol{v}^{\mathrm{T}}\boldsymbol{A}^{-1}}{1+\boldsymbol{v}^{\mathrm{T}}\boldsymbol{A}\boldsymbol{u}} \tag{5.84}$$

根据上式,立刻可以改造式(5.83),得到

$$\boldsymbol{H}_{k+1}^{-1}=\left(\boldsymbol{I}-\frac{\boldsymbol{s}^{(k)}(\boldsymbol{y}^{(k)})^{\mathrm{T}}}{(\boldsymbol{y}^{(k)})^{\mathrm{T}}\boldsymbol{s}^{(k)}}\right)\boldsymbol{H}_k^{-1}\left(\boldsymbol{I}-\frac{\boldsymbol{y}^{(k)}(\boldsymbol{s}^{(k)})^{\mathrm{T}}}{(\boldsymbol{y}^{(k)})^{\mathrm{T}}\boldsymbol{s}^{(k)}}\right)+\frac{\boldsymbol{s}^{(k)}(\boldsymbol{s}^{(k)})^{\mathrm{T}}}{(\boldsymbol{y}^{(k)})^{\mathrm{T}}\boldsymbol{s}^{(k)}} \tag{5.85}$$

其中,$(\boldsymbol{y}^{(k)})^{\mathrm{T}}\boldsymbol{H}_k^{-1}\boldsymbol{y}^{(k)}$和$(\boldsymbol{y}^{(k)})^{\mathrm{T}}\boldsymbol{s}^{(k)}$是标量。可以看出,这个公式可以高效地计算,且不需要存储前面迭代步的任何变量。将上式展开,也可以改写为

$$\boldsymbol{H}_{k+1}^{-1}=\boldsymbol{H}_k^{-1}+\frac{[(\boldsymbol{s}^{(k)})^{\mathrm{T}}\boldsymbol{y}^{(k)}+(\boldsymbol{y}^{(k)})^{\mathrm{T}}\boldsymbol{H}_k^{-1}\boldsymbol{y}^{(k)}]\boldsymbol{s}^{(k)}(\boldsymbol{s}^{(k)})^{\mathrm{T}}}{[(\boldsymbol{s}^{(k)})^{\mathrm{T}}\boldsymbol{y}^{(k)}]^2}-\frac{\boldsymbol{H}_k^{-1}\boldsymbol{y}^{(k)}(\boldsymbol{s}^{(k)})^{\mathrm{T}}+\boldsymbol{s}^{(k)}(\boldsymbol{y}^{(k)})^{\mathrm{T}}\boldsymbol{H}_k^{-1}}{(\boldsymbol{s}^{(k)})^{\mathrm{T}}\boldsymbol{y}^{(k)}} \tag{5.86}$$

在式(5.85)和式(5.86)的第一次迭代,可以取 $\boldsymbol{H}_0^{-1}=\boldsymbol{I}$。在后续的计算中 $\boldsymbol{H}_k^{-1}$ 会逐渐趋近于真实的曲率矩阵——海森矩阵。

常规拟牛顿算法仍然需要较大的存储量,每次迭代都需要将计算得到的 $\boldsymbol{H}_k^{-1}$ 保存下来作为后续迭代的基础。Shanno 等(1978)提出了改进的 BFGS 方法,称为 Limited Memory BFGS 法,简称 L-BFGS 法。这种方法通过储存模型修改量 $\boldsymbol{s}^{(k)}$ 和梯度修正量 $\boldsymbol{y}^{(k)}$ 来代替 $\boldsymbol{H}^{-1}$的存储,可以大大地降低存储量。

我们定义 $\rho^{(k)}=\dfrac{1}{(\boldsymbol{y}^{(k)})^{\mathrm{T}}\boldsymbol{s}^{(k)}}$,$\boldsymbol{V}_k=\boldsymbol{I}-\rho^{(k)}\boldsymbol{y}^{(k)}(\boldsymbol{s}^{(k)})^{\mathrm{T}}$,式(5.85)可以改写为下列形式:

$$\boldsymbol{H}_{k+1}^{-1}=[\boldsymbol{I}-\rho^{(k)}\boldsymbol{s}^{(k)}(\boldsymbol{y}^{(k)})^{\mathrm{T}}]\boldsymbol{H}_k^{-1}[\boldsymbol{I}-\rho^{(k)}\boldsymbol{y}^{(k)}(\boldsymbol{s}^{(k)})^{\mathrm{T}}]+\rho^{(k)}\boldsymbol{s}^{(k)}(\boldsymbol{s}^{(k)})^{\mathrm{T}} \tag{5.87}$$

$$\boldsymbol{H}_{k+1}^{-1}=\boldsymbol{V}_k^{\mathrm{T}}\boldsymbol{H}_k^{-1}\boldsymbol{V}_k+\rho^{(k)}\boldsymbol{s}^{(k)}(\boldsymbol{s}^{(k)})^{\mathrm{T}} \tag{5.88}$$

在上式中我们可以看到,右端项除了 $\boldsymbol{H}_k^{-1}$ 以外,其他的项都不需要存储,可通过模型修改量 $\boldsymbol{s}^{(k)}$和梯度修正量 $\boldsymbol{y}^{(k)}$ 计算出来。Shanno 等(1978)提出只存储 m 步向量序列$\{\boldsymbol{s}^{(i)},\boldsymbol{y}^{(i)}\}_{i=0}^{k}$去构造一个近似的 $\boldsymbol{H}_k^{-1}$,其迭代格式为

$$\begin{aligned}\boldsymbol{H}_{k+1}^{-1}=&(\boldsymbol{V}_k^{\mathrm{T}}\boldsymbol{V}_{k-1}^{\mathrm{T}}\cdots\boldsymbol{V}_{k-m+1}^{\mathrm{T}})\boldsymbol{H}_{k0}^{-1}(\boldsymbol{V}_{k-m+1}\cdots\boldsymbol{V}_{k-1}\boldsymbol{V}_k)\\&+(\boldsymbol{V}_k^{\mathrm{T}}\boldsymbol{V}_{k-1}^{\mathrm{T}}\cdots\boldsymbol{V}_{k-m+2}^{\mathrm{T}})[\rho^{(0)}\boldsymbol{s}^{(0)}(\boldsymbol{s}^{(0)})^{\mathrm{T}}](\boldsymbol{V}_{k-m+2}\cdots\boldsymbol{V}_{k-1}\boldsymbol{V}_k)\\&\vdots\\&+\boldsymbol{V}_k^{\mathrm{T}}[\rho^{(k-1)}\boldsymbol{s}^{(k-1)}(\boldsymbol{s}^{(k-1)})^{\mathrm{T}}]\boldsymbol{V}_k\\&+\rho^{(k)}\boldsymbol{s}^{(k)}(\boldsymbol{s}^{(k)})^{\mathrm{T}}\end{aligned}\tag{5.89}$$

$\boldsymbol{H}_{k0}^{-1}$是第 k 次迭代的矩阵，通常由单位矩阵乘以一个权值实现(Nocedal and Wright，2006)，参见下式：

$$\boldsymbol{H}_{k0}^{-1}=w_k\boldsymbol{I}=\frac{(\boldsymbol{s}^{(k)})^{\mathrm{T}}\boldsymbol{y}^{(k)}}{\|\boldsymbol{y}^{(k)}\|_2^2}\boldsymbol{I}\tag{5.90}$$

其中，权值也通过模型修改量 $\boldsymbol{s}^{(k)}$ 和梯度修正量 $\boldsymbol{y}^{(k)}$ 计算出来，$w_k=\dfrac{(\boldsymbol{s}^{(k)})^{\mathrm{T}}\boldsymbol{y}^{(k)}}{\|\boldsymbol{y}^{(k)}\|_2^2}$。

由此，式(5.88)中 $\boldsymbol{H}_k^{-1}$ 的计算，全部都由模型修改量 $\boldsymbol{s}^{(k)}$ 和梯度修正量 $\boldsymbol{y}^{(k)}$ 计算出来，不需要存储海森矩阵 $\boldsymbol{H}_k^{-1}$。在实际应用中，模型修改量 $\boldsymbol{s}^{(k)}$ 和梯度修正量 $\boldsymbol{y}^{(k)}$ 的向量序列保存的步数 m 一般选择 3～20 步。当迭代次数 k 超过 m 时，则只保存最新的 m 步向量序列。

L-BFGS 法的计算量小，存储量也小，该方法在地球物理反演和深度学习等方面得到了广泛应用。后续有不少科学家对该方法进行了新的改进，例如，Liu 和 Nocedal(1989)等，但其计算量和存储量并没有显著改善。为了说明拟牛顿法的计算效果，这里使用 Rosenbrock 二元函数(Rosenbrock，1960)作为目标函数进行测试。

例 4 Rosenbrock 函数的表达式为 $f(x,y)=(1-x)^2+100(y-x^2)^2$，是一个非凸函数，在图 5-6 所限定的区域中有一个最小点，其值为 0，位置在(1,1)处。选取初始迭代位置为

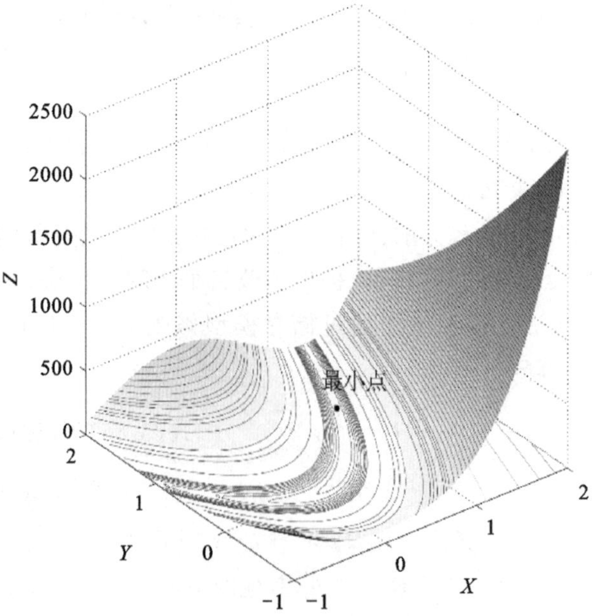

图 5-6 Rosenbrock 函数，最小值点位于(1,1)

(0,1.5),分别采用梯度法、共轭梯度法和 L-BFGS 法进行迭代寻优,最终结果如图 5-7 所示。从图中可以看出,3 种方法均能够通过迭代达到或接近极小值点,但迭代步数相差明显。梯度法一开始下降较快,在接近极小值点时收敛较慢,共迭代 701 次。共轭梯度法相对于梯度法则提高了收敛速度,共迭代 66 次。L-BFGS 法则进一步提高了收敛速度,共迭代 19 次。

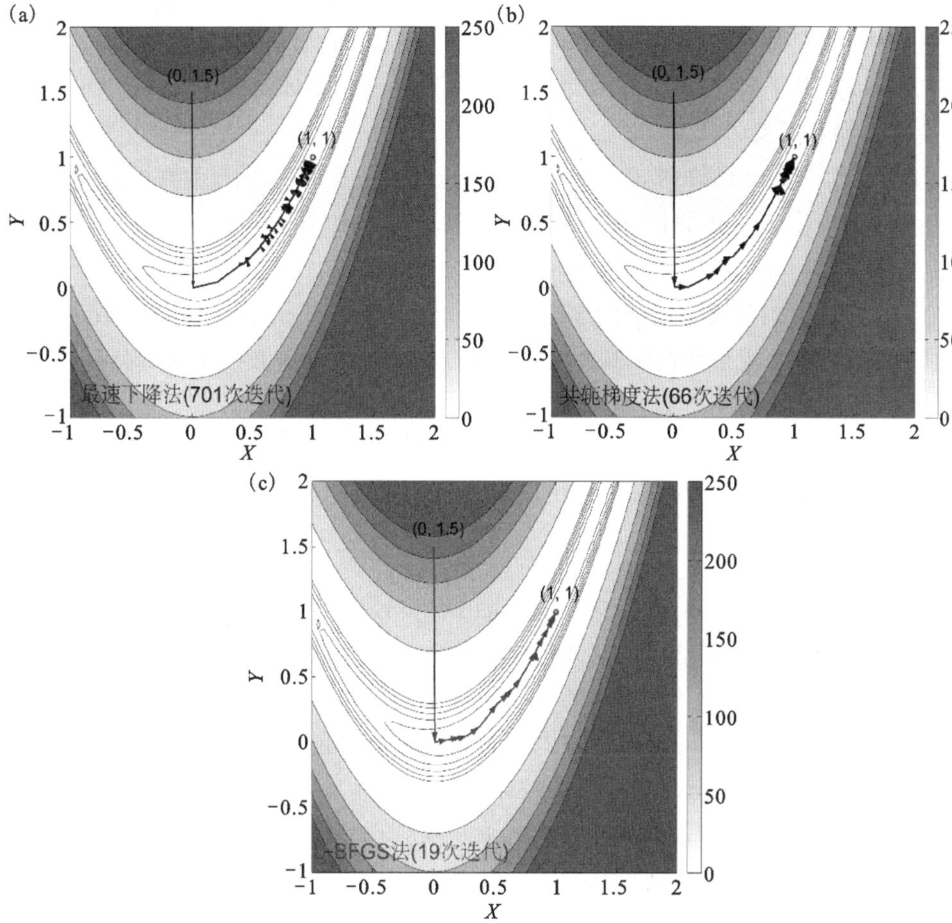

图 5-7　Rosenbrock 函数反演收敛过程

(a)最速下降法(701 次迭代);(b)共轭梯度法(66 次迭代);(c)L-BFGS 法(19 次迭代)

5.7　子空间法

在模型参数只有一种类型的时候,前述的梯度法、共轭梯度法、拟牛顿法等几种迭代类非线性反演方法都能反演得很好。但有一些反演问题,其要反演的模型参数有多种类型,这些参数具有不同的物理量纲和不同的特点,例如,在地震层析成像中,速度和反射界面深度同时反演的问题。常规的梯度类反演方法对这类问题收敛比较糟糕,并强烈地依赖于不同参数类型的尺度。这里所说的尺度是指模型参数的变化范围或量级，以及模型参数对目标函数的敏感程度。Kennett 等(1988)提出的子空间方法可以有效地克服此类问题。

5.7.1 子空间法的基本思想

子空间法的基本思想是将模型空间分成多个子空间，每个子空间对应一类模型参数，在迭代的过程中，分别对每一个模型子空间进行搜索，用梯度法计算出迭代方向。这种子空间的迭代格式，以某种平衡的方式，顾及到了不同参数类型的不同泛函值，对模型的修改不依赖于各个模型参数类型的尺度。

我们假设有一组观测数据 $\boldsymbol{d}=[d_1,d_2,\cdots,d_M]^{\mathrm{T}}$，以及待反演的离散模型参数集 $\boldsymbol{m}=[m_1,m_2,\cdots,m_N]^{\mathrm{T}}$。进一步假设，模型参数可以划分成 P 种类型的子集：

$$\boldsymbol{m}=[\boldsymbol{m}_A,\boldsymbol{m}_B,\cdots,\boldsymbol{m}_P]^{\mathrm{T}} \tag{5.91}$$

子集 $\boldsymbol{m}_A,\boldsymbol{m}_B,\cdots,\boldsymbol{m}_P$ 的维数随反演问题的性质而定。在每一个子集中，模型参数可以直接描述模型本身，或者展开成某种正交函数项的系数(例如，傅里叶级数的系数)，可表示为

$$\boldsymbol{m}_A=\sum_{r=1}^{N_A} m_{Ar}h_r(\boldsymbol{x}) \tag{5.92}$$

其中 $h_r(\boldsymbol{x})$是基函数，满足正交关系，如下式：

$$\int_R h_i(\boldsymbol{x})h_j(\boldsymbol{x})\mathrm{d}^D\boldsymbol{x}=\delta_{ij}$$

式中，R 是一个 D 维的积分区域；δ_{ij} 表示 kronecker 符号。

设模型参数和观测数据之间的数学物理关系为

$$d_i=f_i(\boldsymbol{m}),i=1,2,\cdots,M \tag{5.93}$$

我们使用目标函数来度量观测数据与理论观测值之间的拟合程度，并假设观测数据的观测误差服从高斯分布，因此构造如下的目标函数：

$$\varphi_d(\boldsymbol{d},\boldsymbol{d}^{\mathrm{cal}})=(\boldsymbol{d}-\boldsymbol{d}^{\mathrm{cal}})^{\mathrm{T}}\boldsymbol{C}_d^{-1}(\boldsymbol{d}-\boldsymbol{d}^{\mathrm{cal}}) \tag{5.94}$$

式中，$\boldsymbol{d}^{\mathrm{cal}}$为根据模型参数 $\boldsymbol{m}$ 由式(5.93)所计算出的理论观测数据。这里引入了观测数据的协方差矩阵 $\boldsymbol{C}_{\mathrm{d}}$ 来处理观测数据的不确定性，协方差矩阵实际上就是数据重要性的加权函数。

为了约束模型参数，我们在目标函数中引入模型参数的正则化项：

$$\varphi_m(\boldsymbol{m},\boldsymbol{m}_0)=(\boldsymbol{m}-\boldsymbol{m}_0)^{\mathrm{T}}\boldsymbol{C}_m^{-1}(\boldsymbol{m}-\boldsymbol{m}_0) \tag{5.95}$$

式中，$\boldsymbol{m}_0$ 为初始模型；$\boldsymbol{C}_m$ 为模型协方差矩阵，用于模型参数的加权。对于具有 P 类模型参数的情况，模型协方差矩阵应具有如下形式：

$$\boldsymbol{C}_m=\begin{pmatrix} \boldsymbol{C}_{AA} & \boldsymbol{C}_{AB} & & 0 \\ \boldsymbol{C}_{BA} & \boldsymbol{C}_{BB} & & \\ & & \boldsymbol{C}_{CC} & \\ 0 & & & \ddots \end{pmatrix} \tag{5.96}$$

式中，非对角矩阵块用于处理不同类型模型参数之间的折衷问题。例如，在地震反演中，我

们知道 P 波和 S 波速度，以及密度之间具有相关性，可以用非对角矩阵块来约束。在独立的模型协方差矩阵，诸如 $\boldsymbol{C}_{AA}$ 等，也需要非对角元素来约束。例如，在层析成像中，比邻网格的速度或者吸收系数也有一定的相关性。

下面我们来求目标函数

$$\varphi(\boldsymbol{m})=\varphi_d(\boldsymbol{d},\boldsymbol{d}^{\mathrm{cal}})+\varphi_m(\boldsymbol{m},\boldsymbol{m}_0) \tag{5.97}$$

所对应的模型参数解。具体地，上式可以展开为

$$\varphi(\boldsymbol{m})=[\boldsymbol{f}(\boldsymbol{m})-\boldsymbol{d}]^{\mathrm{T}}\boldsymbol{C}_d^{-1}[\boldsymbol{f}(\boldsymbol{m})-\boldsymbol{d}]+(\boldsymbol{m}-\boldsymbol{m}_0)^{\mathrm{T}}\boldsymbol{C}_m^{-1}(\boldsymbol{m}-\boldsymbol{m}_0) \tag{5.98}$$

我们仍假定 $\varphi(\boldsymbol{m})$ 是一个光滑函数，可以用泰勒级数在 $\boldsymbol{m}^{(l)}$ 处展开到二阶项：

$$\begin{aligned}\varphi(\boldsymbol{m}^{(l)}+\Delta\boldsymbol{m})&\doteq\varphi(\boldsymbol{m}^{(l)})+\nabla^{\mathrm{T}}\varphi(\boldsymbol{m}^{(l)})\Delta\boldsymbol{m}+\frac{1}{2}\Delta\boldsymbol{m}^{\mathrm{T}}\ \nabla^2\varphi(\boldsymbol{m}^{(l)})\Delta\boldsymbol{m}\\&=\varphi(\boldsymbol{m}^{(l)})+\boldsymbol{g}^{\mathrm{T}}\Delta\boldsymbol{m}+\frac{1}{2}\Delta\boldsymbol{m}^{\mathrm{T}}\boldsymbol{H}\Delta\boldsymbol{m}\end{aligned} \tag{5.99}$$

式中，$\boldsymbol{g}$ 表示梯度；$\boldsymbol{H}$ 表示海森矩阵，它们的具体形式如下：

$$\boldsymbol{g}=\boldsymbol{G}^{\mathrm{T}}\boldsymbol{C}_d^{-1}[\boldsymbol{f}(\boldsymbol{m}^{(l)})-\boldsymbol{d}]+\boldsymbol{C}_m^{-1}(\boldsymbol{m}^{(l)}-\boldsymbol{m}_0) \tag{5.100}$$

其中，$\boldsymbol{G}=[G_{ij}]^{(l)}=[\partial f_i/\partial m_j]^{(l)}$ 称为 Frechet 导数。对上式再进行一次关于模型参数的梯度运算，得

$$\boldsymbol{H}=\boldsymbol{G}^{\mathrm{T}}\boldsymbol{C}_d^{-1}\boldsymbol{G}+(\nabla\boldsymbol{G})^{\mathrm{T}}\boldsymbol{C}_d^{-1}[\boldsymbol{f}(\boldsymbol{m}^{(l)})-\boldsymbol{d}]+\boldsymbol{C}_m^{-1} \tag{5.101}$$

式中的二阶导数项$\nabla\boldsymbol{G}$ 在实际工作中难以计算，我们可以忽略上式中第二项的影响。

5.7.2 子空间中的反演

在某个 N 维模型子空间中，我们引入 n 个 N 维基矢量 $\boldsymbol{a}^{(1)},\boldsymbol{a}^{(2)},\cdots,\boldsymbol{a}^{(n)}$，构成一个投影矩阵 $\boldsymbol{A}$：

$$A_{ij}=a_i^{(j)},i=1,2,\cdots,N;j=1,2,\cdots,n \tag{5.102}$$

我们利用基矢量 $\boldsymbol{a}^{(1)},\boldsymbol{a}^{(2)},\cdots,\boldsymbol{a}^{(n)}$ 张成的空间来构造模型的变化量：

$$\Delta\boldsymbol{m}=\sum_{j=1}^{n}\mu_j\boldsymbol{a}^{(j)}=\boldsymbol{A\mu} \tag{5.103}$$

式中，系数 $\mu_j(j=1,2,\cdots,n)$ 为模型变化量在基矢量上的展开系数或投影系数，也可称为扰动系数。将上式代入式(5.99)，得

$$\begin{aligned}\varphi[\boldsymbol{m}^{(l)}+\Delta\boldsymbol{m}]&=\varphi(\boldsymbol{m}^{(l)})+\boldsymbol{g}^{\mathrm{T}}\sum_{j=1}^{n}\mu_j\boldsymbol{a}^{(j)}+\frac{1}{2}\left(\sum_{j=1}^{n}\mu_j\boldsymbol{a}^{(j)}\right)^{\mathrm{T}}\boldsymbol{H}\left(\sum_{j=1}^{n}\mu_j\boldsymbol{a}^{(j)}\right)\\&=\varphi(\boldsymbol{m}^{(l)})+\sum_{j=1}^{n}\mu_j\boldsymbol{g}^{\mathrm{T}}\boldsymbol{a}^{(j)}+\frac{1}{2}\sum_{j=1}^{n}\sum_{k=1}^{n}\mu_j\mu_k(\boldsymbol{a}^{(k)})^{\mathrm{T}}\boldsymbol{H}\boldsymbol{a}^{(j)}\end{aligned} \tag{5.104}$$

从式(5.103)和式(5.104)可以看出，求取模型参数的变化量或修改量的问题，可转化为求取投影系数 $\mu_j(j=1,2,\cdots,n)$的最小值问题。为此，对式(5.104)，令$\partial\varphi/\partial\mu_j=0$，可得

$$\boldsymbol{g}^{\mathrm{T}}\boldsymbol{a}^{(j)}+\sum_{k=1}^{n}\mu_k(\boldsymbol{a}^{(k)})^{\mathrm{T}}\boldsymbol{H}\boldsymbol{a}^{(j)}=0 \tag{5.105}$$

将所有 $j=1,2,\cdots,n$ 的方程组合起来，并引入投影矩阵，有

$$\boldsymbol{A}^{\mathrm{T}}\boldsymbol{g}+\boldsymbol{A}^{\mathrm{T}}\boldsymbol{H}\boldsymbol{A}\boldsymbol{\mu}=\boldsymbol{0} \tag{5.106}$$

由此可以求出每个子空间的扰动系数：

$$\boldsymbol{\mu}=-(\boldsymbol{A}^{\mathrm{T}}\boldsymbol{H}\boldsymbol{A})^{-1}\boldsymbol{A}^{\mathrm{T}}\boldsymbol{g} \tag{5.107}$$

值得注意的是，上式的海森矩阵是子空间中的一个较小的 $n\times n$ 矩阵，对基矢量 $\boldsymbol{a}^{(1)}$，$\boldsymbol{a}^{(2)}$，…，$\boldsymbol{a}^{(n)}$ 来说，是一个比较敏感的良态矩阵。

可以通过反投影的方式，将模型变化量 $\Delta\boldsymbol{m}$ 复原回来。根据式(5.103)，$\Delta\boldsymbol{m}$ 可以表示为

$$\Delta\boldsymbol{m}=-\boldsymbol{A}\left[\boldsymbol{A}^{\mathrm{T}}(\boldsymbol{H}_0+\boldsymbol{C}_m^{-1})\boldsymbol{A}\right]^{-1}\boldsymbol{A}^{\mathrm{T}}\boldsymbol{g} \tag{5.108}$$

其中，$\boldsymbol{H}_0=\boldsymbol{G}^{\mathrm{T}}\boldsymbol{C}_d^{-1}\boldsymbol{G}$ 表示式(5.101)中海森矩阵的第一项。上式，让我们回想起 3.3 节中的马夸特(Marquardt)法，只不过 $\boldsymbol{C}_m^{-1}$ 不是一个对角矩阵。

基矢量 $\boldsymbol{a}^{(j)}$ 与下降方向矢量(目标函数梯度)$\boldsymbol{g}$ 及其变化率有关，所以式(5.108)就是式(5.99)对应的极值解。由此可以看出，一旦从式(5.108)中计算得到一个模型修改量 $\Delta\boldsymbol{m}$，就可以产生一个新的模型 $\boldsymbol{m}^{(l+1)}=\boldsymbol{m}^{(l)}+\Delta\boldsymbol{m}$，然后从新的 $\boldsymbol{m}^{(l+1)}$ 出发，估计新的 $\Delta\boldsymbol{m}$，构造新的模型，重复上述过程，直到满足迭代终止条件。

5.7.3 多种类型参数的子空间反演

上述的子空间反演方法，既可以用于同一类型参数的反演，也可以用于多个不同类型参数的反演，只要能选择一组合适的基矢量 $\{\boldsymbol{a}^{(j)}\}$ 即可。当我们有多个不同类型的参数集时，模型空间就变成了多个子空间的积 $\mathbb{M}=\mathbb{M}_A\times\mathbb{M}_B\times\mathbb{M}_C\times\cdots$，我们就必须面对参数的尺度问题。当我们改变不同模型参数的物理单位的相对大小(尺度)时，例如，长度单位 m 和 km，时间单位 ms 和 s，目标函数的梯度向量的方向就会发生改变。类似地，无量纲的参数，如果参考值的选择发生了变化，也会产生类似的尺度问题。为了推导模型空间的上升矢量(类似于目标函数的梯度矢量)，我们需要考虑协方差矩阵 $\boldsymbol{C}_m$ 作用于梯度上。值得一提的是，协方差矩阵具有相当显著的影响。通常，我们对 $\boldsymbol{C}_m$ 的了解是很贫乏的。如果 $\boldsymbol{C}_m$ 选择不当，会造成收敛缓慢，或者如果提前终止反演迭代过程，会导致模型解的偏差。

子空间反演提供了一个自然方式以利用目标函数 φ 对每一类参数的依赖性。我们区分每个参数类型对梯度向量的贡献，并表示为

$$\boldsymbol{g}=[\boldsymbol{g}_A,\boldsymbol{g}_B,\boldsymbol{g}_C,\cdots] \tag{5.109}$$

其中，$\boldsymbol{g}_A=\partial\varphi/\partial\boldsymbol{m}_A$，$\boldsymbol{g}_B=\partial\varphi/\partial\boldsymbol{m}_B$，……。请注意式(5.109)的表达，$\boldsymbol{g}$ 和方括号中的每个向量都是一个列向量，为了方便书写，将它们都写成水平形式的列向量。

如果我们每次集中于一类模型参数的反演，我们可以利用模型的协方差矩阵作用于梯度的分量上，在模型空间构造一个相应的上升矢量。这里所指的梯度分量，对应于某一特定参数类型，例如第 I 类模型参数。由此，我们定义第 I 类模型参数的上升矢量为

$$\hat{\boldsymbol{g}}_I=\boldsymbol{C}_m[\cdots,\boldsymbol{0},\boldsymbol{g}_I,\boldsymbol{0},\cdots] \tag{5.110}$$

对于如式(5.96)所定义的模型协方差矩阵，类似于上式，可以得到

$$\hat{\boldsymbol{g}}_A=[\boldsymbol{C}_{AA}\boldsymbol{g}_A,\boldsymbol{C}_{BA}\boldsymbol{g}_A,\boldsymbol{0},\cdots]$$
$$\hat{\boldsymbol{g}}_B=[\boldsymbol{C}_{AB}\boldsymbol{g}_B,\boldsymbol{C}_{BB}\boldsymbol{g}_B,\boldsymbol{0},\cdots]$$
$$\hat{\boldsymbol{g}}_C=[\boldsymbol{0},\boldsymbol{0},\boldsymbol{C}_{CC}\boldsymbol{g}_C,\boldsymbol{0},\cdots] \tag{5.111}$$
$$\cdots\cdots$$

在上式中，模型协方差矩阵非对角块用于处理那些互相耦合的模型参数类。例如，速度和密度这两种不同类型的参数是耦合的，一般情况下，速度越大，密度也越大。我们现在可以采用 P 个类型的上升矢量作为基矢量的方向，从而构造出：

$$\boldsymbol{a}^{(1)}=\|\hat{\boldsymbol{g}}_A\|^{-1}\hat{\boldsymbol{g}}_A,\boldsymbol{a}^{(2)}=\|\hat{\boldsymbol{g}}_B\|^{-1}\hat{\boldsymbol{g}}_B,\cdots\cdots \tag{5.112}$$

上式定义的不同类型参数的基矢量进行了归一化。式中的范数与式(5.95)的范数定义一致，因此：

$$\|\hat{\boldsymbol{g}}\|^2=\hat{\boldsymbol{g}}^{\mathrm{T}}\boldsymbol{C}_m^{-1}\hat{\boldsymbol{g}}=\boldsymbol{g}^{\mathrm{T}}\boldsymbol{C}_m^{-1}\boldsymbol{g}$$

且

$$\|\hat{\boldsymbol{g}}_A\|^2=\boldsymbol{g}_A^{\mathrm{T}}\boldsymbol{C}_{AA}^{-1}\hat{\boldsymbol{g}}_A$$

由于不同类型参数之间的互相耦合，如式(5.111)的情况，我们希望避免不同基矢量 $\boldsymbol{a}^{(j)}$ 之间的线性相关。这可以通过基矢量的正交化来达到，为此我们将式(5.112)中的第二个基矢量正交化：

$$\boldsymbol{b}^{(2)}=\boldsymbol{a}^{(2)}-\frac{\boldsymbol{a}^{(1)}\boldsymbol{C}_m^{-1}\boldsymbol{a}^{(2)}}{\boldsymbol{a}^{(1)}\boldsymbol{C}_m^{-1}\boldsymbol{a}^{(1)}}\boldsymbol{a}^{(1)} \tag{5.113}$$

然后，对 $\boldsymbol{b}^{(2)}$ 再进行归一化。通过上述操作，可以构造出 P 维的基矢量组，每一个基矢量都与相应模型参数类型的目标函数的变化相联系。

子空间法自适应性的好处，可以用图 5-8 来说明。我们假设模型参数有 A 和 B 两种类型，在 $\boldsymbol{m}^{(l)}$ 处，目标函数展开为一个二阶超曲面，可以用等值线表示。图中的虚线箭头方向指示典型的下降方向 $\boldsymbol{g}$，该方向垂直于等值线，为(负)梯度方向。沿虚线方向，目标函数的最小值在 $\boldsymbol{m}_1$ 处。我们将 $\boldsymbol{g}$ 按模型参数分解为 $\boldsymbol{g}_A$ 和 $\boldsymbol{g}_B$ 两部分，即 $\boldsymbol{g}=[\boldsymbol{g}_A,\boldsymbol{g}_B]$，并按式(5.111)将 $\boldsymbol{C}_m$ 作用于 $\boldsymbol{g}_A$ 和 $\boldsymbol{g}_B$，得 $\hat{\boldsymbol{g}}_A$ 和 $\hat{\boldsymbol{g}}_B$。实线箭头表示使用 $\hat{\boldsymbol{g}}_A$ 和 $\hat{\boldsymbol{g}}_B$ 作为基矢量确定的模型修改量，指向最优模型 $\boldsymbol{m}_{\mathrm{opt}}$。由此可以看出，子空间法在下降方向上的改进是很明显的。

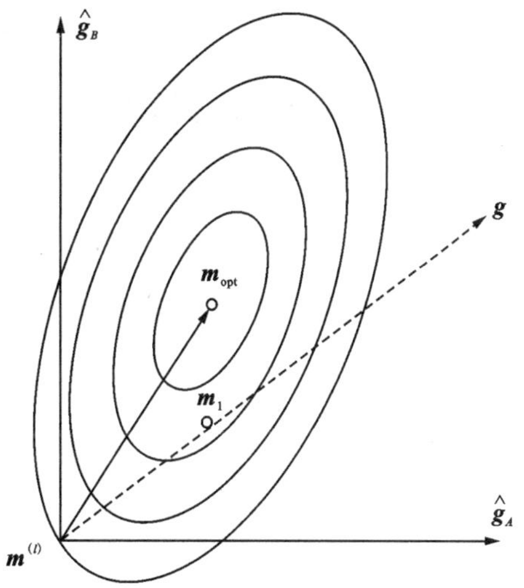

图 5-8　目标函数 φ 的二阶展开等值线表示与迭代方向

5.8 高斯-牛顿法

5.8.1 一元非线性方程的求解

设有一个非线性方程，形如

$$f(x)=0 \tag{5.114}$$

如何求解 x? 对于复杂的非线性方程，可以采用数值解法，最常用的数值解法为牛顿法，原理如下。

对方程(5.114)在 x_0 做一阶泰勒展开，有

$$f(x)=f(x_0)+f'(x_0)(x-x_0) \tag{5.115}$$

因为，$f(x)=0$，所以有

$$0=f(x_0)+f'(x_0)(x-x_0) \tag{5.116}$$

从而

$$x=x_0-\frac{f(x_0)}{f'(x_0)} \tag{5.117}$$

将上式改为迭代公式，有

$$x^{(k+1)}=x^{(k)}-[f'(x^{(k)})]^{-1}f(x^{(k)}) \tag{5.118}$$

上式即是著名的牛顿迭代求解非线性方程的基本公式。

5.8.2 多元非线性方程组的高斯-牛顿求解方法

设有一组 M 个 N 元(模型参数)非线性方程，为了与前述各章节的符号保持一致，改写成如下形式：

$$\begin{cases} f_1(m_1,m_2,\cdots,m_N)=0 \\ f_2(m_1,m_2,\cdots,m_N)=0 \\ \vdots \\ f_M(m_1,m_2,\cdots,m_N)=0 \end{cases} \tag{5.119}$$

为了简洁地表达上式，我们定义 $\boldsymbol{m}=(m_1,m_2,\cdots,m_N)$，$\boldsymbol{F}=(f_1,f_2,\cdots,f_M)$，则式(5.119)可以写为

$$\boldsymbol{F}(\boldsymbol{m})=\boldsymbol{0} \tag{5.120}$$

对上式在 $\boldsymbol{m}^{(0)}=(m_1^{(0)},m_2^{(0)},\cdots,m_n^{(0)})$处做一阶泰勒展开，有

$$\boldsymbol{F}(\boldsymbol{m})=\boldsymbol{F}(\boldsymbol{m}^{(0)})+\boldsymbol{F}'(\boldsymbol{m}^{(0)})[\boldsymbol{m}-\boldsymbol{m}^{(0)}] \tag{5.121}$$

其中

$$
\boldsymbol{J}=\boldsymbol{F}'(\boldsymbol{m}^{(0)})=\begin{bmatrix} \frac{\partial f_1}{\partial m_1} & \frac{\partial f_1}{\partial m_2} & \cdots & \frac{\partial f_1}{\partial m_N} \\ \frac{\partial f_2}{\partial m_1} & \frac{\partial f_2}{\partial x_2} & \cdots & \frac{\partial f_2}{\partial m_N} \\ \vdots & \vdots & \ddots & \vdots \\ \frac{\partial f_M}{\partial m_1} & \frac{\partial f_M}{\partial m_2} & \cdots & \frac{\partial f_M}{\partial m_N} \end{bmatrix} \tag{5.122}
$$

为 $M\times N$ 的 Jacobi 矩阵。

将式(5.120)代入式(5.121)，可推得

$$
\boldsymbol{J}(\boldsymbol{m}-\boldsymbol{m}^{(0)})=-\boldsymbol{F}(\boldsymbol{m}^{(0)}) \tag{5.123}
$$

因为 Jacobi 矩阵是一个 $M\times N$ 的长方矩阵，不能直接求解上式。我们在式(5.123)的两边同乘以 $\boldsymbol{J}^{\mathrm{T}}$，可得

$$
\boldsymbol{J}^{\mathrm{T}}\boldsymbol{J}(\boldsymbol{m}-\boldsymbol{m}^{(0)})=-\boldsymbol{J}^{\mathrm{T}}\boldsymbol{F}(\boldsymbol{m}^{(0)}) \tag{5.124}
$$

由此，可得

$$
\boldsymbol{m}=\boldsymbol{m}^{(0)}-(\boldsymbol{J}^{\mathrm{T}}\boldsymbol{J})^{-1}\boldsymbol{J}^{\mathrm{T}}\boldsymbol{F}(\boldsymbol{m}^{(0)}) \tag{5.125}
$$

将上式改为迭代公式，可得到高斯-牛顿法求解多元非线性方程组的解：

$$
\boldsymbol{m}^{(k+1)}=\boldsymbol{m}^{(k)}-(\boldsymbol{J}^{\mathrm{T}}\boldsymbol{J})^{-1}\boldsymbol{J}^{\mathrm{T}}\boldsymbol{F}(\boldsymbol{m}^{(k)}) \tag{5.126}
$$

下面我们给出一个高斯-牛顿法应用于反演的例子。设有在不同位置观测的一组 M 个数据 $d_1,d_2,\cdots,d_M$，它们与一组 N 个地下地球物理模型参数 $m_1,m_2,\cdots,m_N$ 之间有下列确定关系：

$$
d_i=f_i(m_1,m_2,\cdots,m_N)\quad(i=1,2,\cdots,M) \tag{5.127}
$$

令

$$
e_i=d_i-f_i(m_1,m_2,\cdots,m_N)\quad(i=1,2,\cdots,M) \tag{5.128}
$$

很显然，当一组模型参数 $m_1,m_2,\cdots,m_N$ 选择适当时，会使得

$$
e_i=0\quad(i=1,2,\cdots,M) \tag{5.129}
$$

就称 $m_1,m_2,\cdots,m_N$ 为我们反演的地球物理模型参数解。

为了简洁，令

$$
\boldsymbol{e}=(e_1,e_2,\cdots,e_M) \tag{5.130}
$$

很显然，模型参数 $\boldsymbol{m}=(m_1,m_2,\cdots,m_n)$ 与数据误差 $\boldsymbol{e}=(e_1,e_2,\cdots,e_m)$ 之间存在关系：

$$
\boldsymbol{e}=\boldsymbol{e}(\boldsymbol{m}) \tag{5.131}
$$

上式与式(5.119)或式(5.120)所表达的数学问题是相同的，因此可以用高斯-牛顿法求解。因此，式(5.131)的解为

$$
\boldsymbol{m}^{(k+1)}=\boldsymbol{m}^{(k)}-(\boldsymbol{J}^{\mathrm{T}}\boldsymbol{J})^{-1}\boldsymbol{J}^{\mathrm{T}}\boldsymbol{e}(\boldsymbol{m}^{(k)}) \tag{5.132}
$$

若给定初始地球物理模型参数 $\boldsymbol{m}^{(0)}$，就可以用上式通过迭代求出地球物理模型参数的解。

5.8.3 Levenberg - Marquardt 法

在实际应用中，$\boldsymbol{J}^{\mathrm{T}}\boldsymbol{J}$ 的逆矩阵$(\boldsymbol{J}^{\mathrm{T}}\boldsymbol{J})^{-1}$在大多数情况下是一个病态矩阵，在利用高斯-牛顿法求解中，会出现不收敛或者不稳定等问题。1944 年，Levenberg(1963)和 Marquardt 等给出了一个很奇妙的方法，即增加矩阵 $\boldsymbol{J}^{\mathrm{T}}\boldsymbol{J}$ 对角线上的值，增加求逆的稳定性，这就是在 3.3 节讲过的马夸特法，具体如下：

$$\boldsymbol{m}^{(k+1)}=\boldsymbol{m}^{(k)}-(\boldsymbol{J}^{\mathrm{T}}\boldsymbol{J}+\varepsilon\boldsymbol{I})^{-1}\boldsymbol{J}^{\mathrm{T}}\boldsymbol{e}(\boldsymbol{m}^{(k)}) \tag{5.133}$$

这里 ε 称为阻尼因子；$\boldsymbol{I}$ 称为单位矩阵。

ε 为大于 0 的数，具体值可通过实验确定。对于阻尼参数 ε 的最佳选择，人们提出了各种或多或少的启发式论证。ε 的值取决于初始问题的规模，Marquardt 建议从 ε_0 和因子 $\upsilon>1$ 开始。开始反演时，阻尼因子设置为 ε_0，并在迭代一步后计算残差平方和 $\boldsymbol{e}^{\mathrm{T}}\boldsymbol{e}$；如果残差平方和逐渐减小，然后每次迭代时令 $\varepsilon=\varepsilon/\upsilon$，即逐渐减小阻尼因子。如果残差平方和增加，则通过连续乘以 υ 来增加阻尼，直到找到更好的点，比如连乘 k 次，即 υ^k，来保证阻尼 $\varepsilon=\varepsilon\upsilon^k$。

上述控制阻尼参数的有效策略称为延迟满足(delayed gratification)，简言之，在目标函数上升(uphill)时增加 ε，下降时(downhill)大幅度减少 ε。该策略的理念是为了避免在优化的开始阶段下坡速度过快，从而限制未来迭代中可用的步骤，从而减慢收敛速度(Transtrum，et al.，2011)。大多数情况下，阻尼因子增加 2 倍和减少 33%被证明是有效的，但对于大型问题，更极端的值可能效果更好，如因子增加 1.5 倍和减少 20%(Transtrum and Sethna，2012)。

第 6 章　非线性随机反演

第 5 章中讲述的迭代类非线性反演方法，在搜索模型空间时，以某个初始模型开始，在迭代过程中以确定下一次迭代搜索的方向，由此反复递推，直至收敛到极值点。这类方法每一步的递推都依赖上一步的迭代结果，且需要计算梯度或者海森矩阵，整体上看，有着较高的效率，但这类方法也有着依赖初始模型和易陷入局部极值的缺点。

搜索模型空间的过程，本质上就是在模型空间抽样（采样）的过程。在模型空间抽样也可以采用随机搜索的方法。随机搜索的过程中，每次搜索都是随机确定一个新的模型，时间上顺序的两次搜索互相独立，不需要计算迭代方向，因而只要搜索的次数足够多，就不会陷入局部极值，具有发现和获得全局极值的能力。我们称依靠随机抽样或随机搜索来实现反演的方法为随机反演方法，这类方法由于具有发现全局极值的能力，也被称为完全非线性反演方法。本章将重点讲述蒙特卡洛法、模拟退火法、遗传算法和粒子群法 4 类非线性随机反演方法。

6.1　蒙特卡洛法

多数地球物理问题都是非线性问题。解决非线性问题的最好方法是非线性方法。与穷举法不同，蒙特卡洛（Monte Carlo）法在模型空间中不进行彻底搜索，而是随机搜索。有趣的是，实践表明，如果我们在模型空间中随机选择模型，寻找目标函数的总体极小，比规则地划分模型空间，求取模型的总体极小所需的计算时间要少。

蒙特卡洛法最早由数学家乌拉姆（Stanislaw Ulam）于 1946 年提出，被著名的数学家和计算机科学家冯·诺依曼（John Von Neumann）用于解决原子弹设计中的中子扩散问题。由于工作的保密性，需要对每一种方法都取一个代号，他们的同事，物理学家米特普力斯（Nicholas Metropolis）将其命名为蒙特卡洛法。蒙特卡洛是地中海北岸摩纳哥著名赌场的名字。这个名字有着双重含义：一是说赌博是一种数学上随机抽样的行为，其结果是概率的；二是因为乌拉姆的叔叔经常借钱到蒙特卡洛去赌博，用于取笑乌拉姆。在反演领域，人们将反演过程中任何一个阶段，用随机（或似随机）发生器产生模型的方法统称为蒙特卡洛法。它可以用于解决高次非线性、多参数、具有多个局部极小值的非线性反演问题。

蒙特卡洛法又分为传统的蒙特卡洛法和启发式蒙特卡洛法。传统的蒙特卡洛法又称为“尝试法（trial and error）”。这种方法是在计算中按一定的先验信息给出的先验约束随机地生成大量可选择的模型，计算其理论值，并将这些理论值与实际观测值进行比较，并用一些先验约束条件进行比较；如比较和检验符合某些可接受的标准，则模型被接受，否则被排斥。

传统的蒙特卡洛法之所以比穷举法现实，就在于它用随机抽样搜索代替了穷举法中的系统、彻底的搜索。传统的蒙特卡洛法在模型空间进行搜索时，需要产生具有各种概率分布的随机变量。最简单和最基本的随机变量是[0,1]区间上均匀分布的随机变量。这些随机变量的抽样值被称为随机数。

实际应用中，随机数都是在计算机中用某些计算公式产生的。这样速度快，占用内存少，而且便于重复计算。Von Neumann 建议了一种伪随机数的产生法叫“平方取中法”，具体算法是：将一个 $2r$ 位的实数平方后，掐头去尾取中间的 $2r$ 位，然后用 2^{2r}（对二进制数）去除，得到一个伪随机数。如此反复可以得到一个伪随机数序列。

“乘积取中法”是另一种生成随机数序列的方法。实现方法是：任选两个 $2r$ 位的初值，形成乘积，对乘积结果掐头去尾，取中间一段形成新的随机数。

目前，最常用的产生随机数列的方法是“乘同余法”和“乘同加法”。前者的递推公式为

$$\begin{aligned} x_{n+1} &= \lambda x_n \bmod M \\ \rho_{n+1} &= x_{n+1}/M \end{aligned} \tag{6.1}$$

后者的递推公式为

$$\begin{aligned} x_{n+1} &= (\lambda x_n + c) \bmod M \\ \rho_{n+1} &= x_{n+1}/M \end{aligned} \tag{6.2}$$

式中，mod 表示同余运算，例如，$A=B \bmod M$ 为 A 等于 B 被 M 整除后的余数；$x_n=0$ 是初值，c 为增量；c、λ、M 均为正整数。

随机抽样法还有许多种，如变换抽样法、舍选抽样法、极限近似法等，读者若有兴趣，可以查阅有关资料。需要指出的是，采用的抽样法不同，蒙特卡洛的收敛速度和误差也不相同。

下面我们介绍一个基于蒙特卡洛法反演地球物性参数的例子。这是第一个地球物性参数成功反演的例子(Press，1968)，其基本算法是：在一定先验信息的基础上，给定地球物性参数的变化范围，然后在这一范围内随机生成模型，并计算其理论值，以及该理论值与实际观测值之间的误差，再按原先设计好的判断标准，决定该模型是否接受或排斥，反演流程如图 6－1 所示。

Press 共反演 3 个地球物理参数：纵波速度 α(km/s)、横波速度 β(km/s)和密度 ρ(g/cm^3)。他将地球沿半径分为 23 个不同深度的区，共 $23\times3=69$(个)模型参数。观测数据为地震纵、横波旅行时和地球自由振荡的 97 个特征周期数据。Press 随机生成 500 万个模型进行计算，并与实际观测值进行比较，最后有 6 个模型满足全部检验，成为可接受的模型。图 6－2 分别是 Press 求出横波速度 β 和密度 ρ 值随地球半径的分布曲线，以及容许的上下边界。图中也给出了“标准”模型，实际上，这是 6 个可接受模型的平均值。

值得提出的是，Press 反演法不是求目标函数小于某一给定值的满意解，而是看求得的模型是否满足先验的约束条件；不是求某种意义下的确定解，而是在承认它们的非唯一性的前提下，求得满足先验约束条件的解集。

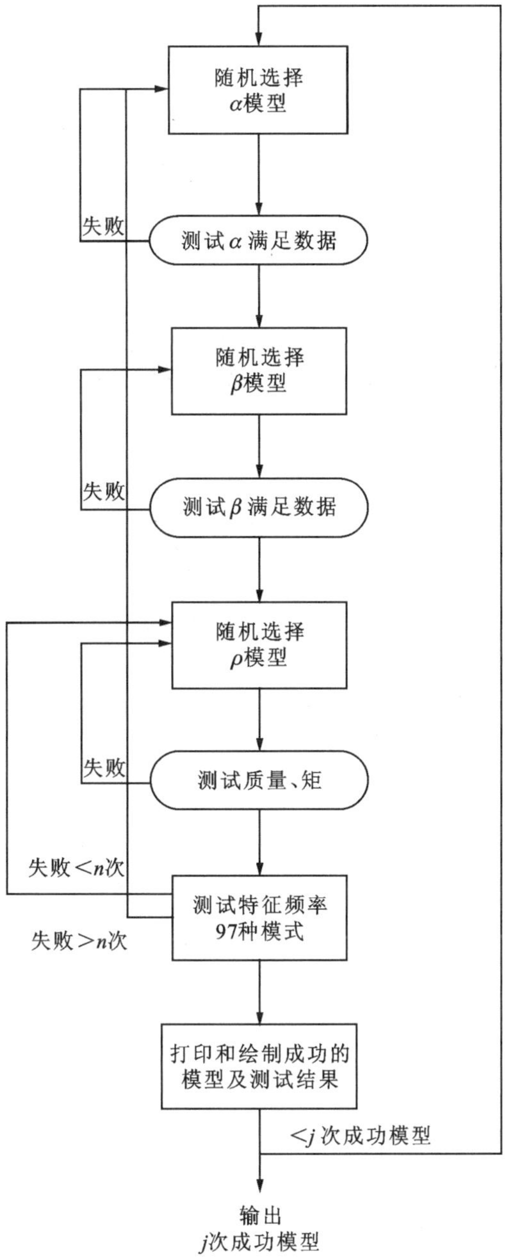

图 6-1　Press 用于一维地球物性参数反演的蒙特卡洛算法

由此可见，蒙特卡洛法的适应性很强，受反演问题的条件限制少。不管多么复杂的非线性问题.不管其维数多高，非线性程度多大，蒙特卡洛法都可以使用，都可以获得满足约束条件的模型解集。由于蒙特卡洛法的收敛速度与问题的维数(及反演参数的个数)无关，因此，特别适宜于大规模、多参数问题的反演。蒙特卡洛反演法易于编程，便于理解，占用内存少，容易实现。但是，蒙特卡洛法仍不能保持搜索彻底性，不能充分暴露模型空间。因此，谁也

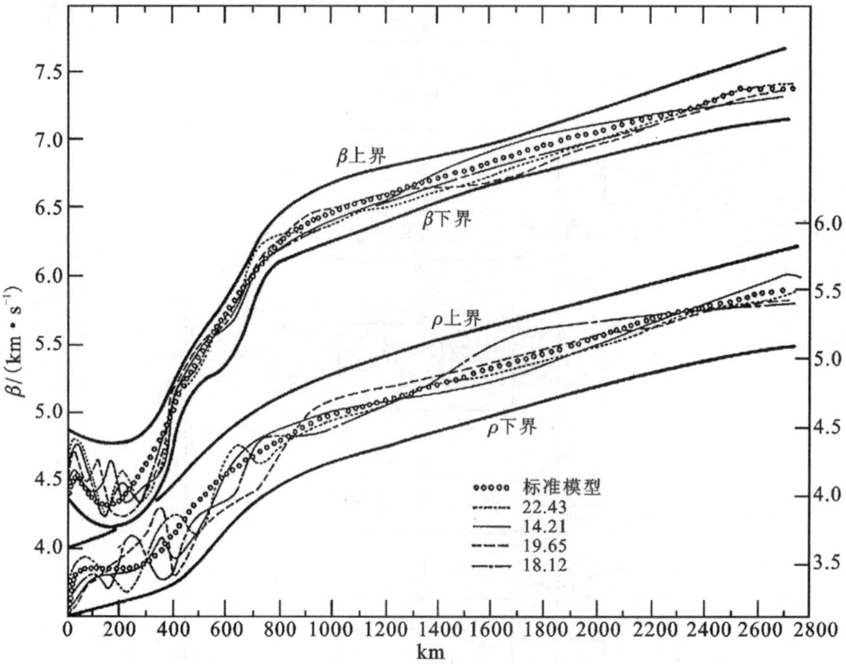

图 6-2　Press 反演出的地球横波速度 β 和密度 ρ 模型

不能保证所获得的结果已经“完全”满意了。蒙特卡洛法的致命弱点是计算工作量太大，收敛速度太慢，且拟合误差不确定，仅具概率性。

然而，随着地球物理观测资料的精度不断提高，反演方法不断改进，传统的蒙特卡洛法越来越不适应发展的需要。改进传统的蒙特卡洛法势在必行，改进的主要方向是摒弃完全的随机搜索，实现在一定先验知识引导下的有“方向”的随机搜索，即启发式蒙特卡洛法。这就是下面要讲的模拟退火法、遗传算法和粒子群法等。

6.2　模拟退火法

模拟退火法基于物理学和金属加工的退火理论。众所周知，加热，物质温度会升高，乃至熔化；冷却，温度降低，物质凝固。物理学中的退火是指加热一个物体或材料，直到达到退火温度，然后使其缓慢冷却以改变材料达到期望的分子结构的过程。退火过程，实质上是由大量分子组成的热力学分子系统，从高温到低温变化的过程，是物质的内部分子结构会发生显著变化的过程。这一退火过程有几个重要的特性。

(1)在高温状态下，物质不管是处于流体或是固体状态，物质的内能较高。内能是分子随机和无序运动程度的一个度量。温度越高，内能越大。高温情况下，物质内部分子的自由程较大。

(2)在退火的过程中,随着温度的降低,系统的能量(内能)随之减小,物体从熔融的液态向固态转变,物质内部分子的自由程逐渐减小。

(3)当温度降低到一定程度时,物质会发生凝固。凝固可形成晶体,多晶体或玻璃体。研究发现,当温度下降缓慢时,物质内的分子有充分的时间调整其状态,分子有序排列,可以形成晶体;当温度下降过快时,物质内的分子没有充分的时间调整其状态,分子无序排列,形成玻璃体。

(4)晶体状态下,总体上物质的内能最低,玻璃态物质的内能高于晶体物质的内能。

(5)分子的热运动,既可以在气体、液体中发生,也可以在固体中发生。物质体系中每个分子的状态及其能量服从玻尔兹曼分布(Boltzmann distribution),又称吉布斯分布(Gibbs distribution),具体为

$$P(r_i)=\frac{\exp\left(-\dfrac{E(r_i)}{k_B T}\right)}{\sum\limits_{j=1}^{M}\exp\left(-\dfrac{E(r_j)}{k_B T}\right)} \tag{6.3}$$

式中:r_i 为分子所处的第 i 种状态(或量子态);M 为分子所有可能的状态总数;$E(r_i)$为第 i 种分子状态的能量;k_B 为玻耳兹曼常数;T 为温度;$P(r_i)$为第 i 个分子状态的概率。从上式可以看出,物质内分子所处状态的概率,既取决于分子所处的状态,也取决于体系所处的温度。

在上述的 5 个特性中,我们可以看到,温度是一个至关重要的参数。

Kirkpatrik 等(1983)基于物理学的退火原理,发展了解决大规模组合优化问题的模拟退火方法。该方法的基本思想是:类比分子的状态为地球物理模型,所有可能的分子状态构成了地球物理模型空间;类比冷却后物质变成晶体时的分子状态(模型),即系统处于整体能量极小的状态(全局极值);而玻璃体或亚玻璃态的分子状态(模型),为系统处于能量局部极小的状态(局部极值)。我们把物理系统的能量作为最优化问题的目标函数,其能量达到最小,系统处于最优状态(最优模型)。在退火的过程中,将分子的随机运动视作反演过程中模型的随机搜索,在不断的降温过程中,反复随机产生或随机修改模型参数,使其满足吉布斯分布,寻找系统的最小能量状态,以获得对应的模型极值解。

理论上已经证明,当退火温度下降足够缓慢时,模拟退火法可以搜索到全局极值解。

模拟退火算法的基本步骤如下:

---

(1)设定能量函数(目标函数)$E(\boldsymbol{m})=\|\boldsymbol{d}-\boldsymbol{g}(\boldsymbol{m})\|$,给定初始状态(初始模型)$\boldsymbol{m}=\boldsymbol{m}^{(0)}$,设置初始温度 $T=T_0$,计数器 $K=0$,设定终止条件。

(2)循环执行步骤(2)和步骤(3)。

随机搜索模型空间,获得一个新的模型 $\boldsymbol{m}^{(k+1)}$;

$$计算\ \Delta E=E(\boldsymbol{m}^{(k+1)})-E(\boldsymbol{m}^{(k)}) \tag{6.4}$$

如果 $\Delta E<0$,接受模型参数 $\boldsymbol{m}^{(k+1)}$

否则,

$$计算概率\ P=a\exp\left(-\frac{\Delta E}{k_B T}\right) \tag{6.5}$$

如果概率 $P>\text{rand}(0,1)$，接受模型参数 $\boldsymbol{m}^{(k+1)}$

(3)判断是否满足终止条件，输出当前模型作为最优模型，终止计算。

(4)开始温度循环，逐渐降低温度，返回步骤(2)。

在上述算法中，温度的降温过程，根据前人的研究，一般有3种形式。

(a)几何降温规则。

$$T^{(k+1)}=\alpha T^{(k)} \tag{6.6}$$

式中，k 表示迭代次数；α 表示温度下降系数，通常取值在0.9～0.99之间。

(b)缓慢降温规则。

$$T^{(k+1)}=\frac{T^{(k)}}{1+\beta T^{(k)}} \tag{6.7}$$

式中，β 为一个大于零的常数，可根据需要在0.1～0.3之间选择。

(c)指数降温规则。

$$T^{(k)}=T_0\gamma^k \tag{6.8}$$

式中，γ 表示温度衰减系数，通常取值在0.9～0.99之间，右端项上的 k 表示次方，与迭代次数同值。

步骤(2)中的函数 rand(0,1)表示产生一个在区间[0,1]的随机数，如果概率 P 大于这个随机数，就接受模型 $\boldsymbol{m}^{(k+1)}$。这一接受模型的条件，保证了在小概率的情况下，不计较目标函数值变大(对应一个“坏”的解)，可转移出(跳出)局部极值区，从而有机会在后续的随机搜索中找到全局极值。这是模拟退火算法保证收敛到全局极值的重要条件。

从式(6.5)可以看出，温度 T 是一个重要的控制参数，玻尔兹曼常数 k_B 只起一个尺度因子的作用，实际应用时可取为1。显然，T 较小时，造成低温时不易接受新的模型，这相当于物体在低温时分子被束缚在平衡位置附近，其分子自由程较小。

步骤(3)中的终止条件通常设计为：在降温过程中一般保留所搜索到的3～5个最小目标函数值所对应的模型，如果这些模型之间的距离较小，且目标函数值差别不大，即可把这些模型进行平均以作为最优模型解。

另外，步骤(2)中有两处为在模型空间中的随机采样行为。第一是新模型的产生，或者旧模型的修改，均是随机的；第二是在 $\Delta E>0$ 的情况下接受模型的条件是概率大于一个随机数，这也是一个在模型空间中进行随机搜索的行为。由此，我们可以看到，模拟退火法在本质上仍然是蒙特卡洛法，只不过模拟退火的随机搜索，在温度的控制下，总体上朝着全局极值的方向前进。因此，这是一种启发式反演方法。

下面我们通过一个例子来说明，模拟退火法可以通过随机搜索模型空间找到全局极小。图6-3是一个一维情况下的目标函数，目标函数 $\varphi=\varphi(x)$ 有两个极小值点，$x=3$ 和 $x=7$，其中 $x=3$ 是全局极小点。我们希望用模拟退火法求得目标函数 $\varphi(x)$ 的总体极小。图6-4

表明，当温度 $T=1$ 时，概率 $P(x)$ 有两个极大值，分别对应目标函数 $\varphi(x)$ 的两个极值点 $x=3$ 和 $x=7$，这两个极值点，实际上对应着分子的两个低能量状态。当温度降低至 0.2 时，$P(x)$ 表现为第一个极值很大，而第二个极值很小；当温度进一步降低至 0.02 时，$P(x)$ 仅留一个极大值，即 $x=3$ 时相应的目标函数的总体极小。从图 6－4 上可以得出结论，只要退火的温度下降得足够慢，随机搜索的次数足够多，找到高概率的目标函数全局极值是完全可能的。

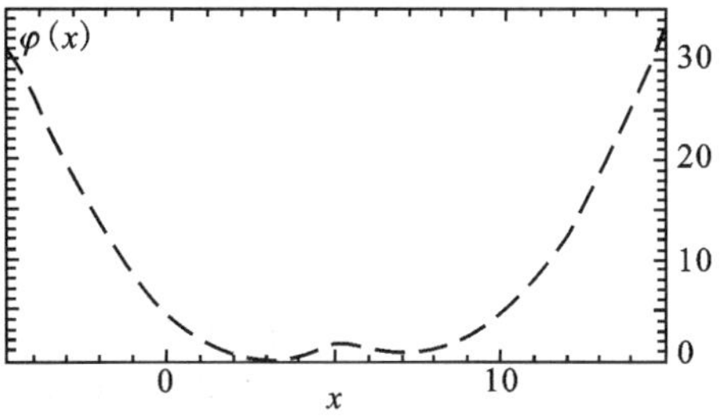

图 6－3　一维目标函数的例子

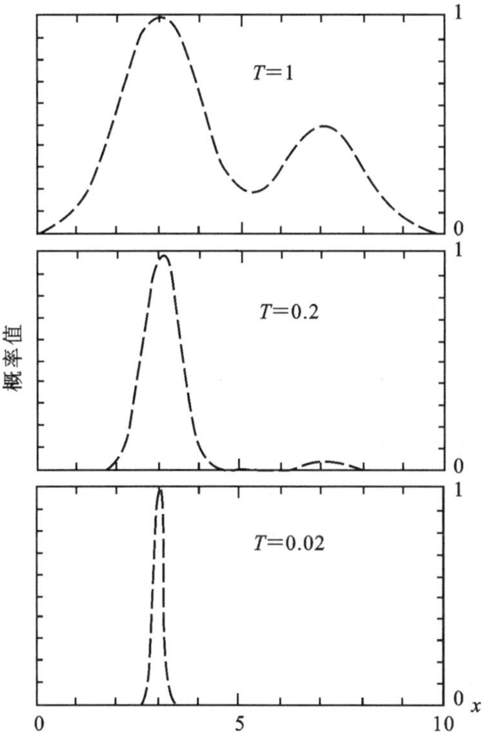

图 6－4　与图 6－3 相应的温度 $T=1$，0.2 和 0.02 时模型参数的相对概率分布

模拟退火法在进行模型空间的随机搜索和修改模型参数时有两种实现，即 Metropolis 算法（简称 MSA）和 Heat Bath 算法（简称 HBSA）。MSA 算法可在全空间自动搜索，新模型是随机产生的，且所有模型参数一起修改；而 HBSA 算法则是把模型参数轮换修改，当然也是随机修改。两种算法本质上是一致的，但研究表明，HBSA 的计算效率比 MSA 高，特别是在已知某些模型参数的情况下，由于模型空间的缩小，计算效率就进一步提高了。

MSA 算法在新的模型搜索时按照下式进行：

$$\boldsymbol{m}^{(k+1)}=\boldsymbol{m}^{(\min)}+\mathrm{rand}(0,1)[\boldsymbol{m}^{(\max)}-\boldsymbol{m}^{(\min)}] \tag{6.9}$$

也可在第 k 次接受的模型基础上修改得到

$$m^{(k+1)}=m^{(k)}+\alpha \mathrm{rand}(-1,1)\cdot \Delta m \tag{6.10}$$

上两式中，$\boldsymbol{m}^{(\min)}$和$\boldsymbol{m}^{(\max)}$为模型的下限和上限，$\Delta\boldsymbol{m}$表示模型修改量，rand(−1,1)为产生一个范围在区间[−1,1]的随机数，α为一个比例系数。

HBSA产生新模型的方法是，在某个温度下，经过k次随机搜索后有一个模型$\boldsymbol{m}^{(k)}=[m_1^{(k)},m_2^{(k)},\cdots,m_N^{(k)}]$。在保持$m_2^{(k)},\cdots,m_N^{(k)}$固定的情况下，随机搜索得到一个或一组$R$个$m_1^{(k)}$，按式(6.5)计算概率，并选择概率最大的$m_1^{(k)}$为其新值，即为$m_1^{(k+1)}$，从而得到$m_1^{(k+1)}$，$m_2^{(k)},\cdots,m_N^{(k)}$；然后，固定$m_1^{(k+1)},m_3^{(k)},m_4^{(k)},\cdots,m_N^{(k)}$，随机搜索$m_2^{(k)}$选择概率最大的$m_2^{(k)}$为其新值，即为$m_2^{(k+1)}$；依此类推，得到$m_N^{(k+1)}$，形成一个全新的模型$\boldsymbol{m}^{(k)}=[m_1^{(k)},m_2^{(k)},\cdots,m_N^{(k)}]$，称为一次迭代。

下面有两个大地电磁理论数据的反演例子，来展示模拟退火法反演效果。

例1 图6-5是K型3层大地电磁测深曲线用模拟退火法反演拟合的结果和目标函数变化曲线。其中图6-5(a)中的曲线表示理论值，方框表示拟合值。反演初始温度$T_0=0.05$，最大迭代次数为1000。模型的搜索空间见表6-1。图6-5(b)为目标函数误差衰减曲线。总的来说，随着迭代次数的增大，拟合误差在不断减小。

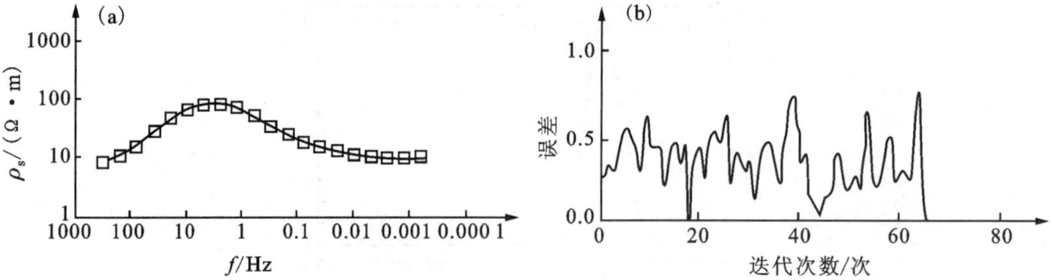

图6-5 K型3层地电模型的大地电磁测深曲线(a)及模拟退火法反演误差曲线(b)

表6-1 K型曲线模拟退火反演模型空间控制参数

层位	最小电阻率 $\rho_{\min}/(\Omega\cdot m)$	最大电阻率 $\rho_{\max}/(\Omega\cdot m)$	电阻率增量 $\Delta\rho/(\Omega\cdot m)$	最小层厚 $h_{\min}/m$	最大层厚 $h_{\max}/m$	层厚增量 $\Delta h/m$
1	5	15	1	50	200	10
2	100	1000	100	500	3000	500
3	5	15	1			

例2 图6-6是一个5层大地电磁模型及其模拟退火反演结果。理论大地电磁模型的参数见表6-2中的第一行，对应的理论大地电磁测深曲线如图6-6(a)所示，使用了大地电磁特有的Bostick法、迭代广义反演GI和模拟退火SA三种不同的反演方法，进行了反演。反演结果参见图6-6(b)和表6-2中的第二～四行。从反演结果来看，模拟退火法反演精度最高。

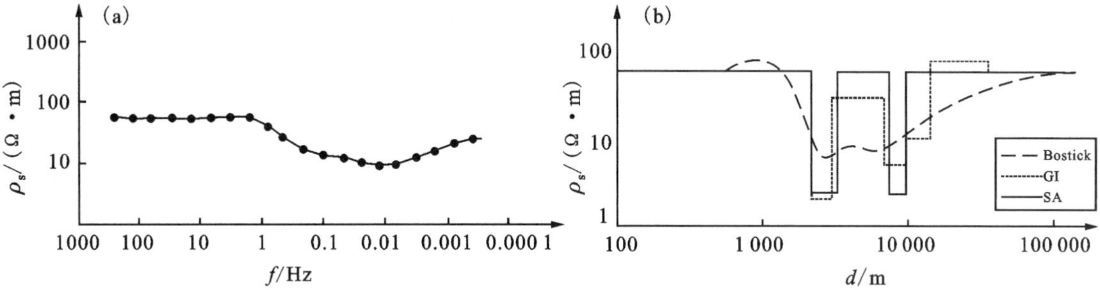

图 6-6　理论 MT 曲线 3 种方法的反演结果

(a)理论 MT 数据;(b)反演结果

表 6-2　5 层大地电磁理论数据 3 种反演方法结果比较

类型	ρ_1/(Ω·m)	ρ_2/(Ω·m)	ρ_3/(Ω·m)	ρ_4/(Ω·m)	ρ_5/(Ω·m)	h_1/m	h_2/m	h_3/m	h_4/m
真实模型	50.0	3.0	50.0	3.0	50.0	2000	1000	4000	2000
Bostick	52.0	7.0	10.0	9.0	59.0	1900	770	2830	6400
GI	50.0	3.0	56.1	3.2	50.1	2000	1000	3900	2150
SA	50.0	3.0	50.0	3.0	50.0	2000	1000	4000	2000

例 3　图 6-7 是某油田一口钻井附近的井旁电测深曲线。图中实线为实测数据,曲线为 HAKH 型 6 层曲线;模拟退火反演结果用虚线表示。除第一层由于频率所限不清楚以外,其余 6 层与钻井资料十分吻合(表 6-3)。

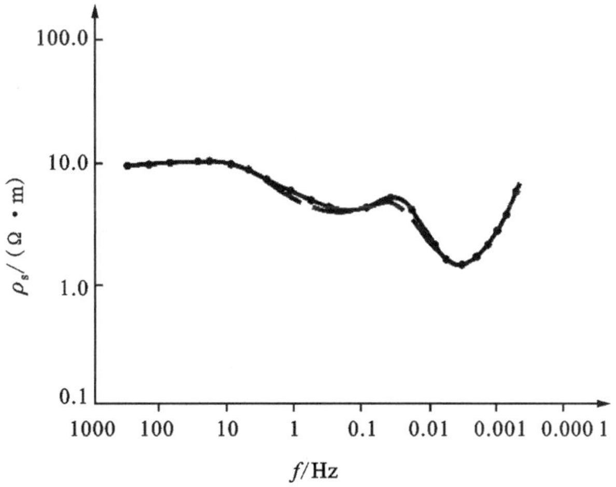

图 6-7　井旁大地电磁测深曲线模拟退火反演结果

表 6-3 井旁大地电磁测深数据模拟退火反演结果

地层编号	电阻率/(Ω·m)	层厚/m	地层与岩性
1	9.0	380	第四系
2	3.0	1900	古近系,砂砾岩
3	40.0	700	古近系,灰色泥岩
4	90.0	1500	古近系,深色泥岩、致密砂岩
5	0.5	2900	中生界,破碎带
6	200.0		前震旦系基底

6.3 遗传算法

模拟退火法是模拟物质的退火过程,而遗传算法则是模拟生物进化的自然选择和遗传过程。两者遵循的都是自然界的普遍规律。不过前者是物理学的规律,而后者是生物学"适者生存"的法则。

遗传算法最早是由 John Holland 于 1975 年提出来的一种非线性反演方法。它既不是仅依赖于目标函数梯度的一类非启发式反演法,也不是在模型空间进行完全、彻底的随机搜索的传统的蒙特卡洛法。与模拟退火法一样,它是一种在模型空间进行启发式搜索的非线性反演法。遗传算法除了应用于常规的地球物理反演问题和数学最优化问题之外,还可以应用于那些目标函数不连续、不可微分和高度非线性的问题,也可以应用于解决混合整数规划问题。

自然界中,生物进化的动力是遗传和自然选择。自然选择的法则是适者生存,优胜劣汰;而遗传是分子生物学意义上的通过基因的选择(selection)、交换(crossover)和变异(mutation)来实现的。通过父代的基因进行交换,形成新的子代。子代既具有父代遗传的特征,又与之不完全相同。这和人类社会中自然科学的发展完全相似,多学科交叉形成新的学科,人们的思想交流形成新的学派。因此交换是遗传算法的关键。没有交换,形不成与父辈不同的下一代,生物就不能进化,社会就得不到发展。尽管选择、配对是十分重要的,但是只有这一步并不能保证遗传的完美性,不能确保父代的不良基因不遗传给子代。换言之,子代不可能达到最优。所以还需基因的变异。

变异在遗传算法中,虽然不像选择、交换那样重要,但它仍然是必不可少的。变异也是随机地进行,但是变异也不能太多、太复杂,否则子代就不具有父代的特征。然而,没有变异也不行,没有变异,就没有了生物群体的多样性。

以上选择、交换、变异 3 个步骤构成了遗传算法的基本框架。为了实现这 3 个步骤,还必须考虑其他一些因素。

6.3.1 模型编码

在遗传算法中，不直接处理模型参数，而是对模型参数的二进制（或十进制）码进行操作。将待反演模型每一个参数的十进制表达式变成二进制编码，并将此二进制编码（或编码的组合）称为“染色体”。每一个（或几个）模型参数对应一条染色体。而在染色体上的每一位二进制代码代表一个“基因”。各二进制代码只能取 0 或 1。

当然，为了方便进行选择、交换、变异的运算，也可以将多个模型参数组合成一个二进制码串，相应于一条染色体。每一条染色体上的每一个二进制码相当于一个基因密码。通过基因的选择、交换、变异把地球物理反演与生物遗传联系起来，构成了所谓的遗传算法。

模型编码除了二进制编码外，也可以采用其他编码形式，例如十进制或四进制。显然，二进制编码更适合以二进制为基础的现代计算机运算。现以二进制代码为例，就如何实现模型编码加以说明。

例 1　设有一个 3 层地震模型，每层有地层厚度和地层速度 2 个参数，则总共有 6 个模型参数，分别为

$$h_1=6;h_2=18;h_3=28;\text{计量单位 10m}$$

$$v_1=16;v_2=24;v_3=30;\text{计量单位 100m/s}$$

其二进制编码参见表 6-4。

表 6-4　模型参数的二进制编码例子

参数	第一层	第二层	第三层	染色体编号
层厚 h	00110	10010	11100	1
速度 v	10000	11000	11110	2

显然，模型参数的二进制编码，是一种数字上的抽象，它改变了惯用的单位制，它只按精度要求（如这个例子中，深度以 10m 为计量单位，波速以 100m/s 为计量单位）来规定参数的码位，同时也意味着模型空间离散化间隔 Δm_i 都规格化为一个单位（即 10m 或 100m/s）。在这个例子中，表示层厚的 3 个模型参数组合称为一条染色体，表示速度的 3 个模型参数组合称为另一条染色体，这样在反演中共有两条染色体参与选择、交换、变异的运算。

例 2　设模型 $\boldsymbol{m}$ 具有 N 个参数，即

$$m=[m_1,m_2,\cdots,m_N]^{\mathrm{T}}$$

对每一个模型参数 $m_i(i=1,2,\cdots,N)$实现二进制编码。首先，假设根据先验信息，已知第 i 个模型参数的变化范围，设其上、下界分别为 $m_i^{\min}$ 及 $m_i^{\max}$，即

$$m_i^{\min}\leqslant m_i\leqslant m_i^{\max},\quad (i=1,2,\cdots,N) \tag{6.11}$$

其次，用间隔 Δm_i 将它们离散化，分成 L_i 段，使

$$\Delta m_i=(m_i^{\max}-m_i^{\min})/L_i \tag{6.12}$$

于是,所有允许的模型 m_i 都被限制在以下模型集中:

$$m_i = m_i^{\min} + j\Delta m_i, \quad (i=0,1,2,\cdots,N; j=0,1,2,\cdots,L_i) \tag{6.13}$$

这样,模型空间中可选的模型共有 k 个:

$$k = \prod_{i=1}^{N}(L_i + 1) \tag{6.14}$$

式中,N 为模型参数的个数。由此可见,k 决定于模型参数离散化间隔 Δm_i 及其变化范围 $m_i^{\min} \sim m_i^{\max}$。如果用 m_{ij} 表示第 i 个模型参数 m_i 的第 j 个取值,即

$$m_{ij} = m_i^{\min} + j\Delta m_i \tag{6.15}$$

显然,该取值在二进制码中的长度由第 i 个模型参数的范围和分辨力决定。

第 i 个模型参数共有 L_i+1 个可能的模型,统一编码如下。

$$\begin{array}{llll} m_{i0} = 00000000 & & m_{i0} = m_i^{\min} & \\ m_{i1} = 00000001 & & m_{i0} + \Delta m_i & \\ m_{i2} = 00000010 & & m_{i0} + 2\Delta m_i & \\ \vdots & \vdots & \vdots & \vdots \\ m_{iL_i} = 11111111 & & m_{i0} + L_i\Delta m_i & \end{array} \tag{6.16}$$

在这套编码中,如果每一个二进制码都选 0,则 m_i 对应于 $m_i^{\min}$;都选 1,则对应于 $m_i^{\max}$。这里 $i=0,1,2,\cdots,N$。

6.3.2 初始模型群体的产生

所有生物的进化都是发生在一个由多个生物个体组成的群体之内,或者多个群体之间。一个由多个生物个体组成的群体称为种群(population)。在遗传算法中,我们称每一个个体为一个模型,由多个模型组成的集合称为种群。在进化开始时,需要一个初始的有一定规模的种群。

初始模型群体(种群)需要随机产生。初始模型群体应该符合生物学繁衍的规则,其基本规则是:①种群的大小,可以根据一个模型所包含的模型参数的个数确定,模型参数越多,种群的规模应该越大;②种群中个体(模型)的基因越多样化越好,基因多样化的种群越有利于进化。典型的种群的大小为数百个或数千个个体(模型),这些个体或模型称为待选模型。

但是,种群规模(初始模型群体)过大时,需要较多的内存和计算量,适当地控制种群的规模,通过增加进化的代数来达到进化(寻优)的目的,也是可行的途径。

设种群的大小为 M,种群的每个成员可以按照如下的方式产生。

(1)对每一个模型参数 $m_i(i=1,2,\cdots,N)$,可用随机数发生器产生一个实数,并限制在范围 $m_i^{\min} \sim m_i^{\max}$ 中。

(2)将 N 个模型参数,按照式(6.16)进行二进制编码,并将这 N 个模型参数组合成一个个体(种群的一个成员)。

(3)反复进行步骤(1)和(2),形成 M 个个体。

(4)将 M 个个体组成一个种群。

6.3.3　选择和繁殖

生物进化过程的选择是指生物个体在种群中配对，以繁殖下一代为目的的基本行为。这种选择受生存环境(如食物、配偶、栖息地、气候等)的影响，基本表现就是适者生存，或者说适应环境能力高的个体有利于获得配偶和繁殖下一代的机会(概率)。为了在遗传算法中实现这种选择，我们定量化这种“适应环境的能力”，并称其为适值(fittness)。另外，实际的生存环境是多变和复杂的，个体的选择(配对)具有随机性。

在遗传算法中，选择就是在模型群体中，挑选 2 个模型进行配对以进行基因交换。选择时，模型空间中的每个个体(成员)都应有合理的繁殖机会。但是适应环境能力较高的个体，或者适值较高的个体，选择配偶的机会更大一些。

适值，即目标函数，通常定义为常见目标函数的倒数，具体地为

$$\varphi(\boldsymbol{m})=1/\|\boldsymbol{d}^{\mathrm{obs}}-\boldsymbol{d}^{\mathrm{cal}}\|=1/\|\boldsymbol{d}^{\mathrm{obs}}-\boldsymbol{g}(\boldsymbol{m})\| \tag{6.17}$$

较好的个体是指适值较大的个体，即观测数据与理论数据相差较小的个体。为了方便计算，我们将适值转化为选择概率。例如，我们选择 Q 个初始模型，并计算它们的适值：

$$\varphi(\boldsymbol{m}_k),k=1,2,\cdots,Q$$

记第 k 个模型的选择概率为 $P_r(\boldsymbol{m}_k)$，其计算方法如下。

(1)选择概率 $P_r(\boldsymbol{m}_k)$为适值 $\varphi(\boldsymbol{m}_k)$的线性函数。

$$P_r(\boldsymbol{m}_k)=a-b\varphi(\boldsymbol{m}_k) \tag{6.18}$$

式中

$$b=Q^{-1}(\varphi_{\max}-\varphi_{\mathrm{avg}})^{-1};a\geqslant b\varphi_{\max} \tag{6.19}$$

其中，$\varphi_{\max}$和 φ_{avg}分别为 Q 个初始模型的适值的极大值和平均值。

(2)选择概率 $P_r(\boldsymbol{m}_k)$为适值 $\varphi(\boldsymbol{m}_k)$的指数函数。

$$P_r(\boldsymbol{m}_k)=A\exp(-B\varphi(\boldsymbol{m}_k)) \tag{6.20}$$

式中

$$B=\varphi_0^{-1};A=\left[\sum_{k=1}^{Q}\exp(-B\varphi(\boldsymbol{m}_k))\right]^{-1} \tag{6.21}$$

其中，φ_0 为所有个体的适值($\varphi(\boldsymbol{m}_k),k=1,2,\cdots,Q$)的标准差。

将 Q 个模型编码并计算出适值($\varphi(\boldsymbol{m}_k),k=1,2,\cdots,Q$)之后，就可以根据式(6.18)或式(6.20)计算它们的概率，以决定那些父代模型能够进行繁殖。

6.3.4　交换

将 Q 个进行二进制编码后的初始模型随机地配对，组成 $Q/2$ 对“父母”。交换是父代模型的重组，可能将现有的搜索空间扩展到新的模型空间区域。交换完全模拟遗传过程中两条染色体的遗传基因交换过程。首先，将两个父代模型拷贝(复制)，然后，随机地从复制模型(染色体)中的一个交换点进行截断，截断后将父本和母本的低位段染色体互相进行交换形成新的两条染色体，即子代模型，如图 6-8 所示。图中交换点“*”在第三位和第四位之

间(按照二进制的位编号方式,从右至左)。交换前,父代为10 000和11 111;经交换后,子代为10 111和11 000。

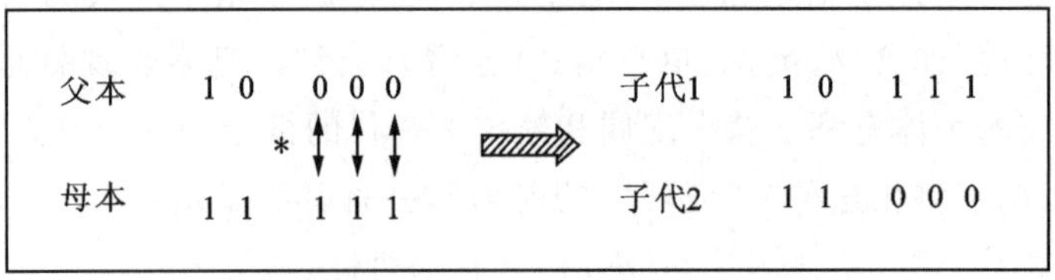

图6-8 一点交换示意图

一般来说,交换点所处的位数适度,两代模型差别就越大;位数较低或过高,两代模型差别就较小(当两个父代模型的最低位均是0或1时,交换的结果没有变化;或者只改变一点,仅差 Δm_i)。交换进行的原则;既可以完全随机,也可以根据交换概率的大小来进行。依据的原则不同,交换的结果就不同。由此可见,交换的实质是在模型空间进行大范围的搜索,充分暴露模型空间。遗传算法搜索出的模型空间,可能与预先约定的空间完全不同,甚至相差很大。因此遗传算法是一种非邻近区域搜索算法。

6.3.5 变异

在生物遗传过程中,变异是物种进化的重要因素之一。如果没有变异子代模型,不可能得到父代群体中不存在的基因。因而也就不可能出现强有力的甚至超出父代的进化。简单的变异方法是随机确定某一子代染色体(模型参数)二进制的某位0变成1,1变成0。例如,图6-9中"*"对应的一位就是变异位。

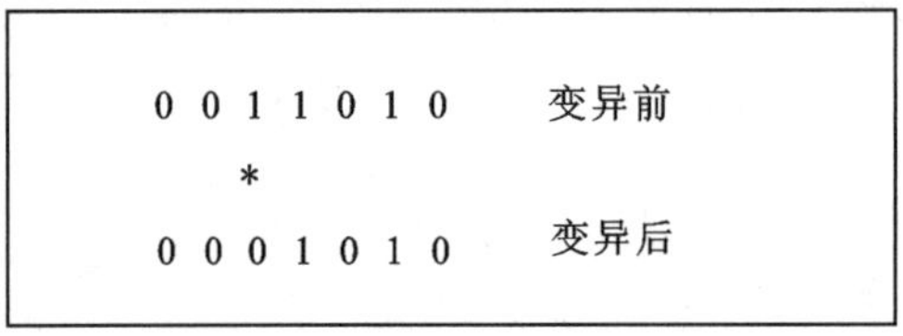

图6-9 变异示意图

在非线性反演中,变异是对模型空间进行更彻底搜索的重要手段。设变异概率为 P_m,选 $P_m \leqslant 1/l$,l 为模型参数二进制总位数。在遗传算法中,是否变异,按下式判断:

$$P_m > \text{rand}() \tag{6.22}$$

如果上式为真,进行变异,否则不变异。rand()是一个随机函数,其值的范围为[0,1]。

在遗传算法中,选择、交换和变异3个步骤各具其特殊功能。选择决定哪些父代模型能繁殖,其依据是目标函数的拟合度(适值);交换决定了模型中包含的基因遗传或重组;变异可以产生父代不具备的基因,形成父代没有的特征,使反演迭代更优化,其依据是变异概率 P_m。实际上,无变异的遗传是没有生命力的,其结果将使反演陷入局部极少;而变异概率过大的遗传，就类似于蒙特卡洛法完全随机的搜索。简单地说，变异必须有，但变异是小概率事件，且发生变异的模型参数不能多。

为了使读者对遗传算法加深理解，这里举一个简单的例子。设 m 是正整数，且 $0 \leqslant m \leqslant 127$。求方程：

$$\varphi(m)=m^2$$

的极大值。

上述问题是只有一个模型参数的反演问题。由于 $m<128$，可用 7 个二进字符串（$l=7$）实现编码。设种群规模为 $Q=4$，即有 2 对父母；取选择概率 $P_r(\boldsymbol{m}_k)=1.0$（全选）和变异概率 $P_m=0$（无变异）。若用式（6.18）的线性函数计算繁殖概率：

$$P_r(\boldsymbol{m}_k)=\frac{\varphi(\boldsymbol{m}_k)}{Q\varphi_{\text{avg}}} \tag{6.23}$$

其中，平均适值 φ_{avg} 也就是适值的期望值，小于它的模型不繁殖，大于它的繁殖。随机选择的 4 个初始模型及第一代的遗传见图 6－10。

k	m_k	二进制编码	$\varphi(m_k)$	$P_r(m_k)$	配对	交换点	子代	m_k
1	15	0001111	225	0.012	1	000*1111	0000101	5
2	70	1000110	4900	0.265	3	110*0101	1101111	111
3	101	1100101	10201	0.553	2	1*000110	1111000	120
4	56	0111000	3136	0.170	4	0*111000	0000110	6
	φ_{avg}		4616				6696	

图 6－10　第一代配对交换示意图

在初始模型种群中，有的繁殖概率很小（$P_r(m_1)=0.012$）。但对第一代没有舍去这个概率小的模型，只在配对时有意地将 P_r 最大的模型（$P_r(m_3)=0.553$）（$k=3$）配最小的（$P_r(m_1)=0.012$）的模型（$k=1$），同时把繁殖概率居中的两个模型（$k=2,4$）配对。为了清楚起见，我们用箭头指示将 $k=3$ 的模型移至 $k=2$ 的位置，以使 $k=2$ 和 $k=4$ 这一父代进行交换。同时，用箭头指出将 $k=3$ 的模型移至 $k=2$ 的位置，以便 $k=1$ 和 $k=3$ 这一对进行交换。在换位时，相应的二进字符串也要发生移动。配对后，下一步就是进行交换（交配）。图中用“＊”表示交换点。第一对交换点在二进制编码的第四位和第五位之间，也即将父代的两条染色体从第四位、第五位截断，并将截断后的低位段进行交换，其结果如相应的子代染色体所示（图中第 8 列）。同理，实现第二对的交换过程。

图 6－11 是第二代交换配对示意图。我们将两个选择概率 P_r 很小的模型（$k=1$ 和 $k=4$）剔除种群，因而提高了适值。但是由于剔除了 $k=1$ 和 $k=4$ 两个模型，所以只能用 $k=2$，$k=3$和 $k=3$，$k=2$ 组成两对父代模型，再进行交换。第一对父代模型的交换点随机选择在二进制字符串的第一位与第二位之间；第二对父代模型的交换点随机选择在第三位与第四位之间。交换后，得到 4 个子代模型。从结果看，$k=4$ 的子代模型就是最优解。

k	m_k	二进制编码	$\varphi(m_k)$	$P_r(m_k)$	配对	交换点	子代	m_k
1	5	0000101	25	0.0009	2	110111*1	1101110	110
2	111	1101111	12321	0.46	3	111100*0	1111001	121
3	120	1111000	14400	0.55378	2	1101*111	1101000	68
4	6	0000110	36	0.013	3	1111*000	1111111	127
	φ_{avg}		6696				11874	

图 6-11　第二代交换配对示意图

6.3.6　算法实现

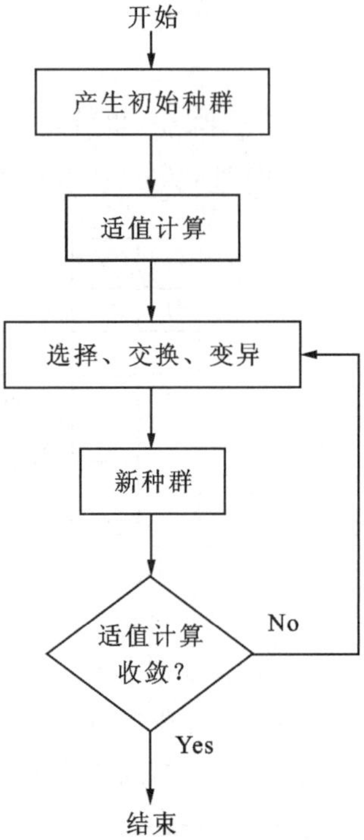

图 6-12　遗传算法逻辑结构图

图 6-12 是遗传算法的逻辑结构图。值得说明的是：①每一代个体的选择与交换可以在所有个体中发生，也可以在部分个体中发生；②在适值计算的时候，需要进行解码运算；③收敛的条件是种群内有多个个体的适值较大，且它们有接近的适值，或者说，它们之间的适值差很小。

下面给出一个基于理论地震数据用遗传算法反演裂隙各向异性参数的例子（何樵登和陶春辉，1995）。模型介质是一维含裂隙 EDA（extensive dilatation anisotropy）介质，裂隙分层垂直定向分布。每层的裂隙方位不同，相当于多层方位各向异性介质。计算时采用 3 层模型，各层的参数见表 6-5，其中每层的厚度都是 100m，各层的准裂隙密度 υ^2 和方位角均不同，其中：

$$\upsilon^2 = \frac{16}{3}\varepsilon\frac{\upsilon_P^2}{3\upsilon_P^2 - 2\upsilon_S^2}$$

式中，ε 为裂隙密度；υ_P 和 υ_S 分别为纵波和横波的速度。

正演时，震源函数为 $w(t)=e^{-t\beta^2}\cos 2\pi f_0 t$，其中 β 为衰减系数；f_0 为主频，取 40Hz；在 x，y 方向同时激发；t 为时间。

正演模型采用有限单元法合成一维双分量垂直地震剖面（VSP）波场，采样间隔 1ms，道间距 25m，共接收 10 道。由于震源为水平力，在 x，y 方向上观测不到 qP 波。图 6-13 是正演合成的 VSP 波场 x 分量记录，从图中可见到横波的分裂现象。

表 6-5　3 层裂隙模型的参数分布

层位	密度/(g·cm^{-3})	横波速度/(m·s^{-1})	准裂隙密度	裂隙方位角度/(°)	界面深度/m
1	2	2400	0.3	20	100
2	2.5	3000	0.1	45	200
3	3	3600	0.4	135	300

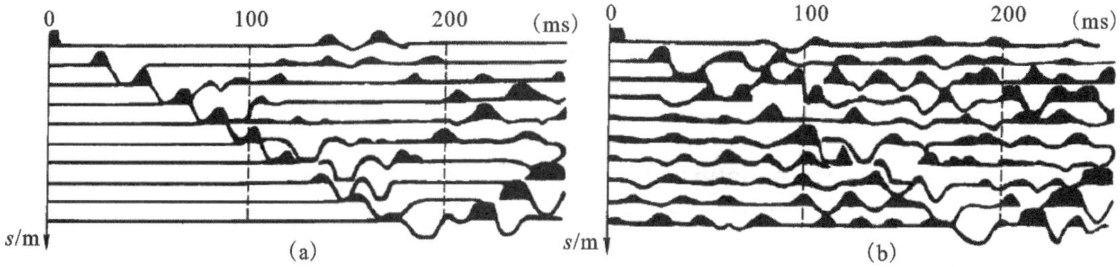

图 6-13 方位各向异性介质一维有限元合成 VSP 波场 x 分量记录

(a)无噪声;(b)信噪比为1

假设 $\boldsymbol{u}^{\mathrm{obs}}=\boldsymbol{u}^{\mathrm{obs}}(x,t)$ 和 $\boldsymbol{u}^{\mathrm{cal}}=\boldsymbol{u}^{\mathrm{cal}}(x,t)$ 分别是实际地震记录和理论地震记录,设计适值(目标函数)为

$$\varphi=1-\frac{\sum\limits_{x}\sum\limits_{t}|\boldsymbol{u}^{\mathrm{obs}}-\boldsymbol{u}^{\mathrm{cal}}|}{\sum\limits_{x}\sum\limits_{t}(|\boldsymbol{u}^{\mathrm{obs}}|+|\boldsymbol{u}^{\mathrm{cal}}|)} \tag{6.24}$$

求取各层的密度、横波速度、准裂隙密度和裂隙方位角,共12个模型参数。为了减少解的非唯一性,我们固定第一层的密度。图6-13(a)为无噪声数据的反演结果,如表6-6所示。从反演结果看,密度反演精度较低,最大误差为14.6%;而速度的反演误差小于3%;裂隙方位角反演精度也较高,最大误差为7%。

表 6-6 无噪声数据的反演结果

层位	密度/(g·cm^{-3})	横波速度/(m·s^{-1})	准裂隙密度	裂隙方位角度/(°)
1	2	2370	0.278	20.9
2	2.33	2970	0.1	41.7
3	2.56	3880	0.416	130.3

图6-13(b)是加噪声的合成 VSP 波场 x 分量记录,记录信噪比较低,很难用肉眼识别有效波。表6-7是用同样的方法反演含噪记录的结果。由表可见,反演精度明显下降,密度最大误差达21%,准裂隙密度最大误差达49%,裂隙方位角的最大误差达28%,但是波速的最大误差仅为4.4%。

表 6-7 含噪声数据的反演结果(信噪比为1)

层位	密度/(g·cm^{-3})	横波速度/(m·s^{-1})	准裂隙密度	裂隙方位角度/(°)
1	2	2350	0.24	25.6
2	3.02	3080	0.05	49.9
3	2.34	3440	0.346	133.3

6.4 粒子群法

粒子群法(particle swarm optimization,PSO)也是蒙特卡洛随机搜索算法的一种。由于粒子群算法的算法简洁,便于理解,目前也广泛应用于地球物理非线性反演中。1995 年 Kennedy 和 Eberhart 提出了粒子群法,通过模拟动物群体的社会行为,例如,鸟群觅食的行为,来解决非线性最优化问题和反演问题。

鸟群最重要的群体性行为是寻找食物源。如果一个区域中有多个食物源,鸟群倾向于搜寻最大的食物源(全局最优解)。鸟群在整个搜寻的过程中,通过相互传递或共享各自位置的信息,让所有的鸟知道食物源的最终位置,使整个鸟群都能聚集在食物源周围,即搜寻到了最优解。模拟上述鸟群的社会行为,即可用于求解非线性最优化问题。类似地,基于群居性动物的社会行为的最优化算法,还有蚁群算法、人工蜂群算法、鱼群算法、捕猎算法等,这些方法也被称为群智能算法。

粒子群算法的基本思想是将群体中的每一个个体称为粒子(候选模型),这些粒子依照某些简单的规则,在模型空间中运动,以搜索极值解对应的最优模型;粒子在模型空间中的运动,通过分享某些粒子或整个群体的最优位置(模型)信息,以指导每一个粒子运动的方向和速度。在运动的过程中一旦发现更优的位置,群体中的每个粒子及时修改自己的运动方向和运动速度,反复上述过程,就可以发现最优模型解。

我们假设一个群体共有 Q 个粒子,设第 i 个粒子的位置为 $\boldsymbol{x}_i$,其运动速度为 $\boldsymbol{v}_i$,对应的目标函数为 $\varphi(\boldsymbol{x}_i)$,记 $\boldsymbol{p}_i$ 为第 i 个粒子的已知的最佳位置,并记 $\boldsymbol{g}$ 为整个群体的已知最佳位置,则具体的粒子群的算法的伪代码实现如下:

随机产生每个粒子的位置 $\boldsymbol{x}_i$,并约束在边界内 $U(\boldsymbol{b}_{\text{low}},\boldsymbol{b}_{\text{up}})$

$\boldsymbol{p}_1=\boldsymbol{x}_1=\text{rand}()$　%随机给定第一个粒子的位置,并初始化为该粒子的最佳位置

$\boldsymbol{g}_{\text{best}}=\boldsymbol{p}_1$　%初始化群体最佳位置

for $i=2,\cdots,Q$　%初始化群体

　$\boldsymbol{p}_i=\boldsymbol{x}_i=\text{rand}()$　%随机初始化每个粒子的最佳位置

　If $\varphi(\boldsymbol{p}_i)<\varphi(\boldsymbol{g}_{\text{best}})$　$\boldsymbol{g}_{\text{best}}=\boldsymbol{p}_i$　%获得群体最佳位置

　$\boldsymbol{v}_i=\text{rand}(\boldsymbol{x}_i)$　%随机产生每个粒子的运动速度

end for

do　%开始最优解的搜索循环

　for $i=1,\cdots,Q$　%开始粒子循环

　　$r_p=\text{random}()$　%产生随机数,并约束在[0,1]

　　for $j=1,\cdots,D$

　　　$v_{ij}=wv_{ij}+c_pr_p(p_{ij}-x_{ij})+c_gr_g(g_j-x_{ij})$　%确定粒子的位置修改量

```
        end for
      end for
        x_i = x_i + v_i    %修改粒子的位置
      If φ(x_i) < φ(p_i) then
        p_i = x_i
        If φ(p_i) < φ(g_best)   g_best = p_i    %确定最优解
      end if
    while  满足迭代或最优解终止条件
    output g_best    %输出反演结果
```

在上列算法中，$\boldsymbol{b}_{\text{low}}$和$\boldsymbol{b}_{\text{up}}$分别为模型空间的下边界和上边界；$x_{ij}$和$p_{ij}$分别为第$i$个粒子位置和最佳位置的第$j$个分量，$v_{ij}$是第$i$个粒子中的第$j$个分量的运动速度；$c_p$和$c_g$分别为认知系数和社会性系数；$g_j$为群体最佳位置向量$\boldsymbol{g}_{\text{best}}$的第$j$个分量；$w$表示加权系数。在实际反演中，参数$w$、$c_p$和$c_g$可以通过实验来选择，这些参数决定了粒子群算法的效率。

粒子群算法的终止条件与遗传算法类似，如果群体中有多个粒子的目标函数值都接近于$\boldsymbol{g}_{\text{best}}$的目标函数值，或者说，它们目标函数之间的差值很小，可以终止算法执行；也可以设定目标函数的值小于某个给定的正的小常数，或者设定一个较大的迭代次数作为终止条件。

值得指出的是，粒子群算法在数学上还没有得到严格的数学证明，来确保在一定的条件下可以收敛到全局极值，但在实践中，多数情况下均能收敛到满意的解。在实际地球物理反演中，我们将粒子位置$\boldsymbol{x}_i$与其运动速度$\boldsymbol{v}_i$看作模型及其修改量$\Delta\boldsymbol{x}_i$，就可以进行反演了。

粒子群算法有以下几个特点：

(1)由于在算法中，粒子位置(模型)的修改是随机的，因此搜索模型空间的过程是一个典型的蒙特卡洛过程。

(2)搜索过程自发地收敛到全局最优解，因此也是启发式非线性反演算法。

(3)算法容易实现和并行化。

第7章　统计反演

实际的地球物理观测数据中都包含噪声和观测误差。如何在反演过程中消除噪声和误差的影响，是地球物理反演追求的目标之一。另外，在对这些包含噪声和误差的观测数据反演时，反演求出的最优模型解的可靠性如何？这也是地球物理反演所关心和解决的另一个目标。常规的线性和非线性反演，包括随机反演方法，都无法解决这两个问题。

在现实生活和数学理论中，我们观察世界可以有两个视角：一个是确定性的视角；另一个是概率的视角。在第2章到第6章中，主要是从确定性的视角来求解反演问题，所使用的反演方法都是确定性的反演方法，尽管我们在反演的方法，例如，蒙特卡洛类的随机反演方法中，使用了随机的概念和概率的方法，但在本质上，这些仍然是确定性的反演方法。

如果我们把实际的观测数据和要反演的模型参数，都看作随机变量或者随机过程，那么相应的地球物理反问题的求解，就可以从统计学的观点和方法来进行。在本章中，我们重点阐述贝叶斯统计反演的原理和实现方法。贝叶斯统计反演方法能有效地利用先验信息，在条件概率的框架下能比较容易地组合各种不同分辨率、不同精度、不同类型的数据源进行联合反演，还能在有噪声的情况下给出正确的结果并给出反演结果的不确定性。

7.1　贝叶斯推理

7.1.1　不确定性

在科学上认定的不确定性主要有两类：一类是事物固有的随机性造成的不确定性，称为随机不确定性或偶然不确定性(aleatory uncertainty)。譬如一个实验，即使每次的输入和条件都一样，但其结果每次都有差别。另一类是认知不确定性(epistemic uncertainty)，是由对事物的认识不全面或者对某些物理量和物理现象缺乏认识造成的不确定性。例如，实际的介质是黏弹介质，但在反演时，由于对实际介质的性质不了解，我们用理想弹性介质来刻画或描述地球介质，就会造成反演的结果具有不确定性。

认知不确定性可以通过进一步的研究，获取新的知识，来消除这种不确定性。认知不确定性既可能存在于我们的观测数据之中，也可能存在于数学物理关系之中。这里所说的数学物理关系，就是指观测数据与地球物理模型之间的数学关系。例如，我们的观测数据是在弹性地球固体介质上的观测数据，却应用声波波动方程去反演介质的速度参数，这显然与实际的介质不符。

下面我们来归纳一下在地球物理反演中可能遇到的一些不确定性的来源。

(1)数据不确定性主要有4类。第一类是仪器测量误差,由于仪器的不确定性,例如,电路热噪声造成采集到的数据有观测误差。第二类是自然原因引起的噪声,例如,由大风、暴雨、车辆运动等形成的随机和相干干扰噪声。第三类是数据的稀疏性,包括空间采样间隔和时间采样间隔太大造成的不确定性,例如,信号中的有效频率为400Hz,实际的采样频率才200Hz,造成高频信号信息丢失,从而导致不确定性。第四类是物理可变性,例如,在地震勘探中,每个炸药震源都会因为药量、井深、炸药的安置环境变化与另一炮点所激发的地震波的能量、波形等不一样。

(2)模型不确定性有两类。一类是模型与观测数据的数学物理关系与实际地球介质不符。例如,我们前边提到的,实际的介质是黏弹介质,但在反演时,由于对介质的性质不了解,我们用理想弹性介质来刻画或描述地球介质,就会造成反演的结果具有不确定性。另一类是反演求解的时候模型离散或模型近似程度不够造成的不确定性。

很显然,上述的数据和模型不确定性,都会对地球物理反演结果产生影响。如何度量这种不确定性?数学上主要有概率论、可能性理论和模糊集理论等方法。在本教材中,我们主要采用概率论方法来度量地球物理反演中所遇到的两种不确定性,重点关注由数据不确定性造成的模型参数反演结果的不确定性。

7.1.2 贝叶斯定理

有关概率的解释有两种:一种称为物理概率(physical probability);另一种称为主观概率(subjective probability)。理解这两种不同的概率解释,对我们理解贝叶斯定理十分重要。物理概率也被称为客观概率(objective probability)或频数,与随机的物理系统,诸如抛硬币、轮盘赌等相关。每次试验会发生一个事件(这个事件是样本空间中的一个子集),在很多次试验中,每个事件倾向于以一定的概率发生,这个概率也被称为相对频率。这些相对频率可以用物理概率来表示和解释。因此,物理概率仅仅被定义与随机试验的情况相关。经典的统计理论就建立在物理概率的基础之上。

主观概率,不是通过随机试验的可能结果(事件)来确定其概率,是人们对某一事件是否发生的信任程度(degree of belief)大小的评价或估计。主观概率的确定基于已有的知识和有效的证据,或者经验,定量化某一事件发生的概率。例如,人们根据今天温度和湿度变化的快慢,预测明天是否会下雨,以及下雨的概率。在实际的地球物理勘探中,受限于经费和工作量的限制,地球物理数据观测一般只进行一次,其不确定性的估计(例如,观测误差的概率或概率分布),只能运用主观概率来确定。Calvetti和Somersalo(2007)认为物理概率意义下的“随机性”就等价于主观概率意义下的“信息缺乏”。简单地说,主观概率是因为信息缺乏而做出的一种估计概率的方法,因而主观概率可以通过人们的知识积累和经验积累(逐渐减少信息缺失),逐渐地靠近物理概率。

使用主观概率解释有明显的好处,即使是确定性的量,也可以用人们对这些量的主观信任度通过概率分布来表示它。因此，概率分布可以赋予那些需要估计的(确定性)参数。这样的主观概率解释便于不确定性的传播，有助于在多个模型和尺度之间进行综合性的不确定性估计。

贝叶斯方法就是以主观概率为基础的，在信息缺失的情况下(例如，观测数据稀疏或某一数据的重复观测次数较少)，对部分未知的状态用主观概率估计，然后用贝叶斯公式对发生概率进行修正，最后给出事件发生的后验概率。前述的物理概率假设某些参数有确定性，可以通过置信区间来表达其不确定性，但这样的参数难以通过数学模型来传播其不确定性。贝叶斯方法解决了这个问题，用统计推理来实现不确定性的传播问题。

托马斯·贝叶斯(Thomas Bayes，1702—1761)为英国数学家，曾做过神甫，1742年成为英国皇家学会会员。贝叶斯在数学上的贡献主要在概率论方面。他首先将归纳推理法应用于概率论，创立了贝叶斯统计理论，对统计决策、统计推理、统计评价等做出了杰出的贡献。贝叶斯在世时，发表了两篇论文，其中于1763年发表在伦敦皇家学会哲学学报上的那一篇提出著名的贝叶斯公式的论文《论有关机遇问题的求解》(*Essay Toward Solving a Problem in the Doctrine of Chances*)却在其去世后的第二年才被发表。200多年后，经过许多数学家的不断发展与完善，贝叶斯公式，以及由此发展起来的一整套理论与方法，已经成为概率统计中的一个冠以“贝叶斯”名字的学派。

贝叶斯定理以条件概率为基础。设有 A 和 B 两个事件，其联合概率 $P(AB)$ 可以用下式表示：

$$P(AB)=P(A|B)P(B)=P(B|A)P(A) \tag{7.1}$$

其中，$P(A)$ 和 $P(B)$ 分别为事件 A 和事件 B 发生的概率；$P(A|B)$ 为在 B 发生的情况下 A 发生的概率；$P(B|A)$ 为在 A 发生的情况下 B 发生的概率。$P(A|B)$ 和 $P(B|A)$ 称为条件概率。一些文献中，联合概率也表示为 $P(A,B)=P(A\cap B)$。

考虑更复杂一点的情况，如果有一组互不包容的可能发生的事件 $A_i(i=1,2,\cdots,N)$，构成了事件的样本空间。令 B 也是样本空间的一个元素，表示其他可能发生的事件，且 $P(B)>0$，则下式成立：

$$P(A_i \mid B)=\frac{P(B \mid A_i)P(A_i)}{P(B)}=\frac{P(B \mid A_i)P(A_i)}{\sum_{i=1}^{N} P(B \mid A_i)P(A_i)} \tag{7.2}$$

上式被称为**贝叶斯定理**或**贝叶斯公式**。在上式中，我们假设所有事件 $A_i(i=1,2,\cdots,N)$ 发生的概率都已知，并称其为贝叶斯推理意义下的**先验概率**(prior probability)。若我们观察到事件 B 依赖于事件 A_i 的发生，其概率可以表示为 $P(B|A_i)$。反之，事件 A_i 在事件 B 的条件下所发生的概率 $P(A_i|B)(i=1,2,\cdots,N)$，被称为**后验概率**(posterior probability)，它可以通过如式(7.2)所示的贝叶斯定理计算出来。式(7.2)中右端项的分母描述了所有以 A 为条件的 B 的可能性，因而是一个常数，称为 B 的**全概率**(total probability)：

$$P(B)=\sum_{i=1}^{N} P(B \mid A_i)P(A_i) \tag{7.3}$$

这里通过一个例子来说明式(7.2)的物理和数学意义。设有一个地球物理模型可以用

一个(或一组)参数 A 来描述,参数 A 的取值有 N 种可能性,分别用参数 $A_i(i=1,2,\cdots,N)$ 来表示;我们在地表观测到一个(或一组)数据 B,它是地球物理模型参数的物理响应(映射),其数学物理关系为 $B=F(A)$。现在,在已知观测数据 B 的情况下,我们为了求出模型参数 A,假设模型参数 A 是随机变量,且其先验概率为 $P(A_i)(i=1,2,\cdots,N)$。由于 A 是一个随机变量,观测数据 B 受随机变量 A 的影响而变化,故可以将受 A 影响的 B 变化的程度用可能性来度量,称为在条件 A 下 B 的概率,记为 $P(B|A_i)$。如此,可以根据式(7.2)求出在观测数据 B 为条件下 A 的后验概率 $P(A_i|B)(i=1,2,\cdots,N)$。

一般而言,条件概率 $P(B|A_i)$ 被解释为在事件 A 发生条件下事件 B 发生的信任度(degree of belief)。值得指出的是,条件概率 $P(B|A_i)$ 并不要求事件 A_i 必然发生,也不要求 A 与 B 之间有因果关系(cause-consequence relationship)。例如,A_i 的发生不导致 B 的发生。因此,从物理的观点来看,这显然是毫无意义的。相反地,从信息论的角度或者纯数学的角度来看是有意义的,我们可以认为 $P(B|A_i)$ 是给定 A 的信息情况下 B 的可信性度量,而不需要知道 A 是不是真实发生过。上述有关条件概率的解释,我们称为"信息相关",而不是"因果相关"。因此,上述条件概率的解释就十分牵强,我们改称为"似然性"或"似然度"(likelihood)更贴切一点。在极端情况下,如果事件 A_i 发生意味着事件 B 发生,那么在 A_i 给出关于 B 的完整信息的情况下,$P(B|A_i)=1$;否则,当 A_i 不意味着 B,则 $P(B|A_i)=0$。

例如,一个公共汽车站,每天早上 7:00 到 7:30 的公共汽车出现的概率可以通过统计得到,一个公司职员每天在这个时间段乘坐公共汽车去上班,请问这个公司职员每次到达车站时公共汽车出现的概率?在这个例子中,可以看出公共汽车与职员的出现,没有任何因果关系,但我们仍然可以估计或计算在公司职员出现的情况下公共汽车出现的概率。

在实际工作中,事件 A 和事件 B,既可以是离散随机变量,也可能是连续随机变量。如果 A 和 B 都是离散随机变量,贝叶斯定理的表现形式为式(7.2);如果事件 A 为一个实值的连续随机变量,用 $x\in\mathbb{X}$ 表示,则全概率公式(7.3)可改写为

$$P(B)=\int_{\mathbb{X}}P(B\mid x)p(x)\mathrm{d}x \tag{7.4}$$

其中,$p(x)$ 是连续随机变量 x 的概率密度函数。对应的贝叶斯定理可以改写为

$$p(x\mid B)=\frac{P(B\mid x)p(x)}{\int_{\mathbb{X}}P(B\mid x)p(x)\mathrm{d}x} \tag{7.5}$$

当事件 A 和事件 B 都是连续随机变量时,即 $x\in\mathbb{X}$ 和 $y\in\mathbb{Y}$,全概率公式可以改写为

$$p(y)=\int_{\mathbb{X}}p(y\mid x)p(x)\mathrm{d}x \tag{7.6}$$

其中,$p(y)$ 和 $p(y|x)$ 分别表示概率密度函数和条件概率密度函数。对应的贝叶斯定理可以改写为

$$p(x\mid y)=\frac{p(y\mid x)p(x)}{\int_{\mathbb{X}}p(y\mid x)p(x)\mathrm{d}x} \tag{7.7}$$

7.1.3 概率框架下的反演问题

在地球物理中，正演问题就是在已知地球物理模型、某些输入信息和观测系统的情况下，依照某些确定的物理定律来计算或预测地球物理场的问题。其中，地球物理模型就是指由地下分布的岩石或土壤的物理性质(弹性、电性、磁性、密度、热导率)所构成的数学模型或物理模型；输入信息一般指地球物理源和边界条件，例如震源等。以地震正演问题为例，就是由地下某区域的速度分布和密度分布所构成的地球物理模型，在震源激励(已知输入信息)的情况下如何计算出地震波场的问题。我们常用式(1.5)表达正演问题，为了能在数学关系中表达场源的影响，可以改写为如下形式：

$$\boldsymbol{d}=\boldsymbol{F}(\boldsymbol{m},\boldsymbol{s}) \tag{7.8}$$

式中：$\boldsymbol{m}$ 为模型参数组成的向量；$\boldsymbol{s}$ 为场源或外加输入向量函数；$\boldsymbol{F}$ 为模型参数 $\boldsymbol{m}$ 和观测数据 $\boldsymbol{d}$ 之间的数学物理关系，称为映射或算子，与具体的物理规律和观测系统有关。例如，我们认为地球介质是声学介质，则映射 $\boldsymbol{F}$ 为声波波动方程，满足胡克定律；如果认为地球介质是弹性介质，则映射 $\boldsymbol{F}$ 应为弹性波方程，满足广义胡克定律。在复杂情况下，模型和数据之间不具有显式关系，可以表达为如下的隐式关系：

$$\boldsymbol{F}(\boldsymbol{m},\boldsymbol{s},\boldsymbol{d})=\boldsymbol{0} \tag{7.9}$$

相对于正演问题，传统的反演问题定义为：基于有限的和含噪声的观测数据 $\boldsymbol{d}$，依照式(7.2)或式(7.5)求取地球物理模型 $\boldsymbol{m}$ 的过程。在上述的定义中，我们假定模型参数和观测数据之间的数学物理关系 $\boldsymbol{F}$ 和源的特征 $\boldsymbol{s}$ 都是确定的量，且已知。

然而，在实际工作中，我们不可能完全精确地知道模型参数和观测数据之间的数学物理关系 $\boldsymbol{F}$ 和源的特征 $\boldsymbol{s}$，它们都有某种程度的不确定性(参见 7.1.1 小节)，因而反演结果(模型 $\boldsymbol{m}$)也不可能精确。进一步，如果 $\boldsymbol{F}$ 和 $\boldsymbol{s}$ 也是未知的，或至少一部分是未知的，则反演问题可以扩大定义为：基于有限的和含噪声的观测数据，依照式(7.2)或式(7.5)求取地球物理模型 $\boldsymbol{m}$、数学物理关系 $\boldsymbol{F}$ 和源 $\boldsymbol{s}$ 的概率或概率密度函数(分布)的过程。下面我们举两个例子。

例 1 天然地震中，震源参数 $\boldsymbol{s}$(震中位置、深度、震级、发震时刻)和地下介质速度参数 $\boldsymbol{m}$(纵波速度、横波速度和密度)的联合反演问题。

例 2 实际的地震全波形反演中，如果对地下介质是何种类型的介质不清楚时，我们既需要反演地下介质模型参数，也需要确定地下介质是声波介质或是弹性波介质。如果是声学介质，数学物理关系 $\boldsymbol{F}$ 为声波方程，我们要反演的模型参数 $\boldsymbol{m}$ 包括纵波速度和密度；如果是弹性介质，数学物理关系 $\boldsymbol{F}$ 为弹性波方程，我们要反演的模型参数 $\boldsymbol{m}$ 包括纵波速度、横波速度和密度。

在第二个例子中，数学物理关系与地下介质模型密切相关。这种数学物理关系，也被称为数学物理关系模型。因此，在例 2 中，存在着数学物理关系模型选择的问题，为此，我们把数学物理关系模型(映射)的反演问题称为"模型类别选择"(model class selection)问题。

对于观测数据 $\boldsymbol{d}$ 的有限并包含噪声，且模型参数和观测数据之间的数学物理关系 $\boldsymbol{F}$ 和源 $\boldsymbol{s}$ 都具有某种程度的不确定性这类反演问题，贝叶斯方法都可以提供最合适和严格的概率框架来处理。在反演问题中，贝叶斯方法主要瞄准于估计模型参数的后验概率或后验概率密度。它的基本原理是：基于现有的数据，将关于模型参数的先验信息，通过贝叶斯定理将其转化为模型参数的后验信息。在下一节中，我们将详细讨论模型参数估计的贝叶斯推理过程。

在贝叶斯反演中，我们主要讨论模型参数的反演问题，较少涉及源的反演问题，不涉及“模型类别选择”的反演问题。

7.1.4　模型参数的贝叶斯推理

在统计反演中，地球物理反演的目标是估计出模型参数 $\boldsymbol{m}$ 及其不确定性——后验概率，基于式(7.8)和式(7.9)，并利用贝叶斯定理，可将反演问题用下式表达：

$$p(\boldsymbol{m}|\boldsymbol{d},\mathcal{F})=\frac{p(\boldsymbol{d}|\boldsymbol{m},\mathcal{F})p(\boldsymbol{m}|\mathcal{F})}{p(\boldsymbol{d}|\mathcal{F})} \tag{7.10}$$

式中，$\mathcal{F}$ 为模型参数 $\boldsymbol{m}$ 与观测数据 $\boldsymbol{d}$ 的数学物理关系(映射)类型，即待选的模型类别。

在上式中，源参数 $\boldsymbol{s}$ 没有出现在公式中。如果源参数已知，在反演中可以作为数据对待，可将其包含在观测数据 $\boldsymbol{d}$ 中；如果源参数未知，且需要估计源参数，可以将其包含到模型参数 $\boldsymbol{m}$ 中。当然，也可以写成显式形式，具体如下。

(1)已知源参数的情况：

$$p(\boldsymbol{m}|\boldsymbol{d},\boldsymbol{s},\mathcal{F})=\frac{p(\boldsymbol{d},\boldsymbol{s}|\boldsymbol{m},\mathcal{F})p(\boldsymbol{m}|\mathcal{F})}{p(\boldsymbol{d},\boldsymbol{s}|\mathcal{F})} \tag{7.11}$$

(2)源参数未知，且与模型参数同时估计的情况：

$$p(\boldsymbol{m},\boldsymbol{s}|\boldsymbol{d},\mathcal{F})=\frac{p(\boldsymbol{d}|\boldsymbol{m},\boldsymbol{s},\mathcal{F})p(\boldsymbol{m},\boldsymbol{s}|\mathcal{F})}{p(\boldsymbol{d}|\mathcal{F})} \tag{7.12}$$

如果已知模型参数和观测数据的数学物理关系，即确定了模型类别，则式(7.10)可以简化为

$$p(\boldsymbol{m}|\boldsymbol{d})=\frac{p(\boldsymbol{d}|\boldsymbol{m})p(\boldsymbol{m})}{p(\boldsymbol{d})} \tag{7.13}$$

在后续的讨论中，我们都以式(7.13)为基础。从上式中，我们可以看出，要求出模型参数的后验概率，需要先给定模型参数初始可能性——先验概率密度 $p(\boldsymbol{m})$ 和数据的全概率密度 $p(\boldsymbol{d})$。因为，先验概率密度 $p(\boldsymbol{m})$ 由人为确定，全概率密度 $p(\boldsymbol{d})$ 为常数，故只要计算出条件概率 $p(\boldsymbol{d}|\boldsymbol{m})$ 就可以根据式(7.13)估计出模型参数的后验概率。

下面我们详细讨论如何获得条件概率 $p(\boldsymbol{d}|\boldsymbol{m})$。在实际工作中，前面我们讨论过，地球物理观测大多是一次性观测或有限次数的观测，要从观测数据中直接获得观测数据的不确定性十分困难。而且在反演之前，模型参数也是未知的，要获得 $p(\boldsymbol{d}|\boldsymbol{m})$ 就更困难。但是，有一点我们是非常清楚的，那就是如果给定一个模型，由式(7.8)可以计算得到 $\boldsymbol{d}^{\mathrm{cal}}=\boldsymbol{F}(\boldsymbol{m},\boldsymbol{s})$，则误差为

$$\boldsymbol{e}=\boldsymbol{d}-\boldsymbol{d}^{\mathrm{cal}}=\boldsymbol{d}-\boldsymbol{F}(\boldsymbol{m},\boldsymbol{s}) \tag{7.14}$$

在实际情况中，观测数据是有误差的数据，具有某种不确定性，则观测数据误差 $\boldsymbol{e}$ 也具有不确定性，且与观测数据 $\boldsymbol{d}$ 的不确定性同分布。为了分析方便，我们假设数据误差 $\boldsymbol{e}$ 也是一个零均值的高斯分布(Gaussian Distribution With Zero Mean)，即 $\boldsymbol{e} \sim N(0, \boldsymbol{\Sigma}_e)$。由此可推出，观测数据也是高斯分布，如下：

$$\boldsymbol{e} = (\boldsymbol{d} - \boldsymbol{F}(\boldsymbol{m}, \boldsymbol{s})) \sim N(0, \boldsymbol{\Sigma}_e) \Rightarrow \boldsymbol{d} \sim N(\boldsymbol{F}(\boldsymbol{m}, \boldsymbol{s}), \boldsymbol{\Sigma}_e) \tag{7.15}$$

式中，$\boldsymbol{\Sigma}_e$ 为数据误差 $\boldsymbol{e}$ 的协方差矩阵。

数据误差项 $\boldsymbol{e}$ 的概率分布模型可根据最大信息熵原理(Principle of Maximum Information Entropy)来建立。最大信息熵原理是：在参数化约束下，我们应该保守地选择能计算出最佳预测不确定性的那种概率分布模型(Jaynes，2003)。因此，如果数据误差 $\boldsymbol{e}$ 以 $\boldsymbol{\mu}_e$ 为均值(例如，$\boldsymbol{\mu}_e = \boldsymbol{0}$)，$\boldsymbol{\Sigma}_e$ 为方差，那么根据最大信息熵原理，数据误差 $\boldsymbol{e}$ 的最大熵概率分布模型就是具有均值 $\boldsymbol{\mu}_e$ 和协方差矩阵 $\boldsymbol{\Sigma}_e$ 的高斯概率密度函数，即 $\boldsymbol{e} \sim N(\boldsymbol{\mu}_e, \boldsymbol{\Sigma}_e)$。根据式(7.15)，观测数据的条件概率分布可以表示为

$$p(\boldsymbol{d} \mid \boldsymbol{m}) = [(2\pi) \mid \boldsymbol{\Sigma}_e \mid]^{-\frac{M}{2}} \exp\left(-\frac{1}{2}(\boldsymbol{d} - \boldsymbol{d}^{\mathrm{cal}})^{\mathrm{T}} \boldsymbol{\Sigma}_e^{-1} (\boldsymbol{d} - \boldsymbol{d}^{\mathrm{cal}})\right) \tag{7.16}$$

式中，M 为观测数据的个数。

值得说明的是，在式(7.14)中我们仅假设观测数据可以引入数据误差，但实际上在计算 $\boldsymbol{d}^{\mathrm{cal}}$ 的过程中也会引入误差，称为模型误差 $\boldsymbol{e}_m$，这时总误差可以表示为两个独立误差(观测数据误差 $\boldsymbol{e}_d$ 和模型误差 $\boldsymbol{e}_m$)之和，即 $\boldsymbol{e} = \boldsymbol{e}_d + \boldsymbol{e}_m$。相应地，式(7.16)中的协方差矩阵也可以分为两部分，即 $\boldsymbol{\Sigma}_e = \boldsymbol{\Sigma}_{e_d} + \boldsymbol{\Sigma}_{e_m}$。

在式(7.13)的推导过程中，我们始终知道，$p(\boldsymbol{d} \mid \boldsymbol{m})$ 并不是一个物理概率的表达，它只是提供了观测数据 $\boldsymbol{d}$ 和给定模型的预测数据 $\boldsymbol{d}^{cal}$ 之间的一个相似性，因此被统计学家称为似然函数(likelihood function)。式(7.13)所表达的贝叶斯推理过程可以用图 7－1 来形象地说明。

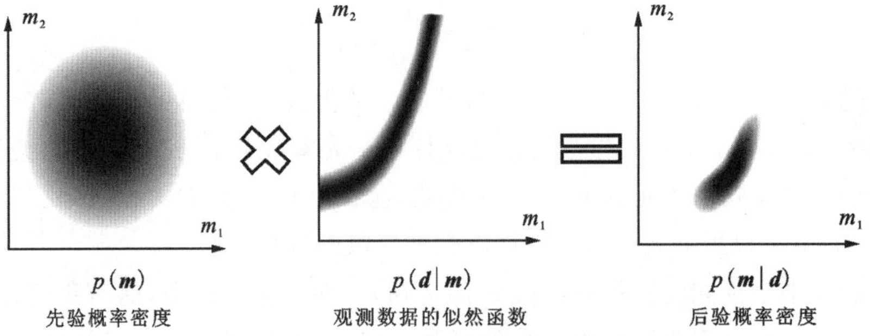

图 7－1　贝叶斯推理过程示意图(修改自 Malinverno and Torres-Verdín，2000)

值得指出的是，当我们的模型和数据连续时，或者至少模型连续时，上述式(7.10)到式(7.13)中的概率都可以看作概率密度函数，贝叶斯定理仍然成立。

在大多数实际情况中，解析地计算式(7.13)所表示的数据的后验概率或后验概率密度函数都是不现实的。通常我们都是使用随机模拟的方法，例如 Monte Carlo 方法，通过在后

验概率函数上抽样来获得后验概率函数。图 7－2 就是后验概率函数的随机抽样示意图。对随机抽样的结果，再进行统计即可获得后验概率密度函数的近似分布，以及相应的模型参数均值、中位值、方差，以及最大后验概率（Maximum a posteriori）对应的模型参数等。实际的抽样方法和抽样过程将在下节详细讨论。

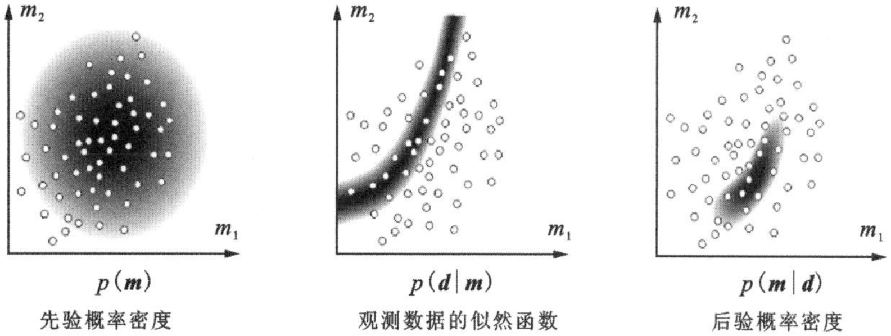

图 7－2　后验概率函数的随机抽样示意图

（图中的白色圆点为随机抽样的位置）

7.2　随机抽样方法

在第 6 章中，我们讨论过的蒙特卡洛方法，可以直接用于模型空间后验概率密度分布的随机抽样。但是，这样的抽样方法在整个模型空间均匀地搜索，如果是一个高维反演问题，随机抽样将会耗费大量的时间。这是因为，当模型空间是一个高维空间时，例如，在声波全波形反演中的速度参数有 5 万个的模型空间就是一个 5 万维的模型空间，可以预言其空间中大部分区域的后验概率密度是 0 或者接近于 0。因此，我们只需要抽样那些概率密度较大或较显著的区域（图 7－3）。

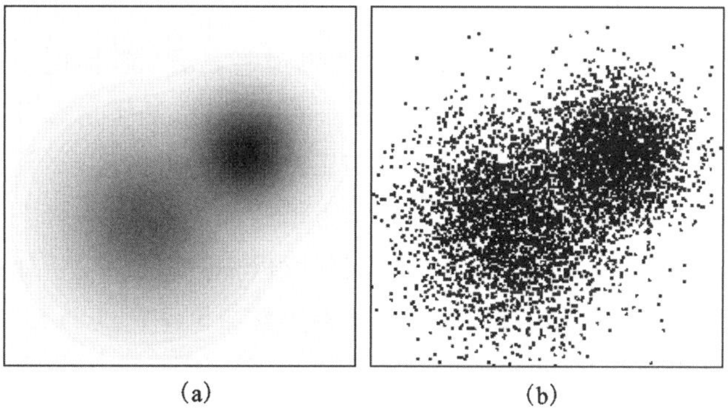

图 7－3　模型空间中后验概率函数分布（a）与随机抽样（b）

［图（b）中的黑色圆点为随机抽样的位置］

归纳起来，蒙特卡洛抽样方法在应用于高纬度空间时有两个问题：①如何确定哪些区域是显著概率密度区域；②如何对那些显著概率密度分布的区域进行足够的抽样。对于其中第一个问题，单独使用数学方法解决起来很困难。下面要阐述的 Metropolis-Hasting 和 Gibbs 抽样算法能够发现显著概率密度区域。这两类算法都基于物理学上的布朗运动原理，能高效地探索模型空间，而不会掉入那些概率密度为 0 或者接近于 0 的区域。

为了说明随机抽样的方法，我们先从一种简单的抽样方法——逆变换抽样(inverse transform sampling)开始。这种方法又称为反演抽样方法(inversion sampling)，其原理是基于累计概率密度函数的单调递增特性来进行的。我们假设随机变量 x 的概率密度函数为正态分布：

$$p(x)=\frac{1}{\sigma\sqrt{2\pi}}e^{-\frac{1}{2}\left(\frac{x-\mu}{\sigma}\right)^2} \tag{7.17}$$

式中，μ 为均值；σ 为均方差。正态概率分布对应的累计概率分布为

$$c(x)=\int_{-\infty}^{x}p(\xi)\mathrm{d}\xi=\int_{-\infty}^{x}\frac{1}{\sigma\sqrt{2\pi}}e^{-\frac{1}{2}\left(\frac{\xi-\mu}{\sigma}\right)^2}\mathrm{d}\xi \tag{7.18}$$

如果均值为 0，方差为 1，则称正态分布为标准正态分布。在标准正态分布下，累计概率密度分布可以近似为下式：

$$c(x)=\frac{1}{\sqrt{2\pi}}\int_{-\infty}^{x}e^{-\frac{1}{2}\xi^2}\mathrm{d}\xi\approx\frac{1}{2}+\frac{1}{\sqrt{2\pi}}\sum_{k=0}^{n}\frac{(-1)^k x^{(2k+1)}}{2^k k!(2k+1)} \tag{7.19}$$

图 7-4 为标准正态分布的概率密度函数(PDF)和累计概率密度函数(CDF)。如果我们在纵坐标 CDF 上等间隔抽样(水平细虚线)，其对应的随机变量 x 的分布(垂直细虚线)是不等间距的分布[图 7-4(a)]。从图中可以看出，概率密度越高的区域，垂直细虚线也越密集；概率密度越低的区域，线也越稀疏。

如果我们对纵坐标 *CDF* 进行随机抽样，且随机变量满足均匀分布，则随机变量 x 的抽样结果如图 7-4(b)所示。从图中可以看出，抽样结果也是概率密度越高的区域，线也越密集；概率密度越低的区域，线也越稀疏。另外，如果随机抽样的数量比较多，可以预言随机变量 x 的抽样结果的统计将越满足正态分布，图 7-4(c)即为图 7-4(b)对应 41 次抽样结果的随机变量 x 的概率分布。上述相关的理论阐述可参考高惠璇《统计计算》一书的第 4 章。

从前述的一维逆变换抽样理论和例子中，我们可以知道，基于正态分布的累计概率密度函数的单调递增特性，可以实现随机变量抽样的正态分布。事实上，尽管不同的概率密度函数有不同的分布形态，但其累计概率密度函数均为单调函数，因而均可在累计概率密度函数上进行均匀分布下的抽样，从而通过逆变换得到任意概率密度分布(例如，高斯分布、泊松分布、指数分布等)随机变量的抽样结果，且抽样的稠密性与概率密度的大小呈正相关关系。

在高维且概率密度分布未知的情况下，上述的逆变换抽样理论，计算工作量巨大且实现困难。下面介绍的马尔科夫链——蒙特卡洛算法，可以避开上述问题，且具有计算效率高的特点。

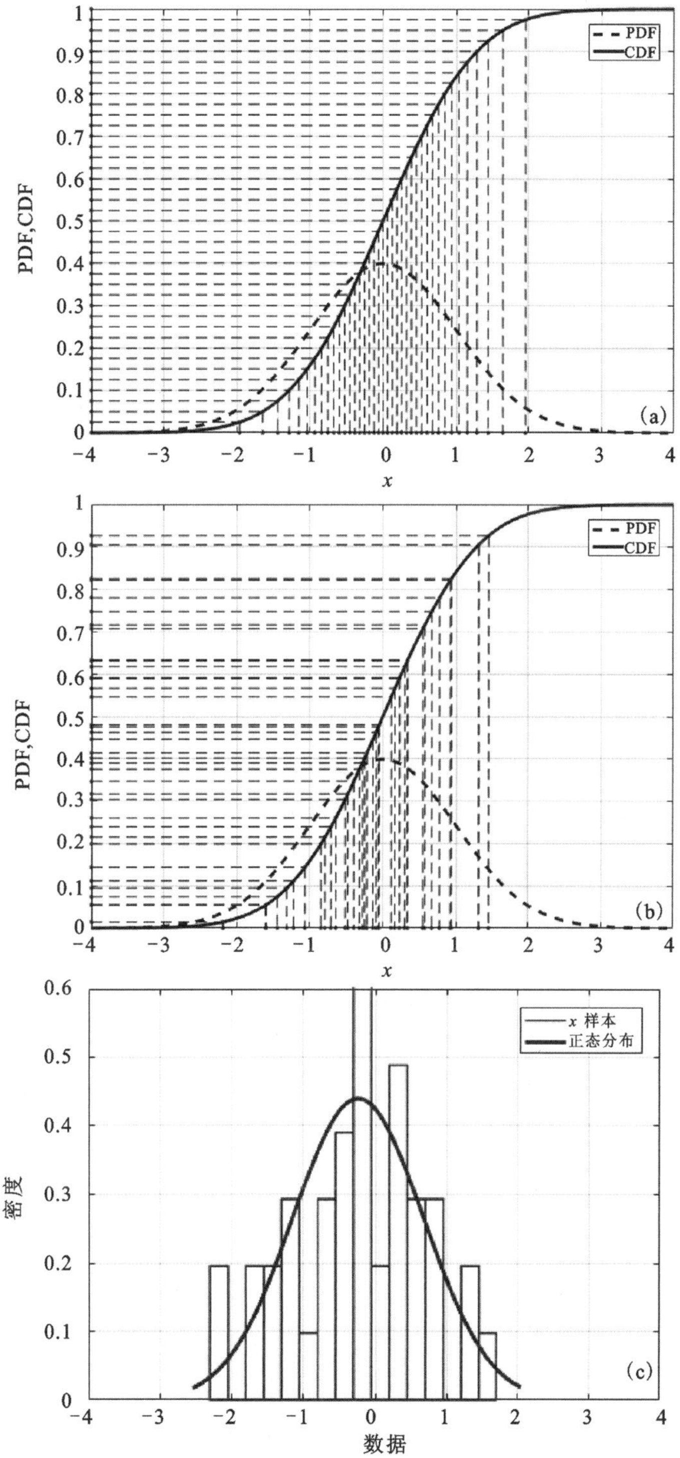

图 7－4　统计抽样方法

(a)标准正态累计概率密度函数 CDF 的等间距抽样及其对应的随机变量值；(b)标准正态累计概率密度函数 CDF 的均匀分布随机抽样及其对应的随机变量值；(c)图 7－4(b)所对应随机变量 x 的 41 次抽样结果的统计

7.2.1 马尔科夫链——蒙特卡洛算法

马尔科夫链(Markov Chain)是一类特殊的随离散时间变化的随机过程或时间序列。该过程要求具备“无记忆”的性质,即当前时刻的状态只由上一时刻的状态决定,之前时刻的状态或事件都与此无关。

在马尔科夫链的每一步(每一时刻),系统根据概率分布,可以从一个状态变到另一个状态,也可以保持当前状态。状态的改变称为转移,当前时刻(步)到下一时刻(步)状态改变的概率称为转移概率(Transition Probability)。人们在马路上或广场上随机漫步就是马尔科夫链的例子。随机漫步中每一步的状态是地理上的一个点,每一步可以从这个点移动到任何一个相邻的点,其转移概率可以是相同的,也可以是不同的,但均不受之前漫步路径的影响。

马尔科夫链的数学定义,可以记作:

$$P(X_{t+1}=x|X_t,X_{t-1},\cdots,X_0)=P(X_{t+1}=x|X_t) \tag{7.20}$$

式中,随机时间序列$\{X_t,t=0,1,2,\cdots\}$中的X_t代表系统在第t步(时刻)的状态,所有X_t均取值于有限集合$S=\{1,2,\cdots,m\}$,称S为状态空间;$P(X_{t+1}=x|X_t)$代表第t步(时刻)状态的转移概率,即在前一步(时刻)影响下的条件概率。举一个例子来说明马尔科夫链。假定我们把一个班的学生按成绩分成3类,即三等生、二等生、一等生,用1、2、3代表这3个等级(状态)。在学习的过程中,这些学生在下一个学年的成绩变化依赖于这个年度的学习成绩。例如,一个成绩属于三等生的学生,在下一年度他属于三等生的概率为0.65,属于二等生的概率是0.28,属于一等生的概率是0.07。我们把所有可能的学生成绩变化概率(转移概率)用矩阵表示为

$$\boldsymbol{P}=\begin{bmatrix} p_{11} & p_{12} & p_{13} \\ p_{21} & p_{22} & p_{23} \\ p_{31} & p_{31} & p_{32} \end{bmatrix}=\begin{bmatrix} 0.65 & 0.28 & 0.07 \\ 0.15 & 0.67 & 0.18 \\ 0.12 & 0.36 & 0.52 \end{bmatrix} \tag{7.21}$$

我们称矩阵$\boldsymbol{P}$为转移概率矩阵。上式中,$p_{ij}=P(X_{t+1}=j|X_t=i)(i,j=1,2,3)$表示从状态$X_t=i$转移到状态$X_{t+1}=j$的概率。

很显然,转移概率必满足:

$$\sum_{j=1}^{m} p_{ij}=1,\ (i=1,2,\cdots,m) \tag{7.22}$$

进一步,若$P(X_{t+k}=j|X_t=i)=p_{ij}^{(k)}$不依赖于时间$t$,称相差$k$步(时刻)的转移概率为$k$步转移概率。如果对任意的状态$i\neq j$,都存在$k\geqslant 1$使得$p_{ij}^{(k)}>0$,则称该时间序列为不可约马尔科夫链。不可约马尔科夫链的所有状态是互相连通的,即总能经过若干步后互相转移。如果$k\geqslant 0$,使得$p_{ii}^{(k)}>0$,且$p_{ii}^{(k+1)}>0$,则称i是非周期的。如果一个马尔科夫链所有状态都是非周期的,则该马尔科夫链称为非周期的马尔科夫链。不可约马尔科夫链只要有一个状态是非周期的,则所有状态都是非周期的。只有有限个状态的不可约马尔科夫链有一个良好的性质(高惠璇,1995):

$$\lim_{k\to\infty}P(X_k=j\mid X_0=i)=\lim_{k\to\infty}p_{ij}^{(k)}=\pi_j(i,j=1,2,\cdots,m) \tag{7.23}$$

其中，$\{\pi_j,j=1,2,\cdots,m\}$称为时间序列$\{X_t,t=0,1,2,\cdots\}$的极限分布，且满足：

$$\begin{cases}\sum_{i=1}^{m}\pi_i p_{ij}^{(k)}=\pi_j(j=1,2,\cdots,m)\\ \sum_{j=1}^{m}\pi_j=1\end{cases} \tag{7.24}$$

满足上述条件的分布$\{\pi_j\}$称为平稳分布(stationary distribution)。

马尔科夫链-蒙特卡洛(Markov Chain Monte Carlo，MCMC)方法的核心思想是构造一个马尔科夫链，使其平稳分布，与我们所要抽样的概率分布(目标分布)一致，然后通过运行这个马尔科夫链来生成样本。因此，马尔科夫链-蒙特卡洛抽样的关键就是构造一个转移概率矩阵，使生成的马尔科夫链满足不可约、非周期的条件。因为抽样过程是随机进行的，因此是一种蒙特卡洛方法，这与第6章的蒙特卡洛随机搜索算法的核心思想是一致的。在这里，马尔科夫链的每一个状态对应一个地球物理模型，目标分布就是由式(7.13)确定的地球物理模型的后验概率密度。

如何得到有平稳分布的转移概率矩阵？一个充分条件是转移概率满足细致平衡条件(detailed balance)，即

$$\pi_i p_{ij}=\pi_j p_{ji},\forall i\neq j \tag{7.25}$$

事实上，若$P(X_t=i)=\pi_i,i\in S$，则按照式(7.24)，有

$$P(X_{t+1}=j)=\sum_{i=1}^{m}\pi_i p_{ij}=\sum_{i=1}^{m}\pi_j p_{ji}=\pi_j\sum_{i=1}^{m}p_{ji}=\pi_j,\forall j\in S$$

上式证明$\{\pi_j\}$的确是平稳分布。

一般情况下，目标的平稳分布$\{\pi_j\}$和某个给定的马尔科夫链状态转移矩阵$\boldsymbol{Q}=[q_{ij}]$不满足细致平稳条件，即$\pi_i q_{ij}\neq\pi_j q_{ji}$，可以引入一个参数$\alpha_{ij}$，强行使之平稳：

$$\pi_i q_{ij}\alpha_{ij}=\pi_j q_{ji}\alpha_{ji} \tag{7.26}$$

只要设定：

$$\alpha_{ij}=\pi_j q_{ji},\alpha_{ji}=\pi_i q_{ij}$$

这就使得转移状态矩阵$\boldsymbol{P}=[p_{ij}]$满足了平稳条件，此时

$$p_{ij}=\alpha_{ij}q_{ij},(i,j=1,2,\cdots,m) \tag{7.27}$$

我们称参数α_{ij}为接受率，其值在[0,1]内，可以视为一个概率值，它的作用与模拟退火中的接受概率类似。简单地说，状态转移矩阵$\boldsymbol{P}$可以通过任意一个马尔科夫链状态转移矩阵$\boldsymbol{Q}$，以一定的接受率获得(筛选过程)，这样就可以用一个给定的$\boldsymbol{Q}$，模拟出我们想要的$\boldsymbol{P}$，从而得到平稳的目标分布$\{\pi_j\}$。

假设我们要反演的模型参数$\boldsymbol{m}$的后验概率密度分布为$p(\boldsymbol{m}\mid\boldsymbol{d})$，下面给出MCMC的抽样算法(为了便于读者与前面章节所用的符号对接，下面的MCMC算法改换了符号)。

---

(1)任意给定一个状态转移矩阵$\boldsymbol{Q}$，并给定后验概率密度分布$p(\boldsymbol{m}\mid\boldsymbol{d})$，设定状态转移可

接受的次数为 K；给定初始模型(初始状态)$\boldsymbol{m}^{(0)}$；

(2)从 $t=0$ 到 K 进行步循环：

①根据状态转移矩阵 $\boldsymbol{Q}$ 或 $Q(\boldsymbol{m}^{(t+1)}|\boldsymbol{m}^{(t)})$，随机搜索获得新的模型样本(新状态)$\boldsymbol{m}^*$；

②计算一个取值在[0,1]内的随机数，且服从均匀分布：$r=\text{random}(0,1)$；

③如果 $r<\alpha(\boldsymbol{m}^{(t)},\boldsymbol{m}^*)=p(\boldsymbol{m}^*|\boldsymbol{d})Q(\boldsymbol{m}^*|\boldsymbol{m}^{(t)})$，则接受转移 $\boldsymbol{m}^{(t)}\rightarrow\boldsymbol{m}^*$，获得新的模型 $\boldsymbol{m}^{(t+1)}=\boldsymbol{m}^*$，否则，$\boldsymbol{m}^{(t+1)}=\boldsymbol{m}^{(t)}$。

(3)循环结束，获得抽样结果：模型集 $\boldsymbol{m}^{(0)},\boldsymbol{m}^{(1)},\cdots,\boldsymbol{m}^{(K)}$ 及其对应的后验概率密度值 $p(\boldsymbol{m}^{(0)}|\boldsymbol{d}),p(\boldsymbol{m}^{(1)}|\boldsymbol{d}),\cdots,p(\boldsymbol{m}^{(K)}|\boldsymbol{d})$。

实际工作时，因为状态转移矩阵 $\boldsymbol{Q}$ 是由我们任意指定的，在开始的计算结果中，比如 k 个模型 $\boldsymbol{m}^{(0)},\boldsymbol{m}^{(1)},\cdots,\boldsymbol{m}^{(k)}$ 及其对应的后验概率密度值 $p(\boldsymbol{m}^{(0)}|\boldsymbol{d}),p(\boldsymbol{m}^{(1)}|\boldsymbol{d}),\cdots\cdots,p(\boldsymbol{m}^{(k)}|\boldsymbol{d})$，可能达不到平稳分布的要求，最终得到的模型集及其对应的后验概率密度值可以将前 k 个抛弃。

7.2.2 Metropolis-Hasting 法

前述的 MCMC 方法难以在实际中应用，原因是在实际应用中接受率 $\alpha(\boldsymbol{m}^{(t)},\boldsymbol{m}^*)$ 通常都非常小，比如 0.1，导致大部分的抽样值都被拒绝转移，抽样效率很低。其实这个问题很容易解决，在式(7.26)两端同乘以一个常数 C，且要求 $C\alpha_{ji}=1$，使等式两边扩大 C 倍，这仍然满足细致平稳的条件，但提高了抽样中的接受率。具体地，我们可以取：

$$\alpha_{ij}=\min\left\{\frac{\pi_j q_{ji}}{\pi_i q_{ij}},1\right\} \tag{7.28}$$

我们只需将常规 MCMC 算法中的第(2)步③中 $\alpha(\boldsymbol{m}^{(t)},\boldsymbol{m}^*)$ 的计算改为

$$\alpha(\boldsymbol{m}^{(t)},\boldsymbol{m}^*)=\min\left\{\frac{p(\boldsymbol{m}^*|\boldsymbol{d})Q(\boldsymbol{m}^*|\boldsymbol{m}^{(t)})}{p(\boldsymbol{m}^{(t)}|\boldsymbol{d})Q(\boldsymbol{m}^{(t)}|\boldsymbol{m}^*)},1\right\} \tag{7.29}$$

这就是 Metropolis-Hasting 算法(Hastings，1970)。如果式(7.29)进一步改为

$$\alpha(\boldsymbol{m}^{(t)},\boldsymbol{m}^*)=\min\left\{\frac{p(\boldsymbol{m}^*|\boldsymbol{d})}{p(\boldsymbol{m}^{(t)}|\boldsymbol{d})},1\right\} \tag{7.30}$$

这就是最初由 Metropolis 发明的算法(Metropolis et al.，1953)，即本教材 6.2 节描述的模拟退火算法中的 Metropolis 算法。

7.2.3 Gibbs 法

Metropolis-Hasting 法在实际抽样的过程中，先尝试从上一步的状态进入一个新的状态，然后根据新的状态是否接近目标分布来接受或拒绝抽样点；如果拒绝，就停留在上一步的状态，效率仍然较低。下面要介绍的 Gibbs 方法(Geman and Geman，1984)，基本上可以接收全部的抽样结果。

Gibbs 方法对于高维空间概率密度分布，采取对每一状态(地球物理模型)的每个分量，逐步轮流抽样的方法。由于每一轮只对一个分量进行抽样，一个样点到另一个样点之间的

差异较小，很容易满足接近目标分布的抽样条件，没有拒绝或者很少拒绝抽出的样本，这样就大大提高了效率。

设地球物理模型（状态）用 $\boldsymbol{m}=(m_1, m_2, \cdots, m_n)$ 表示，设要抽样的后验概率分布（目标分布）为 $\pi(\boldsymbol{m})=p(\boldsymbol{m}|\boldsymbol{d})$。研究发现，分量之间的不同状态之间的条件概率分布也可以满足细致平衡条件。事实上，我们假设 $\pi(\boldsymbol{m})=\pi(m_1, m_2)$ 是一个二维联合概率分布函数，在时刻 t 和时刻 $t+1$，基于概率的联合分布与条件分布之间的关系 $\pi(m_1, m_2)=\pi(m_1)\pi(m_2|m_1)$，必满足下面的两个公式：

$$\pi(m_1^{(t)}, m_2^{(t)})\pi(m_2^{(t+1)}|m_1^{(t)})=\pi(m_1^{(t)})\pi(m_2^{(t)}|m_1^{(t)})\pi(m_2^{(t+1)}|m_1^{(t)}) \tag{7.31}$$

$$\pi(m_1^{(t)}, m_2^{(t+1)})\pi(m_2^{(t)}|m_1^{(t)})=\pi(m_1^{(t)})\pi(m_2^{(t+1)}|m_1^{(t)})\pi(m_2^{(t)}|m_1^{(t)}) \tag{7.32}$$

由于这两式的右边相等，因此：

$$\pi(m_1^{(t)}, m_2^{(t)})\pi(m_2^{(t+1)}|m_1^{(t)})=\pi(m_1^{(t)}, m_2^{(t+1)})\pi(m_2^{(t)}|m_1^{(t)}) \tag{7.33}$$

可以看到这个公式与式(7.25)十分相似，上式也可以写成从状态 i 转移到状态 j，满足细致平衡条件 $\pi^{(t)}(i)\pi(m_2^{(t+1)}|m_1^{(t)})=\pi^{(t+1)}(j)\pi(m_2^{(t)}|m_1^{(t)})$。它告诉我们，在 Gibbs 抽样方法中可以用目标分布本身代替转移概率矩阵。推广到高维情况，可以构造出如下的 Gibbs 抽样算法。

---

(1)给定后验概率密度分布 $p(\boldsymbol{m}|\boldsymbol{d})$，设定状态转移可接受的次数为 K；给定初始模型（初始状态）$\boldsymbol{m}^{(0)}$；

(2)从 $t=0$ 到 K 进行步循环：

①从 $i=1$ 到 n 进行变量循环

从条件概率分布 $p(m_i^{(t+1)}|m_1^*, m_2^*, \cdots, m_{i-1}^*, m_{i+1}^{(t)}, \cdots, m_n^{(t)}|\boldsymbol{d})$ 中，随机搜索获得新的模型样本分量（新状态）m_i^*；

②将所有新的样本分量组合得到新的模型 $\boldsymbol{m}^{(t+1)}=\boldsymbol{m}^*=(m_1^*, m_2^*, \cdots, m_n^*)$；

(3)循环结束，获得抽样结果：模型集 $\boldsymbol{m}^{(0)}, \boldsymbol{m}^{(1)}, \cdots, \boldsymbol{m}^{(K)}$ 及其对应的后验概率密度值 $p(\boldsymbol{m}^{(1)}|\boldsymbol{d}), p(\boldsymbol{m}^{(2)}|\boldsymbol{d}), \cdots, p(\boldsymbol{m}^{(K)}|\boldsymbol{d})$。

上述算法的第(2)步①中通过循环获得的每一个模型参数分量之间并不独立，但这不影响结果，这里对应的每一个新模型都是从给定的目标分布所抽样出来的。

7.3　统计反演的例子

设有如图 7-5(a)所示的 4 层地电模型，从上到下每层的电阻率分别为 1.0Ω·m、100.0Ω·m、0.1Ω·m 和 1.0Ω·m，中间为钻井。我们采用阵列式电磁感应测井设备(Array Induction Imager Tool)测量钻井周围的地层电阻率，以确定油气储层的性质。图 7-5(b)为英国石油公司在北海一口井中测量的实际数据。

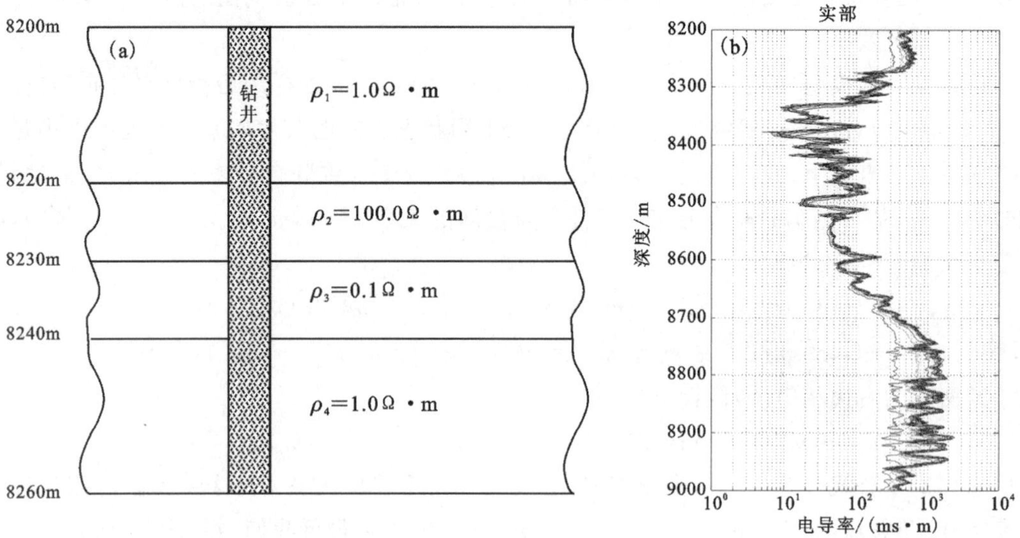

图 7-5　贝叶斯反演所用的模型(a)和 AIT 数据实例(b)

表 7-1 中的第二列为理论模型参数,第三列为无噪声数据模拟退火反演结果,第四列为将数据添加 10%随机噪声后反演的结果。从表中可以看出,无噪声数据的反演结果十分接近设计的模型参数,误差很小。但数据添加 10%随机噪声后,第二层的反演结果与模型参数相差较大。由于第二层与其上下层的电阻率相差较大,反演误差大是正常的,但含噪声数据的误差达到了 18.5%。

表 7-1　理论模型参数与模拟退火反演结果

地层	理论模型电阻率 R_t/(Ω·m)	无噪声数据的反演结果 R_t/(Ω·m)	含 10%噪声数据的反演结果 R_t/(Ω·m)
8200～8220m	1.0	1.003 2	1.029 1
8220～8230m	100.0	103.92	82.466
8230～8240m	0.1	0.099 872	0.102 89
8240～8260m	1.0	1.014 6	1.004 3
Mismatch		0.015 3	11.715

图 7-6 为根据对图 7-5(a)所模拟的含 10%随机噪声的 AIT 数据,进行贝叶斯反演所计算出的结果。图中,灰色带表示根据反演得到模型参数的后验概率密度所计算得到的边缘概率密度分布,点划线表示根据边缘概率密度计算出的模型参数的数学期望或均值,虚线表示理论模型。从图上可以看出,虚线和点划线几乎重合,反演得到的第二层的电阻率均值,与理论模型很接近。这说明贝叶斯反演在数据含有噪声时,依然能得到接近于实际的结

果。上述贝叶斯反演的过程中，模型参数的先验概率密度取为平均分布。灰色带表示模型参数的后验概率分布，反映了模型参数的不确定性，很显然，第一、三、四层的不确定性较小，而第二层的不确定性较大，这与表7-1中第二层反演结果的误差较大相一致。这充分说明了，贝叶斯反演的结果能正确反映模型参数的不确定性或可靠性。

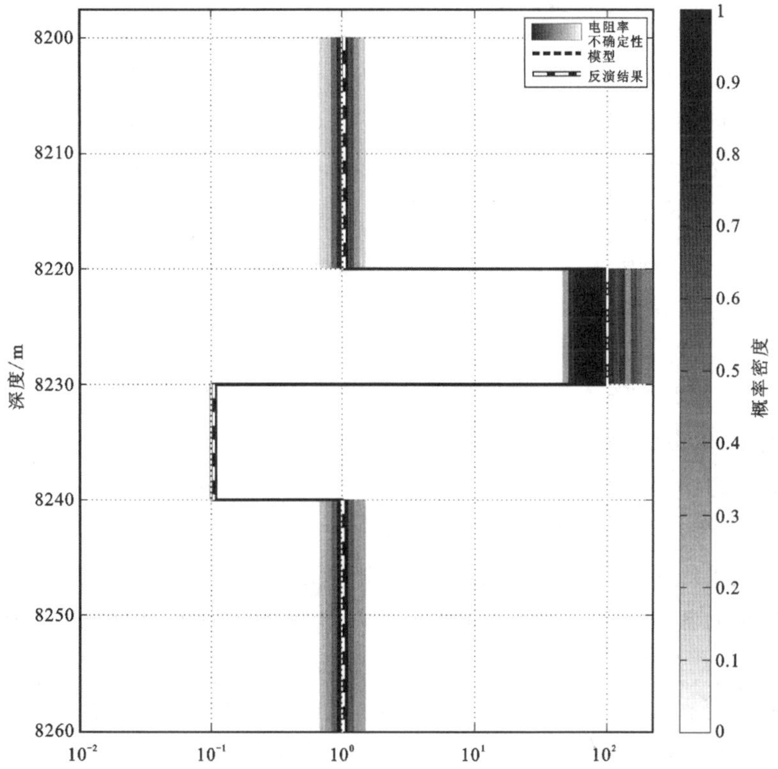

图7-6 地电模型图7-5(a)的贝叶斯反演结果

(灰色带表示模型参数的边缘概率密度分布；点划线表示根据反演出的边缘概率密度结果计算的数学期望或均值；虚线表示理论模型)

第8章　联合反演

在地球物理勘探中，由于不同勘探方法在勘探深度、分辨率、对物性的敏感性，以及观测方式等方面差异较大，为了提高勘探的效果，常常采用多种方法对地下同一地质目标进行勘探。众所周知，每种勘探方法都基于不同的岩石物理性质差异，其对应的地球物理勘探原理也不同，获得的地球物理数据也不同。联合反演就是这样一种方法，同时利用不同地球物理方法的数据(例如，地震波、电阻率、重力或磁力等)，这些信息可能互相弥补，通过综合分析和反演，可以更容易确定是何种岩石或矿体的响应，这对降低地球物理反演的多解性十分有帮助，且有可能获得更高分辨率的反演结果。

一般情况下，岩石的物理性质(简称物性)之间具有某种相关性。例如，密度越高、速度越大，密度和速度是一种正相关关系(Gardner，1974)；岩石孔隙或裂隙中含气越多，纵波速度越小，电阻率越高，速度和电阻率是一种负相关关系。基于地下岩石的物性具有很强的正相关或负相关关系的联合反演称为“基于岩石物性相关约束的联合反演方法”。更进一步，如果地质目标体的各种物性分布具有相同的几何形态，则称这种利用构造几何形态相似性的联合反演方法为“基于空间结构相关约束的联合反演方法”。

如果两种岩石的物性参数没有相关性，要勘探的地质目标或矿体的结构和形态也没有相似性，则联合反演的基础就不存在，也就没有必要进行联合反演。另外，如果有3种或更多种的岩石物性参数具有相关性，或者勘探目标的结构相近，则有必要开展多种地球物理数据的联合反演。在本章中，我们只给出两种地球物理数据的联合反演方法和相关例子，读者可以此为基础，将其稍加改变即可以用于3种或多种地球物理数据的反演工作。

8.1　空间结构相关约束的联合反演

8.1.1　交叉梯度

在缺乏明确的先验岩石物理参数关系时，我们一般假设地下不同物性参数模型具有共同的几何形态或边界。在这种情况下，基于空间结构相关约束的多物性参数联合反演是最适用、最有效的方法。我们考虑有两种模型参数，例如，与地震勘探相关的速度 $m^{(1)}=m^{(1)}(x,y,z)$ 和与重力勘探相关的密度 $m^{(2)}=m^{(2)}(x,y,z)$，需要进行联合反演，它们之间的空间结构相似性定义为两种模型参数的等值面平行或者两等值面法线平行。通过求模型参数的空间梯度可得到法线方向，因此模型参数的空间结构可由模型参数的空间梯度或者关于模型参数空间梯度的函数来衡量。Gallardo 和 Meju(2003)引入了交叉梯度函数，可以有效地度量两个物性参数空间分布的相似性，三维的交叉梯度函数定义如下：

$$\boldsymbol{t}(x,y,z)=\nabla m^{(1)}(x,y,z)\times\nabla m^{(2)}(x,y,z) \tag{8.1}$$

上式的分量形式为

$$\boldsymbol{t}(x,y,z)=t_x(x,y,z)\boldsymbol{i}+t_y(x,y,z)\boldsymbol{j}+t_z(x,y,z)\boldsymbol{k} \tag{8.2}$$

式中：$\boldsymbol{i}$、$\boldsymbol{j}$ 和 $\boldsymbol{k}$ 为单位向量，各分量的形式为

$$\begin{aligned}
t_x(x,y,z)&=\frac{\partial m^{(1)}(x,y,z)}{\partial y}\frac{\partial m^{(2)}(x,y,z)}{\partial z}-\frac{\partial m^{(2)}(x,y,z)}{\partial y}\frac{\partial m^{(1)}(x,y,z)}{\partial z}\\
t_y(x,y,z)&=\frac{\partial m^{(2)}(x,y,z)}{\partial x}\frac{\partial m^{(1)}(x,y,z)}{\partial z}-\frac{\partial m^{(1)}(x,y,z)}{\partial x}\frac{\partial m^{(2)}(x,y,z)}{\partial z}\\
t_z(x,y,z)&=\frac{\partial m^{(1)}(x,y,z)}{\partial x}\frac{\partial m^{(2)}(x,y,z)}{\partial y}-\frac{\partial m^{(2)}(x,y,z)}{\partial x}\frac{\partial m^{(1)}(x,y,z)}{\partial y}
\end{aligned} \tag{8.3}$$

当研究目标为二维或二度体时，简化式(8.3)中的第二式，即 $t_y(x,z)\boldsymbol{j}$：

$$t_y(x,z)=\frac{\partial m^{(2)}(x,z)}{\partial x}\frac{\partial m^{(1)}(x,z)}{\partial z}-\frac{\partial m^{(1)}(x,z)}{\partial x}\frac{\partial m^{(2)}(x,z)}{\partial z} \tag{8.4}$$

其方向与地质体的走向一致，可以视其为标量，其离散情况的计算方法如式(8.5)和图 8－1 所示。

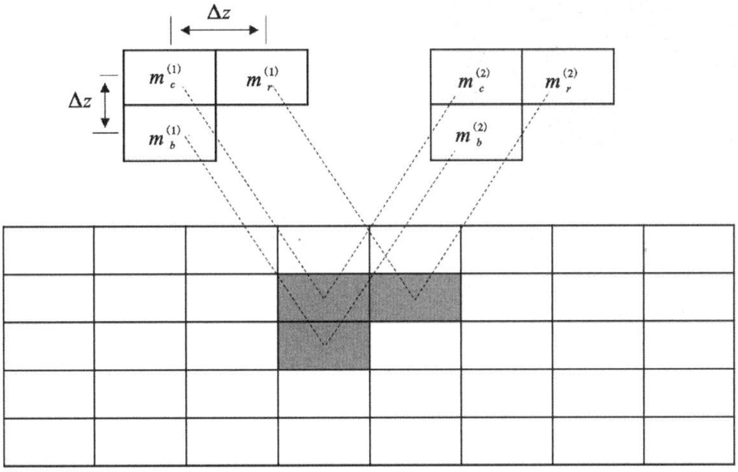

图 8－1　二维交叉梯度离散格式示意图

t_y 的离散形式为

$$t_y\approx\frac{1}{\Delta x\Delta z}[m_c^{(1)}(m_b^{(2)}-m_r^{(2)})+m_r^{(1)}(m_c^{(2)}-m^{(2)})_b+m_b^{(1)}(m_r^{(2)}-m_c^{(2)})] \tag{8.5}$$

t_y 的计算除了在模型网格的下边界和右边界采用向后差分外，其余位置均采用向前差分格式。式中符号 m_c、m_b 和 m_r 的含义代表了差分格式中两种不同类型模型参数的位置(图 8－1)。

很显然，两种不同的物性参数但结构相同的模型，因为其模型的物性参数等值面平行或

者两等值面法线平行，其交叉梯度为零矢量，即

$$t(x,y,z)=\nabla m^{(1)}(x,y,z)\times\nabla m^{(2)}(x,y,z)=\mathbf{0}$$

为了理解交叉梯度的含义，我们举例说明。图 8-2(a)和(b)为两个源于不同地球物理方法的模型参数的空间分布图(箭头指示梯度方向)，利用式(8.5)计算二者的交叉梯度值，得到图 8-2(c)所示的交叉梯度值分布图。可以看到，模型二中异常体上下边界的梯度方向与模型一相同位置的梯度方向平行，所以这些位置的交叉梯度值为 0；异常体左右边界的梯度方向与模型一相同位置的梯度方向不平行(实际为垂直)，所以这些位置的交叉梯度值不为 0。梯度是模型参数空间结构的映射，因此通过计算交叉梯度就可以定量描述不同模型参数之间的结构相似性。

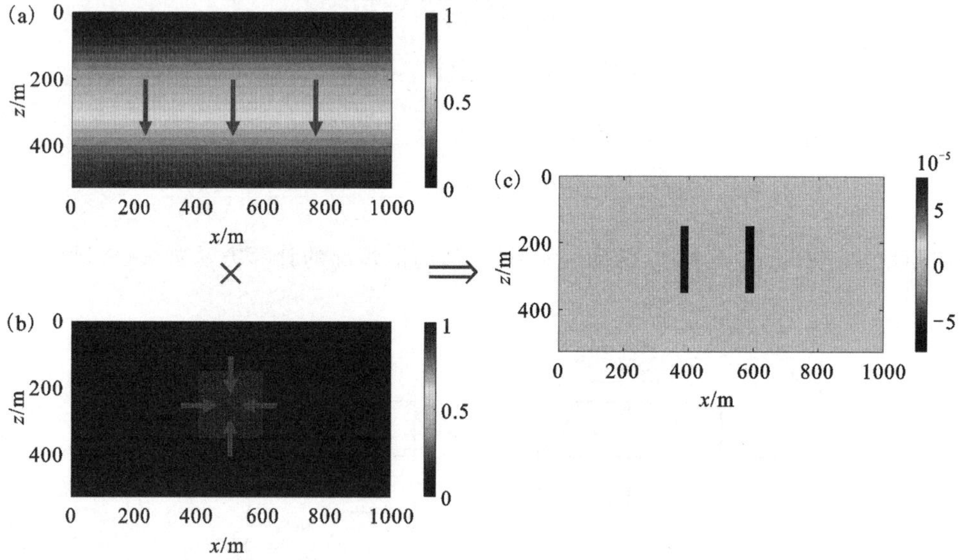

图 8-2　二维交叉梯度计算结果图

(a)模型的第一种物性参数(模型一)；(b)模型的第二种物性参数(模型二)；(c)两种物性参数的交叉梯度值的分布

8.1.2　交叉梯度联合反演方法

根据式(8.1)所定义的交叉梯度函数，设定联合反演的目标函数为

$$\begin{aligned}\varphi(\boldsymbol{m}) = \sum_{i=1,2}\Big[&(\boldsymbol{d}^{(i)}-\boldsymbol{f}^{(i)}(\boldsymbol{m}^{(i)}))^{\mathrm{T}}(\boldsymbol{C}_d^{(i)})^{-1}(\boldsymbol{d}^{(i)}-\boldsymbol{f}^{(i)}(\boldsymbol{m}^{(i)}))+\\ &\alpha_1^{(i)}(\boldsymbol{D}^{(i)}\boldsymbol{m}^{(i)})^{\mathrm{T}}(\boldsymbol{C}_s^{(i)})^{-1}(\boldsymbol{D}^{(i)}\boldsymbol{m}^{(i)})+\\ &\alpha_2^{(i)}(\boldsymbol{m}^{(i)}-\boldsymbol{m}_{pri}^{(i)})^{\mathrm{T}}(\boldsymbol{C}_m^{(i)})^{-1}(\boldsymbol{m}^{(i)}-\boldsymbol{m}_{pri}^{(i)})\Big]\end{aligned} \tag{8.6}$$

交叉梯度约束：

$$\|\boldsymbol{t}\|_2=0 \tag{8.7}$$

式中：$\boldsymbol{d}^{(i)}$ 为观测数据；$\boldsymbol{f}^{(i)}$ 为正演算子；$\boldsymbol{m}^{(i)}$ 为模型物性参数向量；$\alpha_1^{(i)}$ 和 $\alpha_2^{(i)}$ 为正则化系数；$\boldsymbol{D}^{(i)}$ 为一阶光滑算子；$\boldsymbol{m}_{pri}^{(i)}$ 为先验模型；$\boldsymbol{C}_d^{(i)}$、$\boldsymbol{C}_s^{(i)}$ 和 $\boldsymbol{C}_m^{(i)}$ 分别为观测数据、光滑模型和先验模

型的协方差矩阵。式中各项的上标(i)，$i=1$ 或 2，表示某种地球物理观测数据及其对应的物性参数。

目标函数 φ 为非线性泛函，其解可以通过在初始模型 m_0 处做泰勒展开，使其线性化，得到

$$\begin{aligned}\varphi(\boldsymbol{m}_0+\Delta\boldsymbol{m}) = \sum_{i=1,2}\Big[&(\boldsymbol{d}^{(i)}-(\boldsymbol{f}^{(i)}(\boldsymbol{m}_0^{(i)})+\boldsymbol{A}^{(i)}\Delta\boldsymbol{m}^{(i)}))^{\mathrm{T}}(\boldsymbol{C}_d^{(i)})^{-1}\\ &(\boldsymbol{d}^{(i)}-(\boldsymbol{f}^{(i)}(\boldsymbol{m}_0^{(i)})+\boldsymbol{A}^{(i)}\Delta\boldsymbol{m}^{(i)}))+\\ &\alpha_1^{(i)}(\boldsymbol{D}^{(i)}(\boldsymbol{m}_0^{(i)}+\Delta\boldsymbol{m}^{(i)}))^{\mathrm{T}}(\boldsymbol{C}_s^{(i)})^{-1}(\boldsymbol{D}^{(i)}(\boldsymbol{m}_0^{(i)}+\Delta\boldsymbol{m}^{(i)}))+\\ &\alpha_2^{(i)}(\boldsymbol{m}_0^{(i)}+\Delta\boldsymbol{m}^{(i)}-\boldsymbol{m}_{pri}^{(i)})^{\mathrm{T}}(\boldsymbol{C}_m^{(i)})^{-1}(\boldsymbol{m}_0^{(i)}+\Delta\boldsymbol{m}^{(i)}-\boldsymbol{m}_{pri}^{(i)})\Big]\end{aligned} \tag{8.8}$$

同理，也将约束做泰勒展开，使其线性化为

$$\boldsymbol{t}(\boldsymbol{m}_0+\Delta\boldsymbol{m})=\boldsymbol{t}(\boldsymbol{m}_0)+\boldsymbol{B}\Delta\boldsymbol{m}=\boldsymbol{0} \tag{8.9}$$

式(8.8)中，$\boldsymbol{A}^{(i)}=\partial\boldsymbol{f}^{(i)}(\boldsymbol{m}^{(i)})/\partial\boldsymbol{m}^{(i)}$ 为在 $\boldsymbol{m}_0^{(i)}$ 处的核矩阵。式(8.9)中，$\boldsymbol{B}=[\boldsymbol{B}^{(1)},\boldsymbol{B}^{(2)}]$，$\boldsymbol{B}^{(i)}$ 为交叉梯度函数 $\boldsymbol{t}$ 对模型参数 $\boldsymbol{m}^{(i)}$ 的偏导数，其元素如下：

$$\boldsymbol{B}^{(1)}\begin{cases}\dfrac{\partial \boldsymbol{t}}{\partial \boldsymbol{m}_c^{(1)}}\approx\dfrac{1}{\Delta x\Delta z}(\boldsymbol{m}_b^{(2)}-\boldsymbol{m}_r^{(2)})\\ \dfrac{\partial \boldsymbol{t}}{\partial \boldsymbol{m}_r^{(1)}}\approx\dfrac{1}{\Delta x\Delta z}(\boldsymbol{m}_c^{(2)}-\boldsymbol{m}_b^{(2)})\\ \dfrac{\partial \boldsymbol{t}}{\partial \boldsymbol{m}_b^{(1)}}\approx\dfrac{1}{\Delta x\Delta z}(\boldsymbol{m}_r^{(2)}-\boldsymbol{m}_c^{(2)})\end{cases},\quad \boldsymbol{B}^{(2)}\begin{cases}\dfrac{\partial \boldsymbol{t}}{\partial \boldsymbol{m}_c^{(2)}}\approx\dfrac{1}{\Delta x\Delta z}(\boldsymbol{m}_r^{(1)}-\boldsymbol{m}_b^{(1)})\\ \dfrac{\partial \boldsymbol{t}}{\partial \boldsymbol{m}_r^{(2)}}\approx\dfrac{1}{\Delta x\Delta z}(\boldsymbol{m}_b^{(1)}-\boldsymbol{m}_c^{(1)})\\ \dfrac{\partial \boldsymbol{t}}{\partial \boldsymbol{m}_b^{(2)}}\approx\dfrac{1}{\Delta x\Delta z}(\boldsymbol{m}_c^{(1)}-\boldsymbol{m}_r^{(1)})\end{cases} \tag{8.10}$$

式中，Δx 和 Δz 分别为 x 和 z 方向的网格间距，此处 $\boldsymbol{m}_b$、$\boldsymbol{m}_r$ 和 $\boldsymbol{m}_c$ 的含义，与图 8-1 中的符号含义相同，不过此处是离散变量，用矩阵表示。

结合式(8.8)和式(8.9)，利用拉格朗日乘子法求解，具体目标函数如下：

$$W=\varphi(m)+2\boldsymbol{\Lambda}^{\mathrm{T}}[\boldsymbol{t}(\boldsymbol{m}_0)+\boldsymbol{B}\Delta\boldsymbol{m}] \tag{8.11}$$

式中，$\boldsymbol{\Lambda}$ 为拉格朗日乘子，上式对模型参数 $\boldsymbol{m}^{(i)}$ 的偏导数为

$$\begin{aligned}\frac{1}{2}\frac{\partial W}{\partial \boldsymbol{m}^{(i)}}=&-(\boldsymbol{A}^{(i)})^{\mathrm{T}}(\boldsymbol{C}_d^{(i)})^{-1}[\boldsymbol{d}^{(i)}-(\boldsymbol{f}^{(i)}(\boldsymbol{m}_0^{(i)})+\boldsymbol{A}^{(i)}\Delta\boldsymbol{m}^{(i)})]+\\ &\alpha_1^{(i)}(\boldsymbol{D}^{(i)})^{\mathrm{T}}(\boldsymbol{C}_s^{(i)})^{-1}[\boldsymbol{D}^{(i)}(\boldsymbol{m}_0^{(i)}+\Delta\boldsymbol{m}^{(i)})]+\\ &\alpha_2^{(i)}(\boldsymbol{C}_m^{(i)})^{-1}(\boldsymbol{m}_0^{(i)}+\Delta\boldsymbol{m}^{(i)}-\boldsymbol{m}_{pri}^{(i)})+(\boldsymbol{B}^{(i)})^{\mathrm{T}}\boldsymbol{\Lambda}^{(i)}\end{aligned} \tag{8.12}$$

令上式为零，得

$$\Delta\boldsymbol{m}^{(i)}=(\boldsymbol{N}^{(i)})^{-1}[\boldsymbol{n}^{(i)}-(\boldsymbol{B}^{(i)})^{\mathrm{T}}\boldsymbol{\Lambda}^{(i)}] \tag{8.13}$$

其中：

$$\boldsymbol{N}^{(i)}=(\boldsymbol{A}^{(i)})^{\mathrm{T}}(\boldsymbol{C}_d^{(i)})^{-1}\boldsymbol{A}^{(i)}+\alpha_1^{(i)}(\boldsymbol{D}^{(i)})^{\mathrm{T}}(\boldsymbol{C}_s^{(i)})^{-1}\boldsymbol{D}^{(i)}+\alpha_2^{(i)}(\boldsymbol{C}_m^{(i)})^{-1} \tag{8.14}$$

$$\begin{aligned}\boldsymbol{n}^{(i)}=&(\boldsymbol{A}^{(i)})^{\mathrm{T}}(\boldsymbol{C}_d^{(i)})^{-1}[\boldsymbol{d}^{(i)}-\boldsymbol{f}^{(i)}(\boldsymbol{m}_0^{(i)})]-\alpha_1^{(i)}(\boldsymbol{D}^{(i)})^{\mathrm{T}}(\boldsymbol{C}_s^{(i)})^{-1}(\boldsymbol{D}^{(i)}\boldsymbol{m}_0^{(i)})-\\ &\alpha_2^{(i)}(\boldsymbol{C}_m^{(i)})^{-1}[\boldsymbol{m}_0^{(i)}-\boldsymbol{m}_{pri}^{(i)}]\end{aligned} \tag{8.15}$$

将式(8.13)代入约束条件式(8.9)中，得

$$\boldsymbol{\Lambda}^{(i)}=(\boldsymbol{B}^{(i)}(\boldsymbol{N}^{(i)})^{-1}(\boldsymbol{B}^{(i)})^{\mathrm{T}})^{-1}(\boldsymbol{B}^{(i)}(\boldsymbol{N}^{(i)})^{-1}\boldsymbol{n}^{(i)}+\boldsymbol{t}(\boldsymbol{m}_0)) \tag{8.16}$$

上式中的$(\boldsymbol{B}\boldsymbol{N}^{-1}\boldsymbol{B}^{\mathrm{T}})^{-1}$项通常是一个病态矩阵，奇异性很强，为了能稳定计算，我们在上式中

添加阻尼项(周俊杰,2015),有

$$\boldsymbol{\Lambda}_D^{(i)}=\left[\boldsymbol{B}^{(i)}(\boldsymbol{N}^{(i)})^{-1}(\boldsymbol{B}^{(i)})^{\mathrm{T}}+\frac{\max(\boldsymbol{B}^{(i)}(\boldsymbol{N}^{(i)})^{-1}(\boldsymbol{B}^{(i)})^{\mathrm{T}})}{\beta^{(i)}}\boldsymbol{I}\right]^{-1}[\boldsymbol{B}^{(i)}(\boldsymbol{N}^{(i)})^{-1}\boldsymbol{n}^{(i)}+\boldsymbol{t}(\boldsymbol{m}_0)] \tag{8.17}$$

式中,$\beta^{(i)}$为耦合因子,其选择具有独立性。我们选择迭代类反演方法,则第 $k+1(k=0,1,\cdots)$ 次迭代模型更新表达式为

$$\boldsymbol{m}_{k+1}^{(i)}=\boldsymbol{m}_k^{(i)}+\Delta\boldsymbol{m}_k^{(i)}=\boldsymbol{m}_k^{(i)}+(\boldsymbol{N}^{(i)})^{-1}\boldsymbol{n}^{(i)}-(\boldsymbol{N}^{(i)})^{-1}(\boldsymbol{B}^{(i)})^{\mathrm{T}}\boldsymbol{\Lambda}_D^{(i)} \tag{8.18}$$

上式中右边第二项$(\boldsymbol{N}^{(i)})^{-1}\boldsymbol{n}^{(i)}$为单独反演更新项,第三项$(\boldsymbol{N}^{(i)})^{-1}(\boldsymbol{B}^{(i)})^{\mathrm{T}}\boldsymbol{\Lambda}_D^{(i)}$ 为结构约束更新项。当耦合因子 $\beta^{(i)}$ 的值趋于无限小,根据式(8.17),$\boldsymbol{\Lambda}_D^{(i)}$ 中的元素趋近于零,结构约束更新项无作用,这种情况下联合反演等效于单独反演;当耦合因子 $\beta^{(i)}$ 的值比较大时,$\boldsymbol{\Lambda}_D^{(i)}$ 趋近于$\boldsymbol{\Lambda}^{(i)}$,结构约束更新项信息几乎没有损失。在实际反演时,可尝试合适的耦合因子,在确保稳定迭代的前提下,保留足够多的结构约束信息。

下面我们给出一个三维重力和磁力数据联合反演的例子。图 8-3(a)和(b)分别为用于联合反演所设计的密度和磁化强度模型,其中围岩背景密度和磁化强度分别为 0.0g/cm³ 和 0.0A/m,左侧异常体的密度和磁化强度分别为 1.0g/cm³ 和 0.5A/m,右侧异常体的密度和磁化强度分别为 0.5g/cm³ 和 1.0A/m。在地表均匀布置 120 个测点作为重力和磁力的观测系统,反演前,将每个测点的重磁正演数据分别加入均值 $\mu_{\mathrm{g}}=0.0$mGal、$\mu_{\mathrm{m}}=0.0$nT 和标准差为 $\sigma_{\mathrm{g}}=0.05$mGal、$\sigma_{\mathrm{m}}=1.0$nT 的高斯噪声作为反演数据。模型共剖分为 30×15×15=6750(个)单元,每个单元为一个边长 200m 的正方体。

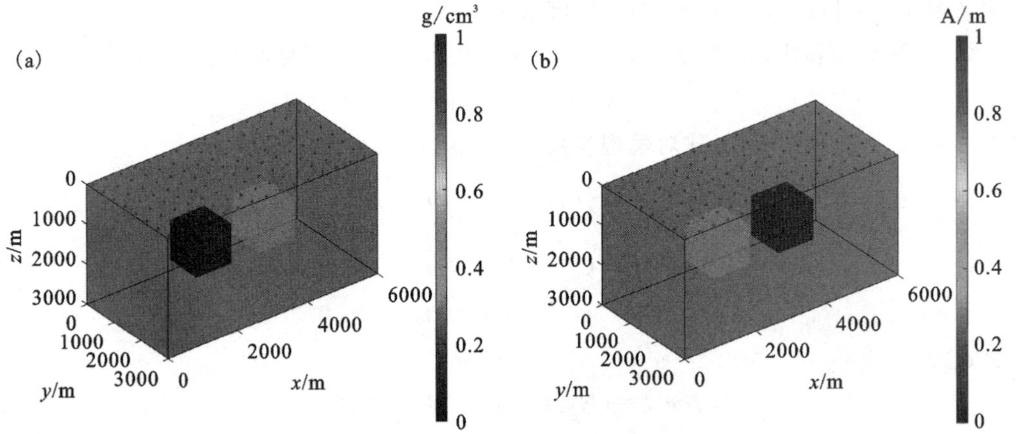

用于联合反演的模型

图 8-3 理论剩余密度模型(a)和理论磁化强度模型(b)

(黑点表示观测点,重力和磁力数据有相同的观测系统)

为了对比,先进行重力和磁力的单独反演,反演目标函数中的参考模型项采用 L_2 范数度量。反演时模型密度的约束范围为−0.03~1.1g/cm³,磁化强度的约束范围为−0.05~1.1A/m。重力和磁力的初始模型 $\boldsymbol{m}_0$ 和先验模型 $\boldsymbol{m}_{\mathrm{pri}}$ 均取值为 0.0g/cm³ 和 0.0A/m 的均

匀模型，重力反演正则化系数 α_1 和 α_2 均取固定值 6.4×10^5，磁法反演正则化系数 α_1 和 α_2 取固定值 1.0×10^4。经过 30 次迭代，单独反演结果如图 8－4 所示。可以看出地下存在原本两个孤立的异常体，反演结果却连接在了一起，不管是密度还是磁化强度的反演结果都不能完全区分成两个孤立的异常。

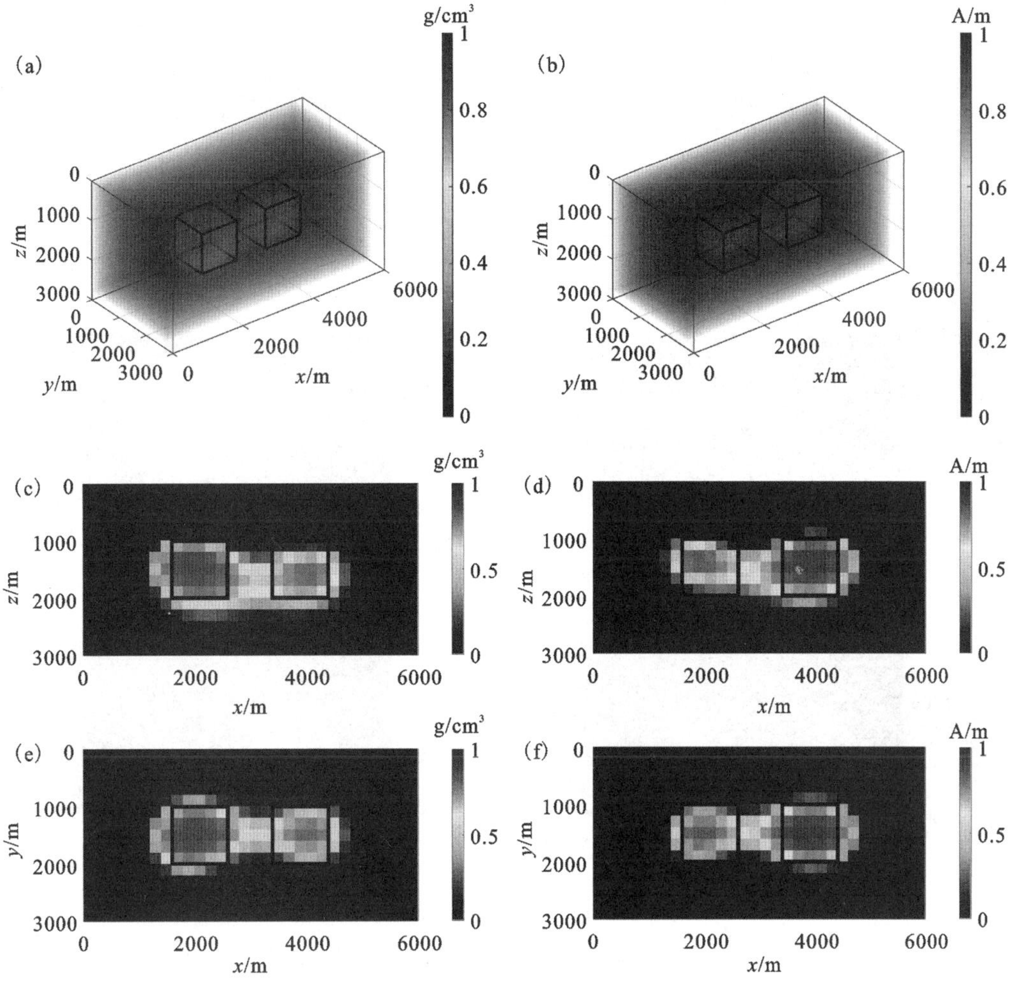

图 8－4　重力和磁力数据分别单独反演结果

(a)重力反演结果三维透视图；(b)磁法反演结果三维透视图；(c)重力反演结果垂直剖面图(y＝1600m)；(d)磁法反演结果垂直剖面图(y＝1600m)；(e)重力反演结果水平切片图(z＝1600m)；(f)磁法反演结果水平切片图(z＝1600m)

重力数据和磁力数据的联合反演所使用的初始模型、约束条件和正则化系数与前述的单独反演相同，耦合因子 $\beta^{(1)}$ 和 $\beta^{(2)}$ 均取 500.0。在第四次反演迭代时引入交叉梯度约束项，经过 30 次迭代，反演结束，联合反演结果如图 8－5 所示。从图中可以很清楚地看到左、右两个异常体，异常体之间的界线比较明显。联合反演结果较单独反演结果分辨率有所提高，这表明了交叉梯度的约束作用。

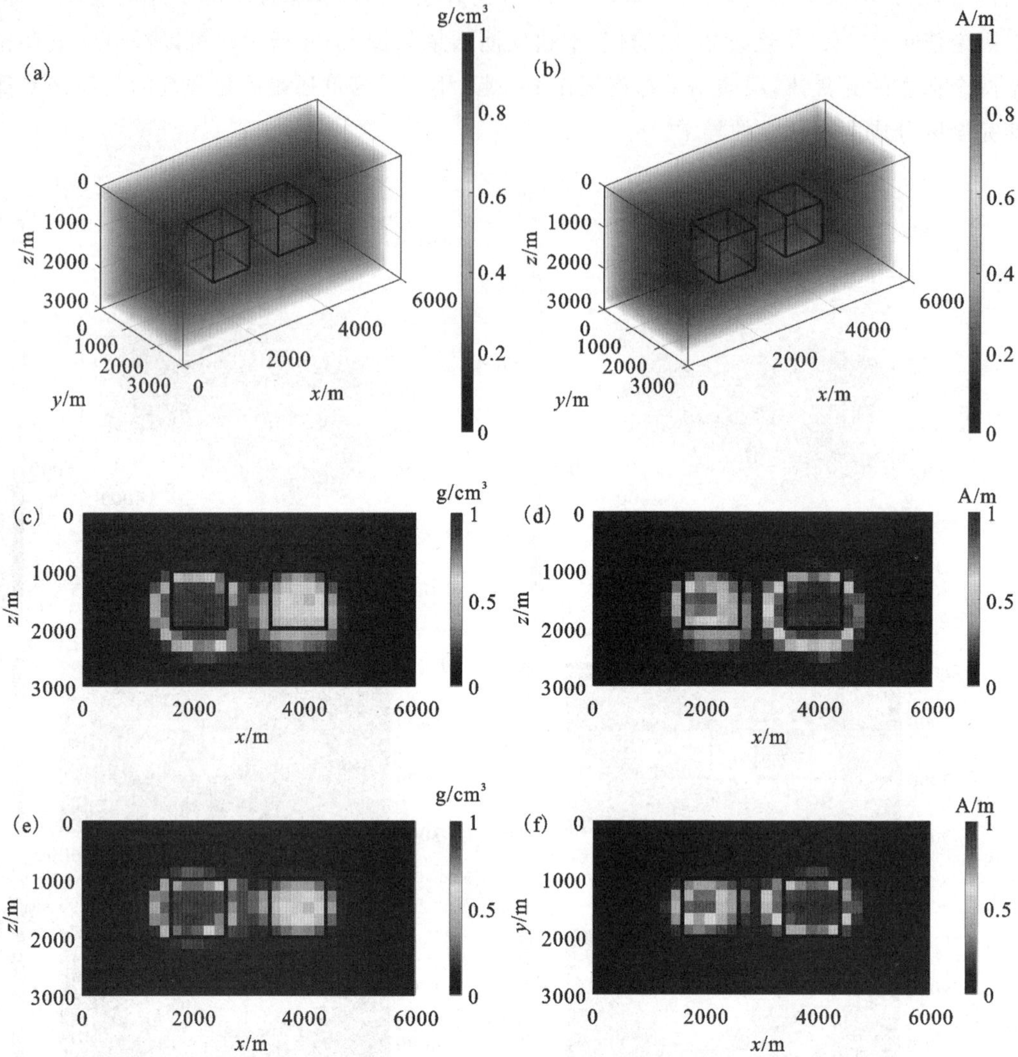

图 8-5　重力和磁力数据联合反演结果

(a)重力反演结果三维透视图；(b)磁法反演结果三维透视图；(c)重力反演结果垂直剖面图(y=1600m)；(d)磁法反演结果垂直剖面图(y=1600m)；(e)重力反演结果水平切片图(z=1600m)；(f)磁法反演结果水平切片图(z=1600m)

8.2　物性相关约束的联合反演

在某些特定地质场景和存在准确先验物性信息的情况下，基于岩石物性相关约束的联合反演方法不失为一种有效的选择。在本节中我们先介绍用于约束不同物性的模糊 C 均值聚类算法(Fuzzy C-Means，FCM)，然后介绍基于物性相关性约束的联合反演方法及其应用例子。

8.2.1 FCM 聚类算法

FCM 是一种无监督的模糊聚类算法(Bezdek et al.,1984),可以将一个数据集分为两个或两个以上的类。这种方法广泛应用于图像分割和模式识别问题,它的基本思想是划分到相同类的对象之间相似度最大,不同类对象之间相似度最小。设有 M 个模型参数 $m_j(j=1,\cdots,M)$,且假设模型参数可以划分成 C 类,进一步假设 $v_k(k=1,\cdots,C)$ 为模型参数的第 k 个类别的聚类中心,为此设计如下目标函数:

$$\varphi_{\mathrm{FCM}}=\sum_{j=1}^{M}\sum_{k=1}^{C}u_{jk}^{q}\left\|m_j-v_k\right\|_2^2 \tag{8.19}$$

并满足:

$$\sum_{k=1}^{C}u_{jk}=1\ (u_{jk}\geqslant 0) \tag{8.20}$$

式中:$u_{jk}(j=1,\cdots,M;k=1,\cdots,C)$为第 j 个模型参数对第 k 个聚类中心的隶属度;q 为模糊参数,表示 u_{jk} 的 q 次方,满足 $1\leqslant q\leqslant\infty$,当 q 取 1 时,FCM 聚类退化为硬聚类,即 u_{jk} 只能取 0 或 1.0;当 q 取∞时,隶属度处于最模糊的状态,即 $u_{jk}=1/C$。

最小化关于模型参数的目标函数 φ_{FCM},可得到模型参数的分类结果及其隶属度 v_k 和 u_{jk}:

$$v_k=\frac{\sum_{j=1}^{M}u_{jk}^{q}m_j}{\sum_{j=1}^{M}u_{jk}^{q}} \tag{8.21}$$

$$u_{jk}=\frac{1}{\sum_{n=1}^{C}\left(\frac{(m_j-v_k)^{\mathrm{T}}(m_j-v_k)}{(m_j-v_n)^{\mathrm{T}}(m_j-v_n)}\right)^{\frac{1}{q-1}}} \tag{8.22}$$

根据式(8.21)和式(8.22),便可将模型参数按照对不同聚类中心的隶属度大小进行分类。图 8-6 是一个模型参数分类的例子,用于说明 FCM 聚类算法的效果。子图(a)和(b)分别是原始模型和 FCM 聚类后的分类结果,在子图(b)中有效地划分了 3 个不同的区域。在计算中参数 q 取 2.0。需要说明的是,实际聚类实现时通常在目标函数中加入空间光滑项,使得空间相邻元素的隶属度相似,以得到更好的分类结果(Pham,2001)。

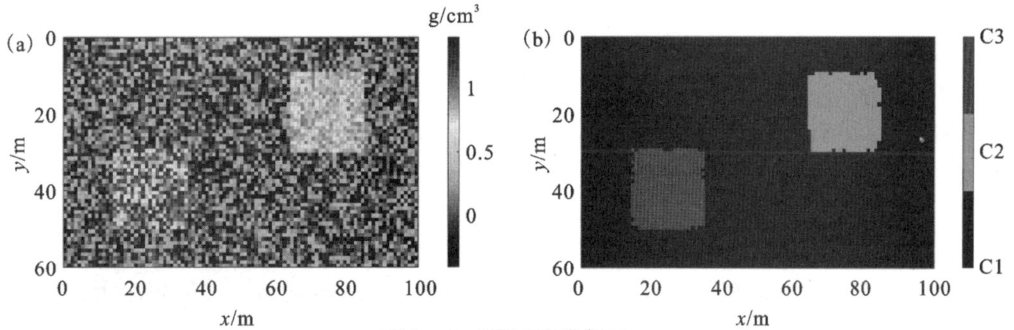

图 8-6　FCM 聚类例子

(a)模型参数空间分布图;(b)FCM 聚类后,模型参数被分为 3 类

8.2.2 FCM 聚类联合反演方法

为了简化描述，我们假设联合反演中只涉及两种不同类型的地球物理数据，如重力和地磁两种数据，对应的模型参数也是两种类型，如密度和磁化率。在反演过程中利用 FCM 聚类，可以约束模型参数，并凸显异常地质体的边界。为将 FCM 聚类引入联合反演的目标函数中，把式(8.19)改写如下：

$$\varphi_{\mathrm{FCM}} = \sum_{j=1}^{M}\sum_{k=1}^{C} u_{jk}^{q} \|\boldsymbol{m}_j - \boldsymbol{v}_k\|_2^2 \tag{8.23}$$

式中，$\boldsymbol{m}_j=[m_j^{(1)},m_j^{(2)}]^{\mathrm{T}}$ 为第 j 对两种类型的模型参数；$\boldsymbol{v}_k=[v_k^{(1)},v_k^{(2)}]^{\mathrm{T}}$ 为相应于两个不同模型参数类型的第 k 个类别的聚类中心，显然 $\boldsymbol{m}=[\boldsymbol{m}_1,\boldsymbol{m}_2,\cdots,\boldsymbol{m}_M]^{\mathrm{T}}$。

然而，在实际反演中，我们既不知道反演的模型参数，也不知道模型参数的聚类中心 $\boldsymbol{v}_k$，甚至也不知道模型参数有多少个类别。为此，Sun 和 Li(2016)提出“引导”模糊 C 均值聚类约束反演的目标函数，在目标函数式上增加一项 φ_{FCM}，可以将模型参数之间的某些关系或规律考虑到反演过程中，具体如下：

$$\varphi=\varphi_d+\alpha\varphi_m+\lambda\varphi_{\mathrm{FCM}} \tag{8.24}$$

式中：φ_d 为数据拟合项；φ_m 为模型参数约束项；λ 为权重系数，其中：

$$\varphi_{\mathrm{FCM}}(\boldsymbol{m},u_{jk},\boldsymbol{v}_k) = \sum_{j=1}^{M}\sum_{k=1}^{C} u_{jk}^{q} \|\boldsymbol{m}_j - \boldsymbol{v}_k\|_2^2 + \eta\sum_{k=1}^{C}\|\boldsymbol{v}_k-\boldsymbol{t}_k\|_2^2 \tag{8.25}$$

并满足：

$$\sum_{j=1}^{M}\left(1-\sum_{k=1}^{C}u_{jk}\right)=0 \tag{8.26}$$

式中，η 为权重系数，$\sum_{k=1}^{C}\|\boldsymbol{v}_k-\boldsymbol{t}_k\|_2^2$ 称为“引导”项，可以解决聚类中心未知的问题。只是事先需要根据先验知识，给出先验聚类中心 $\boldsymbol{t}_k=[t_k^{(1)},t_k^{(2)}]^{\mathrm{T}}(k=1,\cdots,C)$。具体反演时，模型参数类别数可以通过正则化反演结果进行尝试获得，先验聚类中心则由岩石物性信息获得。为了方便，我们给出式(8.25)右边第一项的形式，具体如下：

$$\begin{aligned}
&\sum_{j=1}^{M}\sum_{k=1}^{C} u_{jk}^{q} \|\boldsymbol{m}_j - \boldsymbol{v}_k\|_2^2 = \\
&\sum_{k=1}^{C}\left\{u_{1k}^{q}[(m_1^{(1)}-v_k^{(1)})^2+(m_2^{(2)}-v_k^{(2)})^2]+\cdots+u_{Mk}^{q}[(m_M^{(1)}-v_k^{(1)})^2+(m_M^{(2)}-v_k^{(2)})^2]\right\} = \\
&\sum_{k=1}^{C}[(\boldsymbol{m}^{(1)}-v_k^{(1)})^{\mathrm{T}}\boldsymbol{U}_k(\boldsymbol{m}^{(1)}-v_k^{(1)})+(\boldsymbol{m}^{(2)}-v_k^{(2)})^{\mathrm{T}}\boldsymbol{U}_k(\boldsymbol{m}^{(2)}-v_k^{(2)})]
\end{aligned} \tag{8.27}$$

式中，$\boldsymbol{U}_k$ 是一个包含了 $u_{1k}^q,u_{2k}^q,\cdots,u_{Mk}^q$ 的对角矩阵。$\boldsymbol{m}^{(i)}-v_k^{(i)}$，$(i=1,2)$表示所有第 i 类模型参数，如所有密度模型参数，与第 k 个聚类中心值的差，即向量 $\boldsymbol{m}^{(1)}$ 中的每个元素减去一个常数值。

由此，我们给出两种不同类型的地球物理数据的联合反演目标函数如下：

$$
\begin{aligned}
&\varphi(\boldsymbol{m}^{(1)},\boldsymbol{m}^{(2)}) = \\
&\sum_{i=1,2}\Bigg[(\boldsymbol{d}^{(i)}-\boldsymbol{f}^{(i)}(\boldsymbol{m}^{(i)}))^{\mathrm{T}}(\boldsymbol{C}_d{}^{(i)})^{-1}(\boldsymbol{d}^{(i)}-\boldsymbol{f}^{(i)}(\boldsymbol{m}^{(i)}))+\alpha_1^{(i)}(\boldsymbol{D}^{(i)}\boldsymbol{m}^{(i)})^{\mathrm{T}}(\boldsymbol{C}_s{}^{(i)})^{-1}(\boldsymbol{D}^{(i)}\boldsymbol{m}^{(i)})+ \\
&\alpha_2^{(i)}(\boldsymbol{m}^{(i)}-\boldsymbol{m}_{pri}^{(i)})^{\mathrm{T}}(\boldsymbol{C}_m{}^{(i)})^{-1}(\boldsymbol{m}^{(i)}-\boldsymbol{m}_{pri}^{(i)})+\lambda^{(i)}(\sum_{k=1}^{C}(\boldsymbol{m}^{(i)}-v_k^{(i)})^{\mathrm{T}}\boldsymbol{U}_k(\boldsymbol{m}^{(i)}-v_k^{(i)})+ \\
&\eta\sum_{k=1}^{C}(\boldsymbol{v}_k-\boldsymbol{t}_k)^{\mathrm{T}}(\boldsymbol{v}_k-\boldsymbol{t}_k))\Bigg]
\end{aligned}
\tag{8.28}
$$

式中：$\boldsymbol{d}^{(i)}$为观测数据；$\boldsymbol{f}^{(i)}$为正演算子；$\boldsymbol{m}^{(i)}$为模型物性参数；$\alpha_1^{(i)}$ 和 $\alpha_2^{(i)}$ 为正则化系数；$\boldsymbol{D}^{(i)}$为一阶光滑算子；$\boldsymbol{m}_{pri}^{(i)}$为先验模型；$\boldsymbol{C}_d^{(i)}$、$\boldsymbol{C}_s^{(i)}$ 和$\boldsymbol{C}_m^{(i)}$ 分别为各项的协方差矩阵。上式中各项的上标(i)，$i=1$ 或 2，与上一节的含义一样，表示某种地球物理观测数据及其对应的物性参数。

最小化目标函数 φ 便可得到 FCM 聚类约束反演结果，为此，我们对目标函数 φ 在给定的初始模型 $\boldsymbol{m}_0$ 处进行二阶泰勒级数展开，得到

$$
\begin{aligned}
&\varphi(\boldsymbol{m}^{(1)},\boldsymbol{m}^{(2)}) = \varphi(\boldsymbol{m}_0^{(1)},\boldsymbol{m}_0^{(2)})+ \\
&\sum_{i=1,2}\left(\left.\frac{\partial\varphi}{\partial\boldsymbol{m}^{(i)}}\right|_{\boldsymbol{m}^{(i)}=\boldsymbol{m}_0^{(i)}}(\boldsymbol{m}^{(i)}-\boldsymbol{m}_0^{(i)})+\frac{1}{2}(\boldsymbol{m}^{(i)}-\boldsymbol{m}_0^{(i)})^{\mathrm{T}}\left.\frac{\partial^2\varphi}{\partial(\boldsymbol{m}^{(i)})^2}\right|_{\boldsymbol{m}^{(i)}=\boldsymbol{m}_0^{(i)}}(\boldsymbol{m}^{(i)}-\boldsymbol{m}_0^{(i)})\right)= \\
&\varphi(\boldsymbol{m}_0^{(1)},\boldsymbol{m}_0^{(2)})+2\left(\begin{aligned}&-(\boldsymbol{A}^{(i)})^{\mathrm{T}}(\boldsymbol{C}_d^{(i)})^{-1}(\boldsymbol{d}^{(i)}-\boldsymbol{f}^{(i)}(\boldsymbol{m}_0^{(i)}))+\alpha_1^{(i)}(\boldsymbol{D}^{(i)})^{\mathrm{T}}(\boldsymbol{C}_s^{(i)})^{-1}D^{(i)}\boldsymbol{m}_0^{(i)}\\&+\alpha_2^{(i)}(\boldsymbol{C}_m^{(i)})^{-1}(\boldsymbol{m}_0^{(i)}-\boldsymbol{m}_{pri}^{(i)})+\lambda^{(i)}\sum_{k=1}^{C}\boldsymbol{U}_k(\boldsymbol{m}_0^{(i)}-v_k^{(i)})\end{aligned}\right) \\
&(\boldsymbol{m}^{(i)}-\boldsymbol{m}_0^{(i)})+(\boldsymbol{m}^{(i)}-\boldsymbol{m}_0^{(i)})^{\mathrm{T}}\Bigg[(\boldsymbol{A}^{(i)})^{\mathrm{T}}(\boldsymbol{C}_d{}^{(i)})^{-1}\boldsymbol{A}^{(i)}+\alpha_1^{(i)}(\boldsymbol{D}^{(i)})^{\mathrm{T}}(\boldsymbol{C}_s^{(i)})^{-1}\boldsymbol{D}^{(i)}+ \\
&\alpha_2^{(i)}(\boldsymbol{C}_m^{(i)})^{-1}+\lambda^{(i)}\sum_{k=1}^{C}\boldsymbol{U}_k\Bigg](\boldsymbol{m}^{(i)}-\boldsymbol{m}_0^{(i)})
\end{aligned}
\tag{8.29}
$$

上式中，$\boldsymbol{A}^{(i)}=\partial\boldsymbol{f}^{(i)}(\boldsymbol{m}^{(i)})/\partial\boldsymbol{m}^{(i)}$是在 $\boldsymbol{m}_0^{(i)}$ 处的核矩阵。对上式求关于 $\boldsymbol{m}^{(i)}$ 的偏导数，令其结果为零，有

$$
\boldsymbol{m}^{(i)}=\boldsymbol{m}_0^{(i)}+(\boldsymbol{N}^{(i)})^{-1}\boldsymbol{n}^{(i)} \tag{8.30}
$$

其中：

$$
\boldsymbol{N}^{(i)}=(\boldsymbol{A}^{(i)})^{\mathrm{T}}(\boldsymbol{C}_d^{(i)})^{-1}\boldsymbol{A}^{(i)}+\alpha_1^{(i)}(\boldsymbol{D}^{(i)})^{\mathrm{T}}(\boldsymbol{C}_s{}^{(i)})^{-1}\boldsymbol{D}^{(i)}+\alpha_2^{(i)}(\boldsymbol{C}_m{}^{(i)})^{-1}+\lambda^{(i)}\sum_{k=1}^{C}\boldsymbol{U}_k \tag{8.31}
$$

$$
\begin{aligned}
\boldsymbol{n}^{(i)}=&(\boldsymbol{A}^{(i)})^{\mathrm{T}}(\boldsymbol{C}_d{}^{(i)})^{-1}[\boldsymbol{d}^{(i)}-\boldsymbol{f}^{(i)}(\boldsymbol{m}_0{}^{(i)})]-\alpha_1^{(i)}(\boldsymbol{D}^{(i)})^{\mathrm{T}}(\boldsymbol{C}_s^{(i)})^{-1}\boldsymbol{D}^{(i)}\boldsymbol{m}_0^{(i)}- \\
&\alpha_2^{(i)}(\boldsymbol{C}_m^{(i)})^{-1}(\boldsymbol{m}_0^{(i)}-\boldsymbol{m}_{pri}^{(i)})-\lambda^{(i)}\sum_{k=1}^{C}\boldsymbol{U}_k(\boldsymbol{m}_0^{(i)}-v_k^{(i)})
\end{aligned}
\tag{8.32}
$$

令 $\Delta\boldsymbol{m}^{(i)}=(\boldsymbol{N}^{(i)})^{-1}\boldsymbol{n}^{(i)}$，则第 $k+1$ 次模型迭代更新表达式为

$$
\boldsymbol{m}_{k+1}^{(i)}=\boldsymbol{m}_k^{(i)}+\Delta\boldsymbol{m}_k^{(i)} \tag{8.33}
$$

实际反演时，在每次反演迭代中，为了更快更好地收敛，我们希望模型参数的聚类中心 $\boldsymbol{v}_k$ 和隶属度函数 u_{jk} 能同步更新。下面给出二者更新公式的推导过程。我们基于拉格朗日乘子法，结合式(8.24)和式(8.26)，构造新的目标函数如下：

$$W = \varphi + 2l\sum_{j=1}^{M}\left(1 - \sum_{k=1}^{C} u_{jk}\right) \tag{8.34}$$

式中，l 为拉格朗日乘子，对 W 求关于 $\boldsymbol{v}_k$ 的偏导数，得

$$\frac{1}{2}\frac{\partial W}{\partial \boldsymbol{v}_k} = -\sum_{j=1}^{M} u_{jk}^{q}(\boldsymbol{m}_j - \boldsymbol{v}_k) + \eta(\boldsymbol{v}_k - \boldsymbol{t}_k)$$

令上式等于零，有

$$\boldsymbol{v}_k = \frac{\sum_{j=1}^{M} u_{jk}^{q}\boldsymbol{m}_j + \eta \boldsymbol{t}_k}{\sum_{j=1}^{M} u_{jk}^{q} + \eta} \tag{8.35}$$

对 W 求关于 u_{jk} 的偏导数，得

$$\frac{1}{2}\frac{\partial W}{\partial u_{jk}} = \frac{1}{2} q u_{jk}^{q-1}(\boldsymbol{m}_j - \boldsymbol{v}_k)^{\mathrm{T}}(\boldsymbol{m}_j - \boldsymbol{v}_k) - l$$

令上式等于零，有

$$u_{jk} = \left(\frac{2l}{q}\right)^{\frac{1}{q-1}}\left(\frac{1}{(\boldsymbol{m}_j - \boldsymbol{v}_k)^{\mathrm{T}}(\boldsymbol{m}_j - \boldsymbol{v}_k)}\right)^{\frac{1}{q-1}} \tag{8.36}$$

注意到式(8.20)，并将上式中 $\boldsymbol{v}_k$ 的下标 k 换成 n，有

$$\left(\frac{2l}{q}\right)^{\frac{1}{q-1}} = \frac{1}{\sum_{n=1}^{C}\left(\frac{1}{(\boldsymbol{m}_j - \boldsymbol{v}_n)^{\mathrm{T}}(\boldsymbol{m}_j - \boldsymbol{v}_n)}\right)^{\frac{1}{q-1}}} \tag{8.37}$$

将上式代入式(8.36)，于是有

$$u_{jk} = \frac{1}{\sum_{n=1}^{C}\left(\frac{(\boldsymbol{m}_j - \boldsymbol{v}_k)^{\mathrm{T}}(\boldsymbol{m}_j - \boldsymbol{v}_k)}{(\boldsymbol{m}_j - \boldsymbol{v}_n)^{\mathrm{T}}(\boldsymbol{m}_j - \boldsymbol{v}_n)}\right)^{\frac{1}{q-1}}} \tag{8.38}$$

式中，q 的取值与式(8.22)中的一样。

以上给出了模型参数 $\boldsymbol{m}$、聚类中心 $\boldsymbol{v}_k$ 和隶属度函数 u_{jk} 各自独立更新的公式，分别为式(8.33)、式(8.35)和式(8.38)，给定相应初始模型 $\boldsymbol{m}_0$ 后便可以进行迭代求解。上述的算法，在实际反演过程中，通常会造成反演的地质体边界收缩。为此我们引入一个参数 $\rho_k(k=1,\cdots,C)$ 到反演过程中以控制隶属度的变化，可以很好地解决地质体边界收缩的问题(刘乃征等，2023)，令

$$u_{jk} = \frac{1}{\sum_{n=1}^{C}\left(\frac{\rho_k\ (\boldsymbol{m}_j - \boldsymbol{v}_k)^{\mathrm{T}}(\boldsymbol{m}_j - \boldsymbol{v}_k)}{\rho_n\ (\boldsymbol{m}_j - \boldsymbol{v}_n)^{\mathrm{T}}(\boldsymbol{m}_j - \boldsymbol{v}_n)}\right)^{\frac{1}{q-1}}} \tag{8.39}$$

其中，参数 $\rho_k(k=1,\cdots,C)$ 被称为缩放因子，可以用下式计算获得

$$\rho_k = \left[\frac{\sum_{j=1}^{M} u_{jk}}{M}\right]^{e_k} \times \frac{1}{C} \tag{8.40}$$

式中，$\sum_{j=1}^{M} u_{jk}/M$ 表示模型参数对第 k 个聚类的贡献，可以看出 ρ_k 与 $\sum_{j=1}^{M} u_{jk}/M$ 呈指数关系；我们称 $e_k(k=1,\cdots,C)$ 为缩放指数，取值区间为[0,1]，取 0 时表示 ρ_k 与 $\sum_{j=1}^{M} u_{jk}/M$ 无关，取 1 时

表示 ρ_k 与 $\sum\limits_{j=1}^{M} u_{jk}/M$ 成正比。

下面用一个实际的例子来说明基于物性相关性约束的联合反演的效果，用于反演的实际重力和地磁数据来源于山东某磁铁矿。根据已有资料，该磁铁矿区的灰岩密度为 2.6～2.7g/cm^3，闪长岩密度为 2.75g/cm^3，磁铁矿密度约为 4.0g/cm^3，和围岩的密度差约为 1.3g/cm^3。灰岩磁化率微弱，闪长岩磁化率约为 0.1SI，磁铁矿磁化率为 1～5SI，高出围岩 1 个数量级。磁铁矿具有高密度、高磁化率的性质，能够产生显著的重力和地磁异常。我们先对实际观测数据进行常规处理，并采用趋势分析法对观测数据进行了区域场与局部场分离，其中磁异常经过化极处理，所获得的局部重力异常和磁异常应为矿致异常（图 8－7），将它们作为联合反演的基础数据。图 8－8 为图 8－7 上 AB 测线处的地质剖面图。

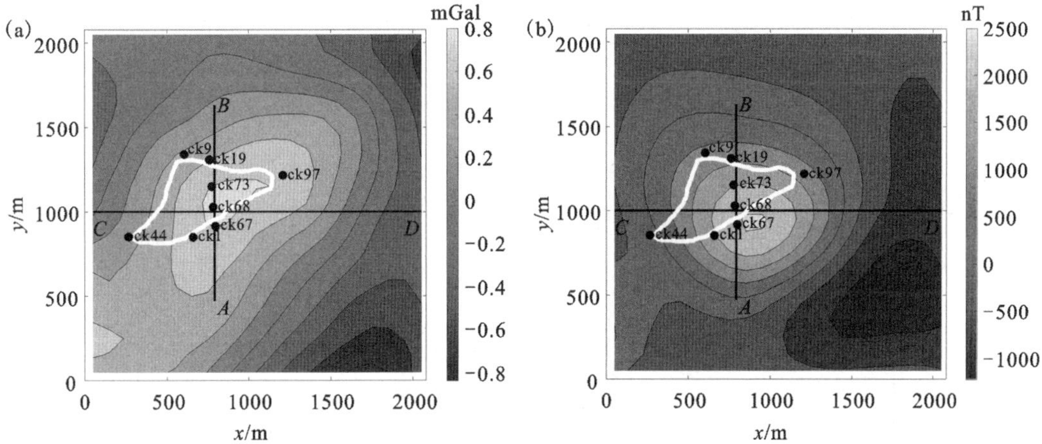

图 8－7　磁铁矿区的局部高重力异常(a)和局部磁异常(b)（化极后）

（粗白线包围区域为已控制矿体的水平投影，黑色圆点和 ck＃表示钻孔及其编号）

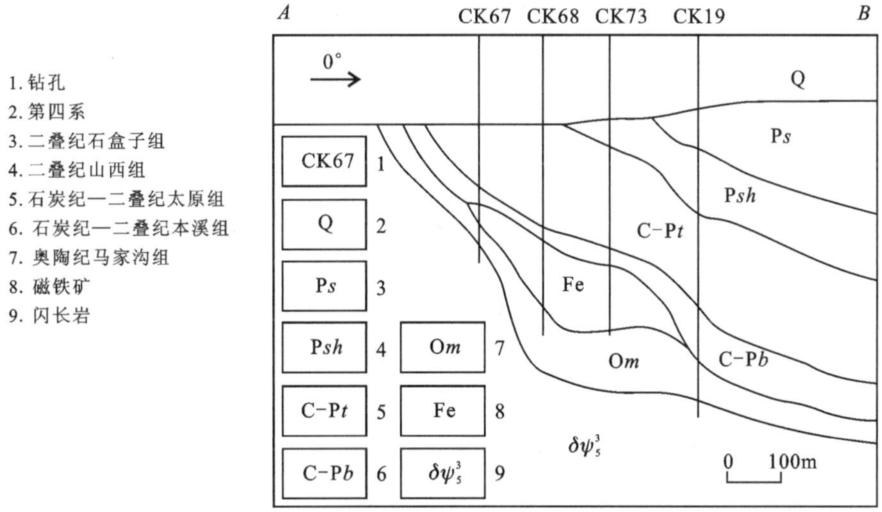

图 8－8　A—B 地质剖面图（A—B 剖面参考图 8－7）

我们将整个反演区域均匀剖分为 8788 个(26×26×13)边长为 80m 的正方形网格单元。反演时,将反演网格区域划分为磁铁矿体和围岩背景两类($C=2$),参考模型项采用 L_2 范数度量,正则化系数 β 取固定值 400.0。反演目标函数的初始模型 $\boldsymbol{m}_0$ 和参考模型 $\boldsymbol{m}_{pri}$ 均取值为[0.0g/cm^3,0.0A/m]的均匀模型。围岩的先验值设为[0.0g/cm^3,0.0A/m],磁铁矿与围岩的密度差为 1.3g/cm^3,磁化强度差为 1~5SI,取其平均值 3SI,根据该矿区的地磁要素将磁化率转化为磁化强度后约为 125A/m,故磁铁矿的先验值取[1.3g/cm^3,125A/m],即先验聚类中心 $t_1=[0.0\text{g/cm}^3,0.0\text{A/m}]^{\mathrm{T}}$,$t_2=[1.3\text{g/cm}^3,125\text{A/m}]^{\mathrm{T}}$。反演经过 30 次迭代达到终止条件,图 8-9 是联合反演结果,其中图(a)和(b)是三维反演结果,图形显示时进

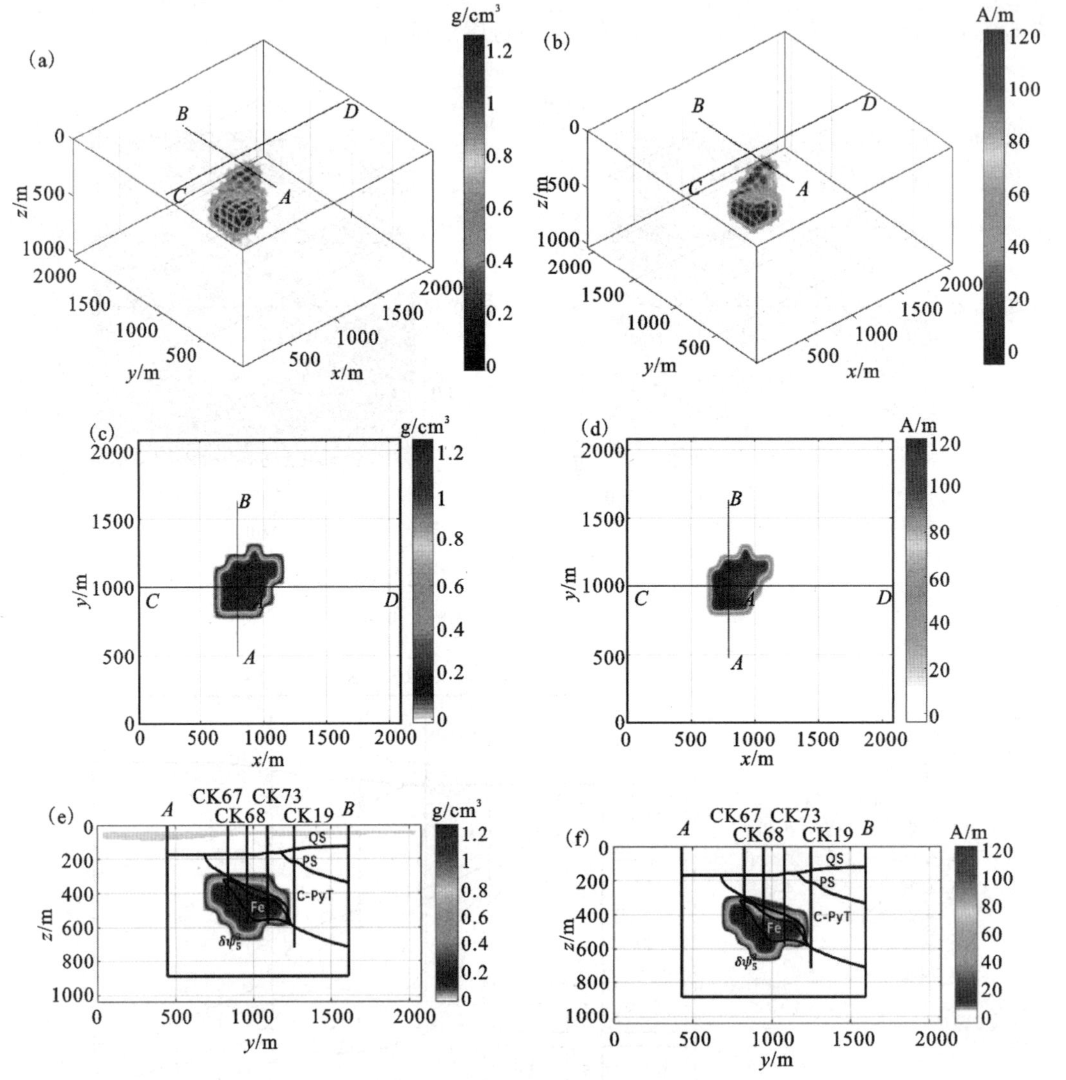

图 8-9 基于 FCM 聚类约束的重磁联合反演结果

(a)三维重力反演结果(透明化);(b)三维磁力反演结果(透明化);(c)重力反演模型水平切片($z=480$m);(d)磁法反演模型水平切片($z=480$m);(e)重力反演模型 A—B 剖面图和过井地质剖面图;(f)磁法反演模型 A—B 剖面图和过井地质剖面图

行了透明化，未透明的部分被视为矿体造成的较大的重力异常（＞0.73g/cm³）和地磁异常（＞27.8A/m）。图(c)和(d)分别为重力和磁法反演结果的水平切片图，图(e)和(f)分别为重力和磁法反演结果的过井剖面图。重力异常和地磁异常划分的依据主要为重磁联合反演结果的物性交会图（图 8－10），图中虚线为正常场和异常场的分界线。可以看出，反演结果按照先验信息成功分为两类，从 A—B 剖面图上可以看出异常体与图 8－8 地质剖面信息中的磁铁矿的空间位置比较吻合，有明显的边界。物性交会点大致分别聚集在两个先验物性交会点（圆圈）附近，不同物性的目标体在模型参数域有明显的分类。

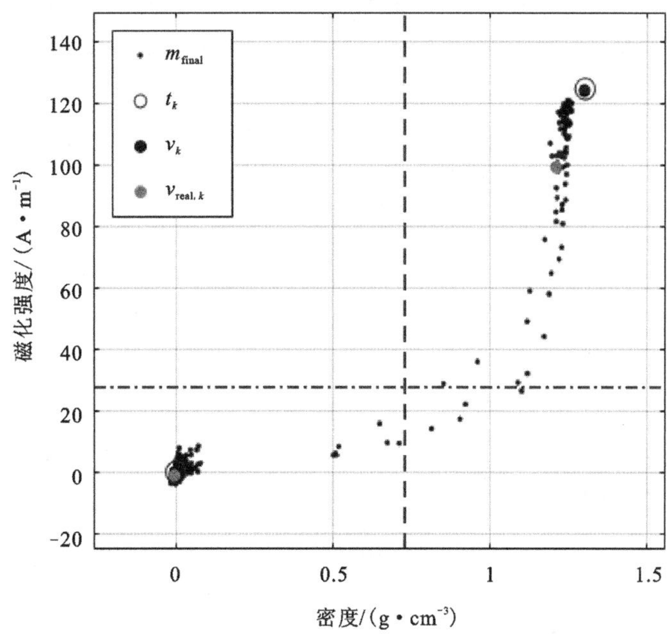

图 8－10　重磁联合反演结果的物性交会图

（两条虚线分别表示重力和地磁异常的分界线，其中大于 0.73g/cm³ 被认定为重力异常，大于 27.8A/m 被认定为地磁异常）

主要参考文献

高惠璇,1995.统计计算[M].北京:北京大学出版社.

何樵登,陶春辉,1995.用遗传算法反演裂隙各向异性介质[J].石油物探,34(1):46-50.

李庆扬,王能超,易大义,1986.数值分析[M].3版.武汉:华中理工大学出版社.

廖世俊,1994.建立在同伦基础之上的一种非线性分析方法[J].上海力学,15(2):28-33.

刘乃征,朱培民,杜利明,2023.基于改进FCM聚类算法的三维重力反演[J].地质科技通报(3):338-349.

周俊杰,2015.基于结构耦合与物性耦合的重磁联合反演方法研究[D].北京:中国地质大学(北京).

朱培民,王家映,詹正彬,2000.随机共轭梯度反演法[J].石油地球物理勘探,35(2):208-213.

BEZDEK J C,EHRLICH R,Full W,1984. FCM:The fuzzy c-means clustering algorithm[J]. Computers &Geosciences,10(2-3):191-203.

CALVETTI D,SOMERSALO E,2007. Introduction to Bayesian Scientific Computing[M]// Ten lectures on subjective computing,volume 2. New York:Springer.

DAVIDON W C,1991. Variable metric method for minimization[J]. SIAM Journal on Optimization,1(1):1-7.

EXL L,FISCHBACHER J,KOVACS A,et al.,2019. Preconditioned nonlinear conjugate gradient method for micromagnetic energy minimization[J]. Computer Physics Communications,235:179-186.

FLETCHER R,POWELL M J,1963. A rapidly convergent descent method for minimization[J]. The Computer Journal,6(2):163-168.

FLETCHER R,REEVES C M,1964. Function minimization by conjugate gradients[J]. The Computer Journal,7(2):149-154.

GALLARDO L A,MEJU M A,2003. Characterization of heterogeneous near-surface materials by joint 2D inversion of DC resistivity and seismic data[J]. Geophysical Research Letters,30(13):1658.

GARDNER G H F,1974. Formation velocity and density—The diagnostic basics for stratigraphic traps[J]. Geophysics,39(6):770-780.

GEMAN S, GEMAN D, 1984. Stochastic Relaxation, Gibbs Distributions, and the Bayesian Restoration of Images[J]. IEEE Transactions on Pattern Analysis and Machine Intelligence,6(6):721 - 741.

HABER E,OLDENBURG D,1997. Joint inversion:a structural approach[J]. Inverse problems,13(1):63 - 77.

HADAMARD,ACQUES J,1902. Sur les problèmes aux dérivées partielles et leur signification physique[J]. Princeton University Bulletin,13:49 - 52.

HASTINGS W K,1970. Monte Carlo Sampling Methods Using Markov Chains and Their Applications[J]. Biometrika,57 (1):97 - 109.

JACKSON D,1972. Optimal VS marginal solutions to underdetermined inverse problems[C]//American Geophysical Union. Transactions-American Geophysical Union,Jan 1., Washington,DC:American Geophysical Union,53(7):727.

JAYNES E T,2003. Probability Theory:The Logic of Science[M]. Cambridge:Cambridge University Press.

KENNEDY J,EBERHART R,1995. Particle swarm optimization[C]//IEEE. Proceedings of ICNN'95 - International Conference on Neural Networks,Nov 24. Perth,WA,Australia. Piscataway,NJ:IEEE:4,1942 - 1948. doi:10. 1109/ICNN. 1995. 488968.

KENNETT B L N,SAMBRIDGE M S,WILLIAMSON P R,1988. Subspace methods for large inverse problems with multiple parameter classes[J]. Geophysical Journal,94(2):237 - 247.

KIRKPATRICK S,GELATT Jr C D,VECCHI M P,1983. Optimization by simulated annealing[J]. Science,220(4598):671 - 680.

LEVENBERG K,1944. A method for the solution of certain non-linear problems in least squares[J]. Quarterly of Applied Mathematics,2(2):164 - 168.

LIU D C,NOCEDAL J,1989. On the limited memory method for large scale optimization[J]. Mathematical Programming B,45(3):503 - 528.

MALINVERNO A, TORRES-VERD N C, 2000. Bayesian inversion of DC electrical measurements with uncertainties for reservoir monitoring[J]. Inverse problems,16(5):1343.

MARQUARDT D W,1963. An algorithm for least - squares estimation of nonlinear parameters[J]. Journal of the Society for Industrial and Applied Mathematics,11(2):431 - 441.

METROPOLIS N,ROSENBLUTH A W,ROSENBLUTH M N T,et al. ,1953. Equation of state calculations by fast computing machines[J]. The Journal of Chemical Physics, 21(6):1087.

NOCEDAL J,WRIGHT S J,2006. Theory of constrained optimization. Numerical optimization[M]. New York:Springer Science.

PARKER R L, 1994. Geophysical inverse theory[M]. Princeton: Princeton University Press.

PHAM D L, 2001. Spatial models for fuzzy clustering[J]. Computer vision and image understanding, 84(2): 285 - 297.

POLAK E, RIBIERE G, 1969. Note sur la convergence de méthodes de directions conjuguées[J]. Revue francaise d' informatique et de recherche opérationnelle. Série rouge, 3(16): 35 - 43.

POLYAK B T, 1969. The conjugate gradient method in extremal problems[J]. USSR Computational Mathematics and Mathematical Physics, 9(4): 94 - 112.

PRESS F, 1968. Earth models obtained by Monte Carlo inversion[J]. Journal of Geophysical Research, 73(16): 5223 - 5234.

ROSENBROCK H, 1960. An automatic method for finding the greatest or least value of a function[J]. The Computer Journal, 3(3): 175 - 184.

SAMBRIDGE M, MOSEGAARD K, 2002. Monte Carlo methods in geophysical inverse problems[J]. Reviews of Geophysics, 40(3): 3 - 11.

SHANNO D F, KANG H P, 1978. Matrix conditioning and nonlinear optimization[J]. Mathematical Programming, 14(1): 149 - 160.

SHANNO D F, 1970. Conditioning of quasi - Newton methods for function minimization[J]. Mathematics of Computation, 24 (111): 647 - 656.

SHERMAN J, MORRISON W J, 1950. Adjustment of an Inverse Matrix Corresponding to a Change in One Element of a Given Matrix[J]. Annals of Mathematical Statistics, 21 (1): 124 - 127.

SHI Y, EBERHART R C, 1998. A modified particle swarm optimizer[C]//IEEE. IEEE International Conference on Evolutionary Computation Proceedings. IEEE World Congress on Computational Intelligence, Cat. No. 98TH8360, Anchorage, AK, USA. Piscataway, NJ: IEEE: 69 - 73. doi: 10. 1109/ICEC. 1998. 699146.

SUN J, LI Y, 2016. Joint inversion of multiple geophysical data using guided fuzzy c-means clustering[J]. Geophysics, 81(3): 37 - 57.

TRANSTRUM M K, SETHNA J P, 2012. Improvements to the Levenberg-Marquardt algorithm for nonlinear least-squares minimization[A/OL]. arXiv: 1201. 5885[physics. data-an].

TRANSTRUM M K, MACHTA B B, SETHNA J P, 2011. Geometry of nonlinear least squares with applications to sloppy models and optimization[J]. Physical Review E, 83(3): 036701.

WIGGINS R A,1972. The general linear inverse problem:implication of surface waves and free oscillations for earth structure[J]. Reviews of Geophysics,10(1):251 - 285.

ZHANG J,MORGAN F D,1997. Joint seismic and electrical tomography[C]//Society of Exploration Geophysicists. Symposium on the Application of Geophysics to Engineering and Environmental Problems. Keystone,Colorado,USA. Houston,TX:Society of Exploration Geophysicists:391 - 396.

附录 A 泛函分析初步

A1 线性向量空间

大多数理工科的研究生和本科生都已经学习过线性代数，对线性空间的概念不陌生。线性空间理论是应用数学的基础，特别是最优化和地球物理反演理论的数学基础之一。线性向量空间，简称向量空间，使我们能以几何的观点，可视化那些抽象的数学关系，这是因为一个向量空间就是一个普通空间的抽象，空间中的元素可以看作空间中的普通向量。

数学上，所谓空间就是一个集合并附加一些数学结构。线性向量空间就是在一些元素上定义了加法和数乘的集合，这里所说的加法和乘法就是集合之上的数学结构。

例如，设有一组向量(矢量)$\boldsymbol{x},\boldsymbol{y},\cdots,\boldsymbol{z}$，构成一个集合 $X=\{\boldsymbol{x},\boldsymbol{y},\cdots,\boldsymbol{z}\}$，集合中的元素可以进行加法和数乘(标量乘)的运算：

$$\boldsymbol{z}=\boldsymbol{x}+\boldsymbol{y},\quad \boldsymbol{x},\boldsymbol{y},\boldsymbol{z}\in X$$

$$\boldsymbol{y}=\alpha\boldsymbol{x},\quad \boldsymbol{x},\boldsymbol{y}\in \boldsymbol{X}\text{ 且 }\alpha\in\Re$$

若其运算结果还属于这个集合 X，称 X 是一个线性向量空间，记为$\mathbb{X}$。其中，$\Re$ 为实数构成的集合，称为实数集。

例 1 存在一个线性向量空间$\mathbb{X}$，选择其中的两个元素 $\boldsymbol{x}$ 和 $\boldsymbol{y}$，它们是 N 维向量，由 N 个有序的实数构成：

$$\boldsymbol{x}=(x_1,x_2,\cdots,x_N)\tag{A1.1}$$

$$\boldsymbol{y}=(y_1,y_2,\cdots,y_N)\tag{A1.2}$$

设有一个实数 α，与向量 $\boldsymbol{x}$ 的标量乘(scalar multiplication)定义为

$$\alpha\boldsymbol{x}=(\alpha x_1,\alpha x_2,\cdots,\alpha x_N)\tag{A1.3}$$

两个向量的加法(addition)定义为

$$\boldsymbol{x}+\boldsymbol{y}=(x_1+y_1,x_2+y_2,\cdots,x_N+y_N)\tag{A1.4}$$

线性向量空间的元素可以是各种各样的，例如，可以是函数，可以是多项式，也可以是矩阵。线性向量空间也经常被称为线性空间，下面我们给出一个一般线性空间的定义。

设有一个集合 V，包含了许多元素，这些元素之间定义了加法和标量乘两种运算，可以记为

$$f+g\text{ 和 }\alpha f$$

其中，$f,g\in\mathbb{V}$，$\alpha\in\Re$。对于任意给定的元素 $f,g,h\in\mathbb{V}$ 与任意标量 α 和 β，成立下列 9 种关系：

$$f+g\in\mathbb{V} \tag{公理 1}$$

$$\alpha f\in\mathbb{V} \tag{公理 2}$$

$$f+g=g+f \tag{公理 3}$$

$$f+(g+h)=(f+g)+h \tag{公理 4}$$

$$f+g=f+h\text{，当且仅当 } g=h \tag{公理 5}$$

$$\alpha(f+g)=\alpha f+\alpha g \tag{公理 6}$$

$$(\alpha+\beta)f=\alpha f+\beta f \tag{公理 7}$$

$$\alpha(\beta f)=(\alpha\beta)f \tag{公理 8}$$

$$1f=f \tag{公理 9}$$

在(公理 9)中，乘以数 1 的标量乘，其结果是元素自身。记法 $-f$ 表示 -1 乘以 f，关系 $f-g$ 可表示为 $f+(-g)$。

如果满足上列 9 个公理，称集合 V 为线性空间$\mathbb{V}$。从这些公理可以得出一个重要的推论，那就是线性空间包含唯一的零元素，并具有下列性质：

$$f+0=f \tag{A1.5}$$

如果

$$\alpha f=0 \tag{A1.6}$$

意味着 $\alpha=0$ 或 $f=0$。

下面给出一些在地球物理反演中常用的线性空间。

(1)$C^n[a,b]$表示定义在闭区间$[a,b]$上的实值函数(实函数)线性空间，其元素为 n 阶连续可导函数。n 阶连续可导的意思是该函数存在从 1 阶到 n 阶的导数。特别地，$C^0[a,b]$表示空间中的元素仅仅是定义在$[a,b]$上的连续函数；$C^\infty[a,b]$表示其元素是定义在$[a,b]$上的具有无限可导的函数。值得指出的是，在 $C^n[a,b]$上的元素 0 是一个常函数，即在定义的区间内任一点处的值都等于 0。

(2)一簇具有齐次边界条件的特定的线性常微分方程的解函数，构成一个线性空间。因为，两个解函数的和仍然是满足方程的解，同时，任一标量乘以解函数也仍然是方程的解。

(3)地球物理中常用的调谐函数构成一个线性空间，这些调谐函数是拉普拉斯方程$\nabla^2 f=0$的解。调谐函数是定义在地球之外的有界函数，构成一个位场(磁场或重力场)的线性空间，产生磁场或重力场的源在地球内部。调谐函数是地磁学和地球重力学研究的重要部分。

A2 子空间、线性组合和线性独立

一个线性空间$\mathbb{V}$的线性子空间，是$\mathbb{V}$的一个子集。在不至于混淆的情况下，也称线性子空间为子空间。例如，$C^{n+1}[a,b]$是 $C^n[a,b]$的子空间；整个平面上的直线构成一个线性空间，则平面上过原点的直线集是其线性子空间；同理，整个空间的平面构成一个线性空间，则过原点的平面构成一个线性子空间。

一组元素 $f_1, f_2, \cdots, f_N$ 的线性组合，是一个形如：

$$\alpha_1 f_1 + \alpha_2 f_2 + \cdots + \alpha_N f_N \tag{A2.1}$$

的任意向量。在 A1 节中，(公理 1)～(公理 9)和加法的定义只是针对两个元素，但是，式(A2.1)所表示的线性组合是多个元素的加法。值得指出的是，两个元素的加法可以递推出任意个元素的加法。根据(公理 4)，在线性组合的式(A2.1)中，元素的加法次序不会影响到最终结果。

所谓子空间，也可以这样来理解，由一些确定的元素经过线性组合得到的集合，称为原空间的子空间；换句话说，这个子空间是由那些确定的元素张成(span)得到的。

在所有的线性组合系数 $\alpha_1, \alpha_2, \cdots, \alpha_N$ 不都为零的情况下，线性组合为零，即式(A2.1)等于零，我们称 $f_1, f_2, \cdots, f_N$ 是线性相关的。等价地，如果一组元素是线性相关的，可以将其中的一个元素用其他元素的线性组合来表示，具体地，比如说，f_2 可以写成

$$\alpha_2 f_2 = \alpha_1 f_1 + \alpha_3 f_2 + \alpha_4 f_2 + \cdots + \alpha_N f_N$$

或者

$$\begin{aligned} f_2 &= \frac{\alpha_1}{\alpha_2} f_1 + \frac{\alpha_3}{\alpha_2} f_2 + \frac{\alpha_4}{\alpha_2} f_2 + \cdots + \frac{\alpha_N}{\alpha_2} f_N \\ &= \alpha'_1 f_1 + \alpha'_3 f_2 + \alpha'_4 f_2 + \cdots + \alpha'_N f_N \end{aligned}$$

线性相关的逆命题就是线性无关，或线性独立。所谓线性无关就是指，一组元素 f_1，$f_2, \cdots, f_N$ 的线性组合为零，当且仅当它们线性组合的系数都为零。由此可以推论出，如果 $f_1, f_2, \cdots, f_N$ 是线性无关的，且：

$$\sum_{j=1}^{N} \alpha_j f_j = \sum_{j=1}^{N} \beta_j f_j \tag{A2.2}$$

则 $\alpha_1 = \beta_1, \alpha_2 = \beta_2, \cdots, \alpha_N = \beta_N$；换句话说，用线性无关元素的线性组合来表示(展开)一个元素时，其组合系数是唯一的。

下面举一个非常有用的例子，来说明线性无关。设有一个线性空间 $C^\infty[a,b]$，x 的各阶指数 $1, x, x^2, \cdots, x^{n-1}$ 是这个空间的元素，它们是线性无关的。为了证明它们是线性无关的，我们用反证法。假设它们是线性相关的，存在一组不全为零的系数 α_j，对于每一个定义在 $[a,b]$ 上的 x，一定有

$$\sum_{j=1}^{n} \alpha_j x^{j-1} = 0 \tag{A2.3}$$

假设在上边的公式中，系数不为零的那些项中的最大指数项为 x^k。显然 $k=0$ 的结果是毫无意义的，假设 $k>0$，然后整理式(A2.3)，有

$$x^k = \sum_{j=1}^{k} (\alpha_j / \alpha_{k+1}) x^{j-1} \tag{A2.4}$$

当式(A2.4)两边各微分 k 次，会得到 $k! = 0$，这显然是不可能的，故线性无关得证。

从上述的推导和说明中可以看到，在一个线性空间中，一个元素表示为其他线性无关元

素的线性组合，是数学物理问题求解中最常用的技术之一，展开成球谐函数、傅里叶级数、简正模式和指数级数都是地球物理学家所熟知的例子。

A3 基底和维数

线性空间$\mathbb{V}$最显然的基本子空间是其自身$\mathbb{V}$。我们已经知道，从一个确定的元素集的线性组合形成的元素集是一个子空间；现在，假定这些确定的元素是线性独立的，那么由它们所张成的子空间是$\mathbb{V}$，即整个空间；这些元素形成了$\mathbb{V}$的一个基底。如果可以找到$\mathbb{V}$的一个基底，并且这个基底由有限数量的元素构成，则称空间$\mathbb{V}$是有限维的；否则，就是无限维的。

一个有限维的空间，可以有不止一个基底，但所有这些基底都具有相同数量的元素；这个数量被称为空间的维数。由此可以推出的结论是，在一个有限维的空间$\mathbb{V}$，每个由$N+1$个或更多个元素组成的集合，都是线性相关的；每一个子空间的维数都小于N，除非子空间是$\mathbb{V}$自身。

下面我们举一个经典的N维线性向量空间的例子。设有如下的N个元素：

$$\begin{aligned} \boldsymbol{e}_1 &= (1,0,0,\cdots,0) \\ \boldsymbol{e}_2 &= (0,1,0,\cdots,0) \\ &\vdots \\ \boldsymbol{e}_N &= (0,0,0,\cdots,1) \end{aligned} \tag{A3.1}$$

它们是线性独立的，因此可以张成一个线性空间$\mathbb{R}^N$，因为在$\boldsymbol{x}=(x_1,x_2,\cdots,x_N)$的展开中，我们可以用一组标量的值，使得

$$\boldsymbol{x} = \sum_{j=1}^{N} \alpha_j \boldsymbol{e}_j \tag{A3.2}$$

且$\alpha_j = x_j, j=1,2,\cdots,N$。值得指出的是，$\mathbb{R}^N$在数学上被称为欧几里得空间(Euclidean Space)，简称欧氏空间。当$N=1$时，称为一维实数空间$\mathbb{R}$；当$N=2$时，称为平面上的欧几里得空间$\mathbb{R}^2$；当$N=3$时，就是我们现实中的三维欧几里得空间$\mathbb{R}^3$。

我们在地球物理和其他数学物理研究中，会经常碰到由函数作为元素的线性空间，它们是无穷维的。作为一个例子，$C^n[a,b]$就是一个无穷维的空间。我们用反证法来证明一下，假设$C^n[a,b]$是一个K维的线性空间，$K+1$个指数函数$1,x,x^2,\cdots,x^K$是线性独立的，它们显然是$C^n[a,b]$的有效元素；因为K维空间的任意$K+1$个元素都是线性相关的，显然这与$K+1$个指数函数$1,x,x^2,\cdots,x^K$是线性独立的事实相矛盾。又因为K可以是任意大的数，故$C^n[a,b]$不是K维的，而是无穷维的。

A4 泛函

我们定义一个映射 F，从一个线性空间$\mathbb{V}$的子集$\mathbb{D}$映射到一组实数，记为

$$F:\mathbb{D}\subseteq\mathbb{V}\rightarrow\mathbb{R} \tag{A4.1}$$

称 F 为泛函。下面举几个简单的泛函例子：

$$N_1(\boldsymbol{x})=|x_1|+|x_2|+\cdots+|x_N|,\boldsymbol{x}\in\mathbb{R}^N \tag{A4.2}$$

$$d_j(m)=\int_a^b g_j(x)m(x)\mathrm{d}x, m\in C^0[a,b] \tag{A4.3}$$

$$D_2(f)=\left.\frac{\mathrm{d}^2 f}{\mathrm{d}x^2}\right|_{x=0}, f\in C^2[0,1] \tag{A4.4}$$

$$U(f)=\int_{S^2}(\nabla_S^2 f)^2\mathrm{d}^2\hat{\boldsymbol{r}}, f\in C^2[S^2] \tag{A4.5}$$

在最后一个泛函中，集合 S^2 是单位球体的球面，即在三维空间$\mathbb{R}^3$中半径为 1 的球面。

泛函可以分为线性和非线性两种。取子空间$\mathbb{D}$中任意的两个元素 f 和 g，如果一个泛函 L 满足如下条件：

$$L(\alpha f+\beta g)=\alpha L(f)+\beta L(g) \tag{A4.6}$$

就称泛函 L 为线性泛函。上式中 α 和 β 为两个标量，$\mathbb{D}$是泛函 L 的定义域。一般情况下，$\alpha f+\beta g\in\mathbb{D}$，所以$\mathbb{D}$是$\mathbb{V}$的一个线性子空间。式(A4.3)是一个线性泛函，实际上：

$$\begin{aligned}d_j(\alpha m_1+\beta m_2)&=\int_a^b g_j(x)[\alpha m_1(x)+\beta m_2(x)]\mathrm{d}x\\&=\alpha\int_a^b g_j(x)m_1(x)\mathrm{d}x+\beta\int_a^b g_j(x)m_2(x)\mathrm{d}x\\&=\alpha d_j(m_1)+\beta d_j(m_2)\end{aligned} \tag{A4.7}$$

在 N 维线性向量空间$\mathbb{R}^N$中，最普通的线性泛函是

$$Y(\boldsymbol{x})=y_1x_1+y_2x_2+\cdots+y_Nx_N \tag{A4.8}$$

它实际上是$\mathbb{R}^N$中任意两个元素的点积，即两个向量的点积 $Y(\boldsymbol{x})=\boldsymbol{y}\cdot\boldsymbol{x}$。

A5 范数

范数也是一类泛函。范数用来度量线性向量空间中元素的大小或长度。如果一个线性空间$\mathbb{V}$的每一个元素 f 都赋予一个范数，或定义一个范数，并记为$\|f\|\in\Re$，称这个线性空间为赋范线性空间$\mathbb{V}$。

下面我们给出范数较严谨的数学定义。一个范数是一个实数值(real value),满足下列 4 个条件(公理)。

对于每一个 $f,g\in\mathbb{V}$ 和 $\alpha\in\Re$,

$$\|f\|\geqslant 0 \qquad \text{(公理 1)}$$

$$\|\alpha f\|=|\alpha|\,\|f\| \qquad \text{(公理 2)}$$

$$\|f+g\|\leqslant\|f\|+\|g\| \qquad \text{(公理 3)}$$

$$\|f\|=0,\text{当且仅当 } f=0 \text{ 时} \qquad \text{(公理 4)}$$

满足上述 4 条公理的线性空间,称为赋范线性空间。如果在上述条件中,我们舍去最后一个条件,称这样的泛函为半范数,对应的空间称为半赋范空间。

上述的 4 个条件,每一个对应普通向量长度的一个性质。第三个条件被称为三角不等式,是平面三角中不证自明的真理。

一个赋范向量空间能自动提供两个元素之间距离的度量,记为

$$d(f,g)=\|f-g\| \tag{A5.1}$$

两个元素之间的距离称为"度量"(metric),这是一个比范数更基本的数学量,可以定义在没有赋予范数的空间上。

A6 有限维空间的范数

1. 向量范数

N 维欧氏空间$\mathbb{R}^N$定义了 3 个重要的范数,分别是

$$L_1 \text{ 范数},\|\boldsymbol{x}\|_1=|x_1|+|x_2|+\cdots+|x_N| \tag{A6.1}$$

$$L_2 \text{ 范数},\|\boldsymbol{x}\|_2=(x_1^2+x_2^2+\cdots+x_N^2)^{1/2} \tag{A6.2}$$

$$L_\infty \text{ 范数},\|\boldsymbol{x}\|_\infty=\max_i|x_i| \tag{A6.3}$$

L_1 范数和 L_∞ 范数,满足上述的 4 个条件(公理)是显然的。L_2 范数等价于我们常见的一个普通向量长度的定义,是我们最熟悉的一个范数,也被称为欧氏范数,记为$\|\boldsymbol{x}\|_E$。很容易验证 L_2 范数满足第一、第二和第四条公理,但第三条公理——三角不等式不是那么显然,在后面的第"A11"节中,我们会给予证明。这 3 个范数是定义在欧氏空间上的 L_p 范数家族中的几个最常用的范数。L_p 范数定义如下:

$$\|\boldsymbol{x}\|_p=(|x_1|^p+|x_2|^p+\cdots+|x_N|^p)^{1/p} \tag{A6.4}$$

当 $p\geqslant 1$ 所定义范数的三角不等式都是成立的,这个不等式被称为闵可夫斯基不等式(Minkowski's inequality)。很显然:

$$\|\boldsymbol{x}\|_\infty=\lim_{p\to\infty}\|\boldsymbol{x}\|_p \tag{A6.5}$$

在欧氏空间$\mathbb{R}^N$上定义一个范数所得出的赋范向量空间,也常被记作$\mathbb{E}^N$。

由$\|x\|\leqslant 1$定义的点集，即离原点不超过单位距离的那些点，被称作为$\mathbb{E}^N$内的单位球(unit ball)。当然，单位球的形状与具体的范数有关，附图 A6－1 显示了二维赋范欧氏空间$\mathbb{E}^2$中不同范数单位球的形状。

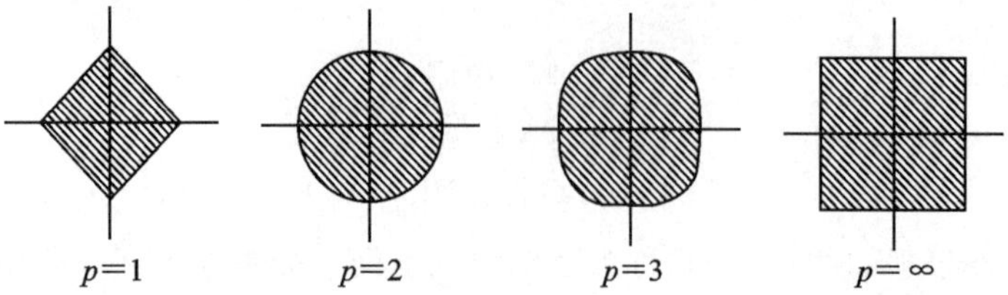

图 A6－1　赋范欧氏空间$\mathbb{E}^2$中L_1、L_2、L_3和L_∞范数单位球的形状

2. 矩阵的范数

一个矩阵可以被定义作线性映射：

$$\boldsymbol{A}:\mathbb{R}^n\rightarrow\mathbb{R}^m \tag{A6.6}$$

上式中，$\boldsymbol{A}$表示一个实矩阵，将$\mathbb{R}^n$上的一组向量映射到$\mathbb{R}^m$上的一组向量，它可以被记作一个具有n列，每列m个实数的阵列。这样由m行n列的矩阵所形成的集合，也可以被看作一个线性向量空间，我们可以称之为$m\times n$维的线性空间$\mathbb{R}^{m\times n}$，并满足矩阵的加法和标量乘。如果我们把这样的矩阵$\boldsymbol{A}\in\mathbb{R}^{m\times n}$看成一个由$m\times n$个元素构成的向量，其范数可以用向量的长度来定义。例如，矩阵的 Frobenius 范数(欧氏范数)，被定义为$\|\boldsymbol{A}\|_F$：

$$\|\boldsymbol{A}\|_F=\left(\sum_{i=1}^{m}\sum_{j=1}^{n}a_{ij}^2\right)^{\frac{1}{2}}$$

如何用一种适当的方式来定义矩阵的范数？这种范数应该能够反映映射的范围和定义域，并依赖于$\boldsymbol{A}$的维数的度量。设有一个映射：

$$\boldsymbol{A}:\mathbb{E}^n\rightarrow\mathbb{E}^m \tag{A6.7}$$

我们定义：

$$\|\boldsymbol{A}\|=\max_{\|x\|=1}\|\boldsymbol{A}\boldsymbol{x}\| \tag{A6.8}$$

为矩阵$\boldsymbol{A}$的从属矩阵范数(subordinate matrix norm)，其意义是矩阵$\boldsymbol{A}$作用于一个向量$\boldsymbol{x}$后所得到的新向量的最大长度。在上述定义(A6.8)中，严格地说，这里的最大值应该称为上确界(least upper bound，最小上界)。值得注意的是，我们用这种方法赋予无穷维空间中的一个线性映射的范数也是可行的。在无穷维空间，我们定义这样的范数时要使用上确界(supremum)而不是取最大值。

式(A6.8)所定义的范数满足前述的范数 4 个条件(公理)，而且成立：

$$\|\boldsymbol{AB}\|\leqslant\|\boldsymbol{A}\|\,\|\boldsymbol{B}\| \tag{A6.9}$$

不仅如此，所有其他类型的矩阵范数都要求上式成立。

一般情况下，在大多数与估计（误差）有关的问题中，矩阵和向量会同时出现，我们希望由式（A6.8）定义的$\|\boldsymbol{A}\| = \max\limits_{\|x\|=1}\|\boldsymbol{Ax}\|$范数，能够与向量范数相联系，且和向量范数相容，即

$$\|\boldsymbol{Ax}\| \leqslant \|\boldsymbol{A}\|\,\|\boldsymbol{x}\| \tag{A6.10}$$

对任何向量$\boldsymbol{x} \in \mathbb{E}^n$及$\boldsymbol{A} \in \mathbb{R}^{m\times n}$都成立。为此我们定义一种矩阵的范数，称为矩阵的算子范数：

$$\|\boldsymbol{A}\|_p = \max_{x\neq 0}\frac{\|\boldsymbol{Ax}\|_p}{\|\boldsymbol{x}\|_p} \tag{A6.11}$$

可以验证$\|\boldsymbol{A}\|_p$满足前述的范数定义的4个条件，且满足式（A6.9）。

若$\|\boldsymbol{x}\|_p$是$\mathbb{R}^n$上的向量范数，则$\|\boldsymbol{A}\|_p$是$\mathbb{R}^{n\times n}$上矩阵的一个范数，且满足相容条件：

$$\|\boldsymbol{Ax}\|_p \leqslant \|\boldsymbol{A}\|_p\|\boldsymbol{x}\|_p \tag{A6.12}$$

根据式（A6.11）可直接导出相容性条件（A6.12），现在我们来验证一下这样定义的矩阵范数是否满足式（A6.9）。

由式（A6.12），有

$$\|\boldsymbol{ABx}\|_p \leqslant \|\boldsymbol{A}\|_p\|\boldsymbol{Bx}\|_p \leqslant \|\boldsymbol{A}\|_p\|\boldsymbol{B}\|_p\|\boldsymbol{x}\|_p$$

当$\boldsymbol{x}\neq 0$时，有

$$\frac{\|\boldsymbol{ABx}\|_p}{\|\boldsymbol{x}\|_p} \leqslant \|\boldsymbol{A}\|_p\|\boldsymbol{B}\|_p$$

故

$$\|\boldsymbol{AB}\|_p = \max_{x\neq 0}\frac{\|\boldsymbol{ABx}\|_p}{\|\boldsymbol{x}\|_p} \leqslant \|\boldsymbol{A}\|_p\|\boldsymbol{B}\|_p$$

值得说明的是，从上述的定义和推导中可以看出，这种矩阵的范数$\|\boldsymbol{A}\|_p$依赖于向量范数$\|\boldsymbol{x}\|_p$的具体含义。换句话说，当给定一种具体的向量范数$\|\boldsymbol{x}\|_p$时，相应地就能得到一种矩阵范数$\|\boldsymbol{A}\|_p$。

下面我们给出一些具体的例子。假设在$\mathbb{E}^n$和$\mathbb{E}^m$都使用相同类型的范数，然后把矩阵的范数取与向量空间中所定义范数相同的名字，例如，在向量空间中为$\|\boldsymbol{x}\|_1$，则在矩阵空间中为$\|\boldsymbol{A}\|_1$。矩阵的1-范数$\|\boldsymbol{A}\|_1$可以简单地用下式计算：

$$\|\boldsymbol{A}\|_1 = \max_{1\leqslant j\leqslant n}\|\boldsymbol{a}_j\|_1 = \max_{1\leqslant j\leqslant n}\sum_{i=1}^{m}|a_{ij}| \tag{A6.13}$$

式中，$\boldsymbol{a}_j$为矩阵$\boldsymbol{A}$的第j列，是一个长度为m的向量。类似地，矩阵的无穷大范数$\|\boldsymbol{A}\|_\infty$可以定为矩阵$\boldsymbol{A}$所有行中1-范数的最大值：

$$\|\boldsymbol{A}\|_\infty = \max_{1\leqslant i\leqslant m}\|\boldsymbol{a}_i\|_\infty = \max_{1\leqslant i\leqslant m}\sum_{j=1}^{n}|a_{ij}| \tag{A6.14}$$

矩阵的2-范数计算起来比较麻烦，具体如下：

$$\|\boldsymbol{A}\|_2 = [\boldsymbol{A}^{\mathrm{T}}\boldsymbol{A}\text{的最大特征值}]^{\frac{1}{2}} = [\lambda_{\max}(\boldsymbol{A}^{\mathrm{T}}\boldsymbol{A})]^{\frac{1}{2}} \tag{A6.15}$$

这种定义相当简单，是用特征值的极值作为范数。矩阵的2-范数又被称为谱范数，更多有关矩阵的谱表示，可参考第4章广义反演。

矩阵范数在数值分析中十分有用，因为数值计算受限于计算机的精度。矩阵运算是很多计算的核心，包括地球物理反演理论中的计算，因此在矩阵问题的表示和数值解中对小误

差影响的理解是非常重要的。下面我们用矩阵范数来简要地描述一下线性方程系统的条件概念。考虑下列线性方程组的解 $\boldsymbol{x}$：

$$\boldsymbol{A}\boldsymbol{x}=\boldsymbol{b} \tag{A6.16}$$

式中，$\boldsymbol{x},\boldsymbol{b}\in\mathbb{E}^n$，$\boldsymbol{A}\in\mathbb{E}^{n\times n}$，且 $\boldsymbol{A},\boldsymbol{b}$ 已知，$\boldsymbol{A}$ 是非奇异的。

$\boldsymbol{A}$ 和 $\boldsymbol{b}$ 的元素是测量的结果，或者是计算的结果，不管是哪种情况，误差都是必然存在的。另外，计算机不能精确地存储任意的实数(除非是有理数，其分子和分母都足够小)，所以计算机在表示这些数据时，小的误差始终也是存在的，故实际要求解的问题变成

$$\boldsymbol{A}'\boldsymbol{x}'=\boldsymbol{b}' \tag{A6.17}$$

式中，$\boldsymbol{A}'$ 和 $\boldsymbol{b}'$ 分别为 $\boldsymbol{A}$ 和 $\boldsymbol{b}$ 的近似，其对应的解 $\boldsymbol{x}'$ 表示上列方程求解的是一个近似解。即使后续的数学计算是精确的，在 $\boldsymbol{A}$ 和 $\boldsymbol{b}$ 中的小扰动也会导致 $\boldsymbol{x}'$ 即从上式得到的精确解也与 $\boldsymbol{x}$ 不同。为了方便，将误差直接用显式表达，式(A6.17)可改写成

$$(\boldsymbol{A}+\delta\boldsymbol{A})(\boldsymbol{x}+\delta\boldsymbol{x})=\boldsymbol{b}+\delta\boldsymbol{b} \tag{A6.18}$$

式中：$\delta\boldsymbol{A}$、$\delta\boldsymbol{b}$ 和 $\delta\boldsymbol{x}$ 分别为 $\boldsymbol{A}$、$\boldsymbol{b}$ 和 $\boldsymbol{x}$ 的误差。

3. 矩阵的条件数

如果矩阵 $\boldsymbol{A}$ 和 $\boldsymbol{b}$ 的微小变化，引起方程组 $\boldsymbol{A}\boldsymbol{x}=\boldsymbol{b}$ 解的巨大变化，称此方程组为“病态”方程组，称矩阵 $\boldsymbol{A}$ 为“病态”矩阵，否则称方程组为良态方程组，称矩阵 $\boldsymbol{A}$ 为“良态”矩阵。

如何确定一个矩阵是“良态”或是“病态”的？需要一个具体的量来度量矩阵的“病态”性质。先考虑第一种情况，假设矩阵 $\boldsymbol{A}$ 是精确的，观测数据 $\boldsymbol{b}$ 有误差 $\delta\boldsymbol{b}$，由 $\delta\boldsymbol{b}$ 导致的解为 $\boldsymbol{x}+\delta\boldsymbol{x}$，则

$$\boldsymbol{A}(\boldsymbol{x}+\delta\boldsymbol{x})=\boldsymbol{b}+\delta\boldsymbol{b} \tag{A6.19}$$

从而

$$\delta\boldsymbol{x}=\boldsymbol{A}^{-1}\delta\boldsymbol{b} \tag{A6.20}$$

$$\|\delta\boldsymbol{x}\|\leqslant\|\boldsymbol{A}^{-1}\|\|\delta\boldsymbol{b}\| \tag{A6.21}$$

由条件(A6.12)，可知

$$\|\boldsymbol{b}\|\leqslant\|\boldsymbol{A}\|\|\boldsymbol{x}\| \tag{A6.22}$$

设 $\boldsymbol{b}\neq0$，可得

$$\frac{1}{\|\boldsymbol{x}\|}\leqslant\frac{\|\boldsymbol{A}\|}{\|\boldsymbol{b}\|} \tag{A6.23}$$

综合式(A6.21)和式(A6.23)，可得

$$\frac{\|\delta\boldsymbol{x}\|}{\|\boldsymbol{x}\|}\leqslant\|\boldsymbol{A}\|\|\boldsymbol{A}^{-1}\|\frac{\|\delta\boldsymbol{b}\|}{\|\boldsymbol{b}\|} \tag{A6.24}$$

再考虑第二种情况，假设观测数据 $\boldsymbol{b}$ 是精确的，矩阵 $\boldsymbol{A}$ 有误差 $\delta\boldsymbol{A}$，由 $\delta\boldsymbol{A}$ 导致的解为 $\boldsymbol{x}+\delta\boldsymbol{x}$，则

$$(\boldsymbol{A}+\delta\boldsymbol{A})(\boldsymbol{x}+\delta\boldsymbol{x})=\boldsymbol{b} \tag{A6.25}$$

可推出

$$(\boldsymbol{A}+\delta\boldsymbol{A})\delta\boldsymbol{x}=-(\delta\boldsymbol{A})\boldsymbol{x} \tag{A6.26}$$

因为，$\boldsymbol{A}+\delta\boldsymbol{A}=\boldsymbol{A}(\boldsymbol{I}+\boldsymbol{A}^{-1}\delta\boldsymbol{A})$，当$\|\boldsymbol{A}^{-1}\delta\boldsymbol{A}\|<1$时，$(\boldsymbol{I}+\boldsymbol{A}^{-1}\delta\boldsymbol{A})^{-1}$存在，且$\|(\boldsymbol{I}+\boldsymbol{A}^{-1}\delta\boldsymbol{A})^{-1}\|\leqslant\dfrac{1}{1-\|\boldsymbol{A}^{-1}\delta\boldsymbol{A}\|}$（李庆扬等，1986），由式(A6.26)可得

$$\delta\boldsymbol{x}=-(\boldsymbol{A}+\delta\boldsymbol{A})^{-1}(\delta\boldsymbol{A})\boldsymbol{x}=-(\boldsymbol{I}+\boldsymbol{A}^{-1}\delta\boldsymbol{A})^{-1}\boldsymbol{A}^{-1}(\delta\boldsymbol{A})\boldsymbol{x} \tag{A6.27}$$

因此

$$\|\delta\boldsymbol{x}\|\leqslant\frac{\|\boldsymbol{A}^{-1}\|\|\delta\boldsymbol{A}\|}{1-\|\boldsymbol{A}^{-1}\delta\boldsymbol{A}\|}\|\boldsymbol{x}\|$$

$$\frac{\|\delta\boldsymbol{x}\|}{\|\boldsymbol{x}\|}\leqslant\frac{\|\boldsymbol{A}^{-1}\|\|\delta\boldsymbol{A}\|}{1-\|\boldsymbol{A}^{-1}\delta\boldsymbol{A}\|} \tag{A6.28}$$

进一步，设$\|\boldsymbol{A}^{-1}\|\|\delta\boldsymbol{A}\|<1$，即得

$$\frac{\|\delta\boldsymbol{x}\|}{\|\boldsymbol{x}\|}\leqslant\frac{\|\boldsymbol{A}^{-1}\|\|\delta\boldsymbol{A}\|}{1-\|\boldsymbol{A}^{-1}\|\|\delta\boldsymbol{A}\|}=\frac{\|\boldsymbol{A}^{-1}\|\|\boldsymbol{A}\|\dfrac{\|\delta\boldsymbol{A}\|}{\|\boldsymbol{A}\|}}{1-\|\boldsymbol{A}^{-1}\|\|\boldsymbol{A}\|\dfrac{\|\delta\boldsymbol{A}\|}{\|\boldsymbol{A}\|}}$$

根据上述结果，且$\|\delta\boldsymbol{A}\|$充分小，那么上式可简化为

$$\frac{\|\delta\boldsymbol{x}\|}{\|\boldsymbol{x}\|}\leqslant\|\boldsymbol{A}^{-1}\|\|\boldsymbol{A}\|\frac{\|\delta\boldsymbol{A}\|}{\|\boldsymbol{A}\|} \tag{A6.29}$$

说明矩阵$\boldsymbol{A}$的误差$\dfrac{\|\delta\boldsymbol{A}\|}{\|\boldsymbol{A}\|}$在解中可能放大$\|\boldsymbol{A}^{-1}\|\|\boldsymbol{A}\|$倍。

总之，综合上述两种情况，量$\|\boldsymbol{A}^{-1}\|\|\boldsymbol{A}\|$越小，由矩阵$\boldsymbol{A}$(或$\boldsymbol{b}$)的相对误差引起的解的相对误差就越小；量$\|\boldsymbol{A}^{-1}\|\|\boldsymbol{A}\|$越大，解的相对误差就越大。所以，量$\|\boldsymbol{A}^{-1}\|\|\boldsymbol{A}\|$实际上刻画了解对原始数据变化的灵敏度，即刻画了矩阵$\boldsymbol{A}$或方程组的病态程度，因此称$\mathrm{cond}\,(\boldsymbol{A})_p=\|\boldsymbol{A}^{-1}\|_p\|\boldsymbol{A}\|_p$为矩阵$\boldsymbol{A}$的条件数($p=1,2$或$\infty$)。

常用的矩阵条件数有两种。

(1)$\mathrm{cond}\,(\boldsymbol{A})_\infty=\|\boldsymbol{A}^{-1}\|_\infty\|\boldsymbol{A}\|_\infty$。

(2)谱条件数：

$$\mathrm{cond}\,(\boldsymbol{A})_2=\|\boldsymbol{A}^{-1}\|_2\|\boldsymbol{A}\|_2=\sqrt{\frac{\lambda_{\max}(\boldsymbol{A}^{\mathrm{T}}\boldsymbol{A})}{\lambda_{\min}(\boldsymbol{A}^{\mathrm{T}}\boldsymbol{A})}}$$

当矩阵$\boldsymbol{A}$为对称矩阵时

$$\mathrm{cond}\,(\boldsymbol{A})_2=\frac{|\lambda_{\max}|}{|\lambda_{\min}|}$$

其中，$\lambda_{\max}$和$\lambda_{\min}$分别为矩阵$\boldsymbol{A}$的绝对值最大和绝对值最小的特征值。

矩阵的条件数有以下性质。

(1)对任何非奇异矩阵$\boldsymbol{A}$，都有$\mathrm{cond}\,(\boldsymbol{A})_p\geqslant1$。因为$\mathrm{cond}\,(\boldsymbol{A})_p=\|\boldsymbol{A}^{-1}\|_p\|\boldsymbol{A}\|_p\geqslant\|\boldsymbol{A}^{-1}\boldsymbol{A}\|_p=1$。

(2)若$\boldsymbol{A}$为非奇异矩阵，且存在常数$c\neq0$，则$\mathrm{cond}\,(c\boldsymbol{A})_p=\mathrm{cond}\,(\boldsymbol{A})_p$。

(3)若$\boldsymbol{A}$为正交矩阵，则$\mathrm{cond}\,(\boldsymbol{A})_2=1$。

(4)若$\boldsymbol{A}$为非奇异矩阵，$\boldsymbol{R}$为正交矩阵，则$\mathrm{cond}\,(\boldsymbol{RA})_2=\mathrm{cond}\,(\boldsymbol{AR})_2=\mathrm{cond}\,(\boldsymbol{A})_2$。

例 1 已知 n 阶 Hilbert 矩阵

$$\boldsymbol{H}_n=\begin{bmatrix}1 & \frac{1}{2} & \cdots & \frac{1}{n}\\ \frac{1}{2} & \frac{1}{3} & \cdots & \frac{1}{n+1}\\ \vdots & \vdots & \ddots & \vdots\\ \frac{1}{n} & \frac{1}{n+1} & \cdots & \frac{1}{2n-1}\end{bmatrix}$$

计算 $\boldsymbol{H}_3$ 的条件数,并分析方程组 $\boldsymbol{H}_3\boldsymbol{x}=\boldsymbol{b}=[11/6\quad 13/12\quad 47/60]^{\mathrm{T}}$,在有舍入误差的情况下计算精度。

解:(1)$\boldsymbol{H}_3$ 的条件数。

$$\text{因为 } \boldsymbol{H}_3=\begin{bmatrix}1 & \frac{1}{2} & \frac{1}{3}\\ \frac{1}{2} & \frac{1}{3} & \frac{1}{4}\\ \frac{1}{3} & \frac{1}{4} & \frac{1}{5}\end{bmatrix},\quad \boldsymbol{H}_3^{-1}=\begin{bmatrix}9 & -36 & 30\\ -36 & 192 & -180\\ 30 & -180 & 180\end{bmatrix}$$

可得,$\|\boldsymbol{H}_3\|_\infty=11/6$,$\|\boldsymbol{H}_3^{-1}\|_\infty=408$,从而 $\mathrm{cond}\,(\boldsymbol{H}_3)_\infty=748$。

(2)$\boldsymbol{H}_3$ 的误差对方程组求解精度的影响。

设在计算机中表示 $\boldsymbol{H}_3$ 和 $\boldsymbol{b}$ 取 3 位有效数字,近似方程组 $\boldsymbol{H}'_3\boldsymbol{x}'=\boldsymbol{b}'$ 求解的近似解为 $\boldsymbol{x}'=\boldsymbol{x}+\delta\boldsymbol{x}$,即 $(\boldsymbol{H}+\delta\boldsymbol{H})(\boldsymbol{x}+\delta\boldsymbol{x})=\boldsymbol{b}+\delta\boldsymbol{b}$,具体方程组为

$$\begin{bmatrix}1.00 & 0.500 & 0.333\\ 0.500 & 0.333 & 0.250\\ 0.333 & 0.250 & 0.200\end{bmatrix}\boldsymbol{x}'=\begin{bmatrix}1.83\\ 1.08\\ 0.783\end{bmatrix}$$

求上式,可得 $\boldsymbol{x}'=[1.089\,512\,538\quad 0.487\,967\,062\quad 1.491\,002\,789]^{\mathrm{T}}$。

方程组 $\boldsymbol{H}_3\boldsymbol{x}=\boldsymbol{b}$ 的精确解为

$$\boldsymbol{x}=[1\quad 1\quad 1]^{\mathrm{T}}$$

误差为

$$\delta\boldsymbol{x}=[0.089\,5\quad -0.512\,0\quad 0.491\,0]^{\mathrm{T}}$$

对应的

$$\frac{\|\delta\boldsymbol{H}\|_\infty}{\|\boldsymbol{H}\|_\infty}\approx 0.18\times 10^{-3}<0.02\%$$

$$\frac{\|\delta\boldsymbol{b}\|_\infty}{\|\boldsymbol{b}\|_\infty}\approx 0.182\%,\ \frac{\|\delta\boldsymbol{x}\|_\infty}{\|\boldsymbol{x}\|_\infty}\approx 51.2\%。$$

这就是说,$\boldsymbol{H}_3$ 和 $\boldsymbol{b}$ 的相对误差不超过 0.2%,但引起解的相对误差却超过了 50%。

A7 无穷维空间的范数

考虑一个线性向量空间 $C^0[a,b]$,即一个定义在闭区间 $[a,b]$ 上的连续函数空间。就像在 $\mathbb{R}^n$ 上,对于任意给定空间内的元素,我们可以定义下面的泛函:

$$\|f\|_1 = \int_a^b |f(x)|\,\mathrm{d}x \tag{A7.1}$$

$$\|f\|_2 = \int_a^b f^2(x)\,\mathrm{d}x \tag{A7.2}$$

$$\|f\|_\infty = \max_{a\leqslant x\leqslant b} |f(x)| \tag{A7.3}$$

上列范数的定义,除了$\|f\|_2$ 的三角不等式外(相关证明参见 A11 节),其他均满足范数成立的条件。上列 3 种范数的任一个,都可以从 $C^0[a,b]$产生一个赋范向量空间。其中第三个最重要,被称为 $C[a,b]$,即定义在$[a,b]$上的有界连续函数空间。$\|f\|_\infty$范数也被称为一致范数(uniform norm),那是因为,如果我们给定 $g,f_1,f_2,\cdots,\in C[a,b]$,所形成的距离序列$\|f_k-g\|_\infty$趋于零(当 $k\to\infty$),我们就说函数序列 f_k 一致收敛于 g。一致收敛是经典数学分析的核心。

由于$\|f\|_1$ 和$\|f\|_2$ 的极端重要性,从 $C^0[a,b]$生成的赋范空间,被称为 $CL_1[a,b]$和 $CL_2[a,b]$,它们是更一般的赋范空间 $L_1[a,b]$和 $L_2[a,b]$的子空间。

前述 3 种形式的范数,度量 f 的大小相当直接,可通过寻找 f 的最大值或者平均的方式。我们考虑一个光滑函数的空间,譬如说 $C^2[a,b]$,可以将导数信息引入范数中,那么范数就受函数的粗糙度影响。设 f 的导数为 $f'(x)$、$f''(x)$,可以定义两种新的范数:

$$\|f\|_s = \left[\int_a^b (w_0(x)f(x)^2 + w_1(x)f'(x)^2)\,\mathrm{d}x\right]^{\frac{1}{2}} \tag{A7.4}$$

$$\|f\|'' = \left[f(a)^2 + f'(a)^2 + \int_a^b f''(x)^2\,\mathrm{d}x\right]^{\frac{1}{2}} \tag{A7.5}$$

假定 $w_0>0$ 和 $w_1>0$,$\|f\|_s$ 必定满足范数式(公理 4)条件。式(A7.4)所示的范数$\|f\|_s$ 是索别列夫(Sobolev)范数的一个简单例子,这个泛函与偏微分方程

$$(w_1 f')' - w_0 f = 0 \tag{A7.6}$$

相联系,f 是上式的解。

这里再给出一个定义在 $C^0[a,b]$上 f 的范数:

$$\|f\|_I = \left[\int_a^b \left[\int_a^x f(t)\,\mathrm{d}t\right]^2 \mathrm{d}x\right]^{\frac{1}{2}} \tag{A7.7}$$

从上式可以看出,这个泛函对 f 的高频信息非常不敏感,因为积分了两次。我们把这个特有的将 $C^0[a,b]$和$\|f\|_I$ 联系在一起的赋范空间记为 $CI[a,b]$。

A8 收敛、柯西序列和完备性

在一个赋范向量空间,一个元素的无穷序列 $f_1,f_2,f_3\cdots$,如果当 $k\to\infty$时,$\|f_k-g\|_\infty\to 0$,就说该序列一致收敛于元素 g。准确地说,是在某种范数下(而不是另外一种),该序列收敛

于元素 g。如果一个序列收敛，意味着序列中的成员 f_k 彼此之间互相接近，因为，当 k 和 j 同时增大，必有

$$\begin{aligned}\|f_k-f_j\|&=\|(f_k-g)-(f_j-g)\|\\&\leqslant\|f_k-g\|+\|f_j-g\|\to 0\end{aligned}$$

任何一个序列，当 $k,j\to\infty$ 时，$\|f_k-f_j\|\to 0$，称该序列为柯西序列(Cauchy sequence)，简称柯西列。

在赋范空间中每一个柯西序列都收敛到空间中的一个元素，是不是事实？答案是“不”。如果一个赋范向量空间中的柯西序列不能收敛于某个元素，我们就称这个空间为不完备的。相反地，如果空间中的任一柯西序列都收敛于某一个元素，我们就称该空间为完备的。完备的赋范线性向量空间被称为巴拿赫空间(Banach spaces)。

我们最熟悉的一个完备的赋范空间例子是由实数构成的空间——实空间，虽然每一个元素都是一个标量。实空间中，柯西列都收敛于一个实的极限。这样一个事实，使得证明任一个赋范向量空间中一个柯西列元素的范数总是收敛于一个确定的极限变得比较容易。对于柯西列来说，这是一个必要条件，但不是充分的。

下面我们通过一些柯西列的例子来说明空间的不完备性。

例 1 考虑前述通过 $\|f\|_1$ 定义的连续函数赋范空间 $CL_1[a,b]$，取 $[a,b]$ 为 $[-1,1]$，并定义 $f_1,f_2,\cdots$ 为

$$f_k(x)=\begin{cases}0, & x\leqslant 0\\ k^2x^2, & 0<x\leqslant 1/k\\ 1, & 1/k<x\end{cases}\tag{A8.1}$$

这些函数是连续函数(图 A8-1)，其中 k 为正整数。下面我们计算空间中两个元素(函数) f_j,f_k 之间的距离。假设 $j\leqslant k$，则必有 $f_j(x)\leqslant f_k(x)$。

$$\begin{aligned}\|f_k-f_j\|_1&=\int_{-1}^{1}|f_k(x)-f_j(x)|\,\mathrm{d}x\\&=\int_{-1}^{1}[f_k(x)-f_j(x)]\,\mathrm{d}x\\&=\int_{-1}^{0}+\int_{0}^{1/k}+\int_{1/k}^{1/j}+\int_{1/j}^{1}\\&=0+\int_{0}^{1/k}(k^2x^2-j^2x^2)\,\mathrm{d}x+\int_{1/k}^{1/j}(1-j^2x^2)\,\mathrm{d}x+0\\&=\frac{2}{3}\left(\frac{1}{j}-\frac{1}{k}\right)\end{aligned}\tag{A8.2}$$

显然，如果 $j\geqslant k$，我们可以在上式中交换它们，所以上式的一般形式为

$$\|f_k-f_j\|_1=\frac{2}{3}\left|\frac{1}{j}-\frac{1}{k}\right|\tag{A8.3}$$

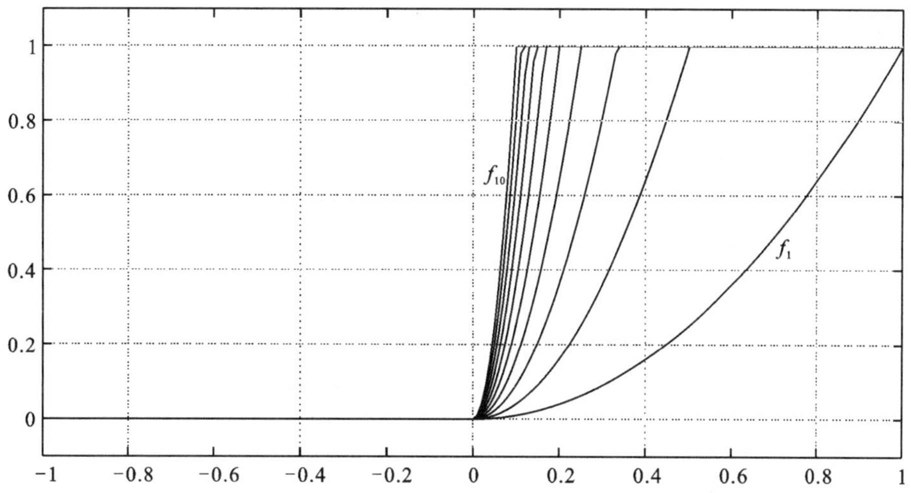

图 A8-1 赋范空间的函数柯西序列例子及其收敛性

因此，当 j 和 k 同时变大，元素 f_j 和 f_k 之间的距离在 1-范数下逐渐收缩，所以该序列是定义在 $CL_1[-1,1]$上的柯西列。但是，在闭区间$[-1,0]$及其并$(0,1]$上，序列是清楚地收敛到最终的一个元素，这个元素的值是零；这不可能是一个连续函数。柯西列不能收敛到仅包含连续函数的 $CL_1[-1,1]$上的某个元素，因此空间是不完备的。

值得指出的是在空间 $C[-1,1]$上，既是如上所述的同样的序列也不是柯西列。前面我们提到过，$C[-1,1]$是一个被赋予一致范数的连续函数空间。读者可以很容易地验证：

$$\|f_k-f_j\|_\infty=1-j^2/k^2,j\leqslant k \tag{A8.4}$$

注意，在这种情况下$\|f_k\|_\infty=1$，这个序列范数的极限存在，是因为自身的原因，不是因为它是一个柯西列。

例 2 在 I-范数空间 $CI[-1,1]$上定义一组连续函数 $d_1,d_2,\cdots,d_k$，具体为

$$d_k(x)=ke^{-\pi k^2x^2},k=1,2,3,\cdots \tag{A8.5}$$

这些函数随着 k 的增加，逐渐变窄、变高(图 A8-2)，准确地说，当 $k\to\infty$时。不管 x 取何值，只要不取零(即 $x\neq0$)，都有 $d_k(x)\to0$；但是 $d_k(0)=k$。$CI[-1,1]$上的序列是柯西列，因为：

$$\|d_k-d_j\|_I^2=\int_{-1}^{1}\left[\int_{-1}^{x}[d_k(t)-d_j(t)]\mathrm{d}t\right]^2\mathrm{d}x \tag{A8.6}$$

为了方便计算上式，我们把积分的范围扩大，并成立下式：

$$\|d_k-d_j\|_I^2\leqslant\int_{-\infty}^{\infty}\left[\int_{-\infty}^{x}(d_k(t)-d_j(t))\mathrm{d}t\right]^2\mathrm{d}x \tag{A8.7}$$

积分两次后我们可得

$$\|d_k-d_j\|_I^2\leqslant\frac{1}{\pi\sqrt{2}}\left[\left(\frac{2}{k^2}+\frac{2}{j^2}\right)^{1/2}-\frac{1}{k}-\frac{1}{j}\right] \tag{A8.8}$$

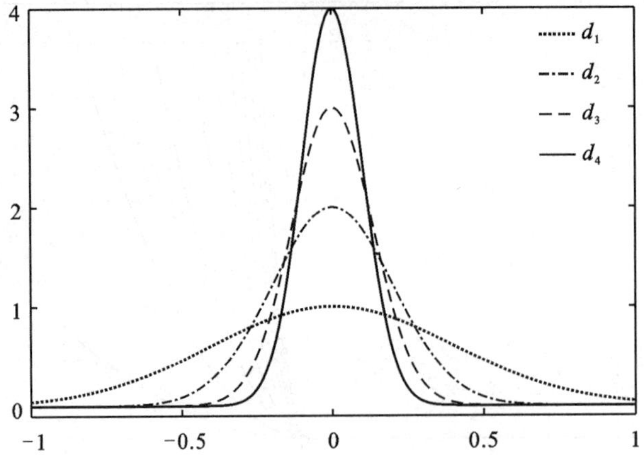

图 A8-2　赋范空间 $CI[-1,1]$上定义的无穷序列

这个不等式说明，当 j 和 k 同步增大且无界，$\|d_k - d_j\|_I$ 趋于零，因此，$d_1, d_2, d_3, \cdots$ 是一个柯西列。这个事实，结合先前我们说 $CI[-1,1]$上无极限元素，说明 $CI[-1,1]$空间是一个不完备空间。

顺便指出，$d_1, d_2, d_3, \cdots$ 在 $C[-1,1]$上不是一个柯西列，因为 $\|d_k - d_j\|_\infty = |k-j|$；而且在 $CL_1[-1,1]$上也不是一个柯西列。

上面所举的两个例子是不完备的空间，但很多空间是完备的。例如，每一个有限维空间都是完备的。因此，在普通的空间中可以不去考虑完备性的概念。值得指出的是，空间 $C[a,b]$是一个连续函数集合，在一致范数（无穷范数）下，也是完备的。

A9 空间的完备化

不完备的空间在进行数学分析时难以处理。例如，一个反演问题的解常常被公式化为一个收敛序列，如果这个收敛的极限在空间上不存在，就无法得到结果。完备化可以避开这个困境，其基本思想是，对于一个赋范向量空间 $\mathbb{N}$，我们可以定义一个完备的赋范向量空间 $\hat{\mathbb{N}}$，$\mathbb{N}$ 中每一个柯西序列都能够收敛到 $\hat{\mathbb{N}}$ 中存在的一个极限（元素）。上述方式，我们实际上是扩大了空间，包含了先前不存在的元素。事实上，这种扩大过程是一种强有力的方法，可以定义新的较抽象元素，处理那些在一般数学分析中很难处理的部分，例如，冲激函数（delta function）。空间完备化的基本数学思想如下：

我们记空间 $\mathbb{N}$ 中的一个柯西序列 $f_1, f_2, f_3, \cdots$ 为 $\{f\}$；当 $k \to \infty$ 时。如果 $\|f_k - \hat{f}_k\|_N \to 0$，说明两个柯西序列 $\{f_k\}$ 和 $\{\hat{f}_k\}$ 是等价的。这里符号 $\|\circ\|_N$ 表示空间 $\mathbb{N}$ 的范数。$\mathbb{N}$ 的完备空间 $\hat{\mathbb{N}}$ 是由多个柯西列 $\hat{f}$ 组成的集合，其中的每一个柯西列都等价于 $\mathbb{N}$ 中某个特定的序列。$\hat{\mathbb{N}}$ 的元素被称为等价类（equivalence classes）。

换句话说，如果$\{f_k\}\in\hat{f}\in\hat{\mathbb{N}}$，则$\hat{f}$就是$\mathbb{N}$中所有等价于$\{f_k\}$的柯西列的集合。我们可以看出，$\hat{\mathbb{N}}$就是一个向量空间，如果我们在$\hat{\mathbb{N}}$上以很自然的方式定义了“加”和“标量乘”：

$$\{f_k+g_k\}\in\hat{f}_k+\hat{g}_k, \alpha f_k\in\alpha\hat{f} \tag{A9.1}$$

其中：

$$\{f_k\}\in\hat{f}\in\hat{\mathbb{N}}, \{g_k\}\in\hat{g}_k\in\hat{\mathbb{N}}, \alpha\in\Re \tag{A9.2}$$

如果我们在其上定义了范数

$$\|\hat{f}_k\|_{\hat{N}}=\lim_{k\to\infty}\|f_k\|_N, \{f_k\}\in\hat{f} \tag{A9.3}$$

则$\hat{\mathbb{N}}$是一个赋范向量空间。由此定义的空间$\hat{\mathbb{N}}$是一个完备的空间。

很显然，$\mathbb{N}$中的每一个元素，通过$f_1,f_2,f_3,\cdots$，都能在$\hat{\mathbb{N}}$中产生一个相应的元素，由此我们可以认为，$\mathbb{N}$是$\hat{\mathbb{N}}$的一个子空间。

下面我们通过$CL_1[a,b]$的完备化$L_1[a,b]$，来说明完备化的过程。我们在 A8 节中已经知道，一个空间中序列的极限可能收敛到在原空间中不存在的元素(可以看成不连续)。实际上，它们是收敛于(趋向于)无界函数，假设这些无界函数是可积的。我们考虑一个不连续函数：

$$g(x)=\begin{cases}1, & x\geqslant 0\\ 0, & x<0\end{cases} \tag{A9.4}$$

作为$L_1[-1,1]$的一个元素。我们还定义不同于上述函数的不连续函数，例如：

$$\tilde{g}(x)=\begin{cases}1, & x>0\\ 0, & x\leqslant 0\end{cases} \tag{A9.5}$$

或者

$$\tilde{\tilde{g}}(x)=\begin{cases}1, & x>0\\ 1/2, & x=0\\ 0, & x<0\end{cases} \tag{A9.6}$$

上述 3 个不连续函数的柯西序列是完全等价的，因为都有$\|g_k-\tilde{g}_k\|_1\to 0$。1 -范数无法看出$g_k$和$\tilde{g}_k$的差别，这是因为范数定义中的积分使得$x=0$处的差异丢失了。完备化后的$L_1[a,b]$中包含所有一族类似的函数，差别只在于断点(不连续点)的不同，但都满足于：

$$\|f_k-\tilde{f}_k\|_1=0 \tag{A9.7}$$

这意味着类似的函数有很多。尽管如此，通常我们只提函数$f\in L_1[a,b]$。

还有一种数学方法来定义$L_1[a,b]$，即测度论(The Theory of Measure)和勒贝格积分(Lebesgue Integration)。这种方法把空间中的元素视作函数集合，而不是函数序列的集合，表面上这种方法更有吸引力。L_1中的元素被定义为勒贝格可积函数的集合。有关完备化赋范线性空间的具体例子可参见泛函分析的书籍。

A10 变分和泛函的极值

在研究各种泛函时，一定会碰到函数的微小变化对泛函的影响等问题，就像我们学习微积分一定会研究自变量的微小变化对函数的影响一样(微分)。本节我们引入变分和泛函的极值等概念和定义。

我们从一个熟知的例子中来引出变分的定义(图 A10－1)。在地震勘探和地震学研究中经常会碰到求地震射线路径的问题。设在一个二维空间$\mathbb{V}$，已知其速度分布 $v(x,y)$，若震源在点 $A(x_1,y_1)$，地震检波器放置在点 $B(x_2,y_2)$，地震波从 A 点到 B 点的传播路径(射线路径)l 如何求出?

沿射线路径 l 从 A 点到 B 点的传播时间可以按照下式计算：

$$t=\int_l \frac{\mathrm{d}s}{v(x,y)}=\int_A^B \frac{\mathrm{d}s}{v(x,y)} \tag{A10.1}$$

式中，$\mathrm{d}s$ 是射线 $l:y=y(x)$的一小段弧长，因为

$$(\mathrm{d}s)^2=(\mathrm{d}x)^2+(\mathrm{d}y)^2=[1+(y')^2](\mathrm{d}x)^2$$

故

$$\mathrm{d}s=\sqrt{1+(y')^2}\,\mathrm{d}x$$

式(A10.1)可以改写为

$$t=\int_{x_1}^{x_2}\frac{1}{v(x,y)}\sqrt{1+(y')^2}\,\mathrm{d}x=\int_{x_1}^{x_2}\frac{1}{v(x,y(x))}\sqrt{1+(y')^2}\,\mathrm{d}x \tag{A10.2}$$

根据费马原理(Fermat's Principle)，地震波的射线路径是地震波旅行时最小的射线路径，或称为最短时间路径。从式(A10.2)可以看出，旅行时 t 是一个关于射线 $l:y=y(x)$的泛函。费马原理的物理意义是不同的射线路径，有不同的旅行时间，最可能的射线路径是旅行时最短的射线路径。因此，这可以归结为一个泛函的极值问题，即在过点 A 和点 B 的所有射线中，找出泛函 t(旅行时)为最小所对应的那条射线(图 A10－1)。

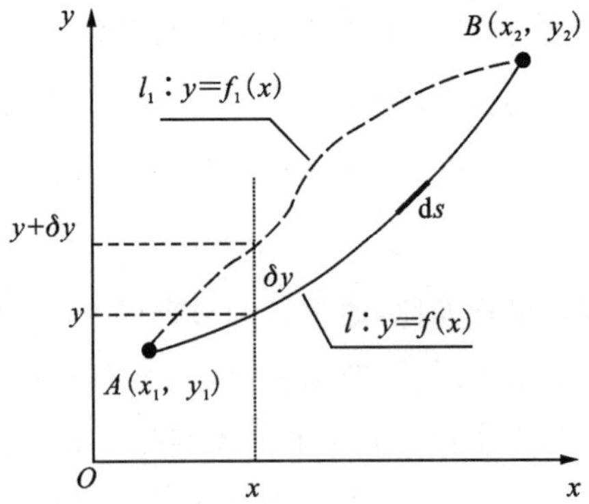

图 A10－1　地震波的射线路径的求取

我们假设其中的一条路径为 l_1，其为过 A 点和 B 点且接近 l 的另一条射线路径 $\tilde{y}=\tilde{y}(x)$，可表示为 $\tilde{y}(x)=y(x)+\delta y(x)$，其中 $\delta y=\delta y(x)$ 可以看作 $y(x)$ 的一个微小的扰动，我们定义这个微小扰动为变分。显然，射线的端点 A 和 B 是固定点，其变分为零，即 $\delta y(x_1)=0$ 和 $\delta y(x_2)=0$。自变函数 $y(x)$ 在某个点 x 的变分是 $\delta y(x)=\tilde{y}(x)-y(x)$，请注意与微分的区别。在后续的推导时，我们更关心的是一条射线到另一条射线（曲线）的变化。

设路径 l：$y=y(x)$ 为地震波传播的真实射线路径，可以使泛函 t 取关于 $y(x)$ 的极值。为方便推导，我们将式(A10.2)抽象化为

$$I(y)=\int_{x_1}^{x_2}F(y,y';x)\mathrm{d}x \tag{A10.3}$$

从上式可以看出，不同的函数 $y(x)$ 有不同的泛函值 I。因为 $y(x)$ 是一个函数，不能用常规的求微分方法对泛函 I 求导并使其等于 0 取极值的方法。可以采用变分法，来求泛函 I 的极值。我们定义泛函 I 的增量：

$$\begin{aligned}\Delta I&=I(y+\delta y)-I(y)\\&=\int_{x_1}^{x_2}F(y+\delta y,y'+\delta y';x)\mathrm{d}x-\int_{x_1}^{x_2}F(y,y';x)\mathrm{d}x\end{aligned} \tag{A10.4}$$

对 $F(y+\delta y,y'+\delta y';x)$ 做泰勒展开，并保留至一阶项，有

$$F(y+\delta y,y'+\delta y';x)=F(y,y';x)+\frac{\partial F}{\partial y}\delta y+\frac{\partial F}{\partial y'}\delta y'$$

代入式(A10.4)，可得

$$\delta I=\int_{x_1}^{x_2}\left(\frac{\partial F}{\partial y}\delta y+\frac{\partial F}{\partial y'}\delta y'\right)\mathrm{d}x \tag{A10.5}$$

称 δI 为泛函 I 的一阶变分，是泛函增量 ΔI 的主要部分。上式中有一项关于 y' 的偏微分和变分项 $\delta y'$，为方便实际运算，我们对上式中的第二项做分部积分处理，有

$$\begin{aligned}\delta I&=\int_{x_1}^{x_2}\frac{\partial F}{\partial y}\delta y\,\mathrm{d}x+\int_{x_1}^{x_2}\frac{\partial F}{\partial y'}\delta y'\,\mathrm{d}x\\&=\int_{x_1}^{x_2}\frac{\partial F}{\partial y}\delta y\,\mathrm{d}x+\frac{\partial F}{\partial y'}\delta y\Big|_{x_1}^{x_2}-\int_{x_1}^{x_2}\frac{d}{dx}\left(\frac{\partial F}{\partial y'}\right)\delta y\,\mathrm{d}x\\&=\int_{x_1}^{x_2}\left[\frac{\partial F}{\partial y}-\frac{d}{\mathrm{d}x}\left(\frac{\partial F}{\partial y'}\right)\right]\delta y\,\mathrm{d}x\end{aligned} \tag{A10.6}$$

在上式中，因为在 A 点(x_1)和 B 点(x_2)处均有变分 $\delta y=0$，故

$$\delta I=\int_{x_1}^{x_2}\left[\frac{\partial F}{\partial y}-\frac{d}{\mathrm{d}x}\left(\frac{\partial F}{\partial y'}\right)\right]\delta y\,\mathrm{d}x \tag{A10.7}$$

在上式中，由于 δy 是任意的，要使变分 $\delta I=0$，即取极值，必有

$$\frac{\partial F}{\partial y}-\frac{d}{\mathrm{d}x}\left(\frac{\partial F}{\partial y'}\right)=0(x_1\leqslant x\leqslant x_2) \tag{A10.8}$$

上式就是著名的欧拉-拉格朗日方程，求解上式可得到地震波传播的射线路径 $y(x)$。

A11 内积

范数是向量长度的数学抽象，内积是点积的推广。我们可以借助内积的概念来表达两个元素之间的角度和正交性。内积概念的重要性，可以在下一节的 Hilbert 空间、函数的正交级数分解（例如，傅里叶变换、小波变换等）和地球物理反演的数学分析中看到。一个自然范数，例如元素的平方和或积分，可以从内积得到。在这一节中，我们还将证明范数满足的三角不等式。

一个实的内积空间(inner product space)是一个实的线性空间$\mathbb{I}$，在其上对每一对元素 f 和 g 定义一个泛函，称为内积，记为(f,g)，并满足如下性质。

如果 $f,g,h\in\mathbb{I}$，且 $\alpha\in\Re$，有

(1)$(f,g)=(g,f)$（对称性）；

(2)$(f+g,h)=(f,h)+(g,h)$（分配率）；

(3)$(\alpha f,g)=\alpha(f,g)$（结合律）；

(4)如果 $f\neq0$，$(f,f)>0$（函数长度的平方）。

对于性质(3)，当 $g=\alpha f$，且 $\alpha=0$ 时，有$(0,0)=0$，由性质(4)可以推出，当且仅当 $f=0$，$(f,f)=0$。另外，在复内积空间中，(f,g)是一个复数，为保证性质(1)成立，要求$(f,g)=(f,g)^*$，其中“$*$”表示复共轭。有时我们也称复内积空间为酉空间(unitary linear spaces)。

在其他数学文献中，内积也用$<f,g>$或$(f|g)$来表示，在量子力学中通用$<f|g>$的记法。

为简化推导，下边我们只考虑实内积空间。

内积运算满足下列的许瓦茨不等式(Schwarz's inequality)：

$$|(f,g)|\leqslant(f,f)^{1/2}(g,g)^{1/2} \tag{A11.1}$$

事实上，若 $g=0$ 或 $f=\alpha g$，上式显然成立。否则，如果 $g\neq0$，下式必然成立。

$$(f-\alpha g,f-\alpha g)\geqslant0$$

式中，$\alpha\in\Re$ 是一个任意给定的实数。根据内积性质(2)和(3)，我们立即可以得到

$$(f-\alpha g,f-\alpha g)=(f,f)-2\alpha(f,g)+\alpha^2(g,g)\geqslant0$$

我们选择 $\alpha=(f,g)/(g,g)$，它必然存在，因为$(g,g)>0$；由此可得

$$(f,f)-(f,g)^2/(g,g)\geqslant0$$

从而

$$(f,f)(g,g)\geqslant(f,g)^2$$

可证式(A11.1)成立。

根据内积性质(4)，我们可以在空间上定义范数如下：

$$\|f\|=(f,f)^{1/2} \tag{A11.2}$$

很显然，上式定义的范数，除了范数的性质(3)——三角不等式外，其他所有条件都满足。下

面我们用内积的性质来证明范数三角不等式条件的成立。

因为

$$\begin{aligned}\|f+g\|^2 &= (f+g,f+g) \\ &= (f,f)+2(f,g)+(g,g) \\ &= \|f\|^2+2(f,g)+\|g\|^2 \\ &\leqslant \|f\|^2+2|(f,g)|+\|g\|^2\end{aligned}$$

利用许瓦茨不等式，有

$$\|f+g\|^2 \leqslant \|f\|^2+2\|f\|\|g\|+\|g\|^2$$

即

$$\|f+g\|^2 \leqslant \left(\|f\|+\|g\|\right)^2$$

两边开平方，得证范数的三角不等式性质。

例1　有限维内积向量空间

一个在$\mathbb{E}^N$上定义了$\|\boldsymbol{x}\|_2$的有限维赋范向量空间，它的内积定义为

$$(\boldsymbol{x},\boldsymbol{y})=\boldsymbol{x}\cdot\boldsymbol{y}=x_1y_1+x_2y_2+\cdots+x_Ny_N \tag{A11.3}$$

内积可以推广到与矩阵$\boldsymbol{A}\in\mathbb{M}^{N\times N}$联系的计算中，这里$\boldsymbol{A}\in\mathbb{M}^{N\times N}$为正定对称的矩阵：

$$(\boldsymbol{x},\boldsymbol{y})_A=\boldsymbol{x}\cdot(\boldsymbol{A}\boldsymbol{y})=\boldsymbol{x}^{\mathrm{T}}\boldsymbol{A}\boldsymbol{y} \tag{A11.4}$$

上式中，$\boldsymbol{x}^{\mathrm{T}}\boldsymbol{A}\boldsymbol{y}$视所有的量为矩阵。我们知道，一个对称矩阵具有这样的性质$\boldsymbol{A}=\boldsymbol{A}^{\mathrm{T}}$；对所有非零的$\boldsymbol{x}$，一个正定对称的矩阵满足$\boldsymbol{x}\cdot\boldsymbol{A}\boldsymbol{x}=\boldsymbol{x}^{\mathrm{T}}\boldsymbol{A}\boldsymbol{x}>0$。请注意各个量的标记方式(向量或者矩阵中的列向量)，以及矩阵代数规则。在内积性质1中，内积满足交换律，如果用矩阵代数表示时，应为$(\boldsymbol{x},\boldsymbol{y})=\boldsymbol{x}^{\mathrm{T}}\boldsymbol{y}=\boldsymbol{y}^{\mathrm{T}}\boldsymbol{x}=(\boldsymbol{y},\boldsymbol{x})$。一组$N$个有序实数被认为是一个向量空间的元素有这样几种方式：①普通向量$\boldsymbol{x}\in\mathbb{E}^N$；②一个单列矩阵$\boldsymbol{x}\in\mathbb{M}^{N\times 1}$；③一个单行矩阵，通常用转置列矩阵表示$\boldsymbol{x}^{\mathrm{T}}\in\mathbb{M}^{1\times N}$。当我们作矩阵和向量运算时，读者需要注意这些差别。由于地球物理反演实际上是一门计算数学课程，我们在本教材的正文中，都倾向于使用矩阵形式及其运算法则来表示和计算向量。

例2　无穷维内积空间

以A7节的赋范空间$CL_2[a,b]$和$\|f\|_2$来定义函数的内积：

$$(f,g)=\int_a^b f(x)g(x)\mathrm{d}x \tag{A11.5}$$

如果是$\|f\|_s$范数，则内积的定义为

$$(f,g)=\int_a^b[w_0(x)f(x)g(x)+w_1(x)f'(x)g'(x)]\mathrm{d}x \tag{A11.6}$$

如果是$\|f\|''$范数，则内积的定义为

$$(f,g)=f(a)g(a)+f'(a)g'(a)+\int_a^b[f''(x)g''(x)]\mathrm{d}x \tag{A11.7}$$

A12 希尔伯特空间

一个希尔伯特空间(Hilbert space)$\mathbb{H}$ 是一个内积空间,它是一个定义了 $\|f\|=(f,f)^{1/2}$ 范数的完备空间。一个不完备的内积空间总是可以通过一些规则的方式完备化。希尔伯特空间的内积也可以通过可收敛的序列来定义,因此完备空间中的每一对元素都有一个有效的内积。在本教材地球物理反演部分的章节中,我们通常避免去讨论所使用的内积空间是不是完备的空间,因为多数的结果都不依赖于完备化,而且涉及纯粹的理论分析的部分很少。

每一个有限维赋范空间都是完备的,因此定义了 $\|\boldsymbol{x}\|_2$ 的 $\mathbb{E}^N$ 是希尔伯特空间。最简单的无穷维希尔伯特空间是 L_2 空间,其元素 $\boldsymbol{x}=(x_1,x_2,x_3,\cdots)$ 是无穷序列,并保证 $\sum x_j^2$ 收敛。它的范数是 $\mathbb{E}^N$ 的 2 -范数扩展到 $N=\infty$。

另外一个经典的希尔伯特空间的例子是 $L_2[a,b]$,可通过完备化 $CL_2[a,b]$,并在其上定义内积

$$(f,g)=\int_a^b f(x)g(x)\mathrm{d}x \tag{A12.1}$$

来取得。通常,我们将 $L_2[a,b]$ 的元素视为具有有界 2 -范数的函数,或称为平方可积函数(square-integrable function)。从 A9 节的例子中,我们应该意识到每一个元素是一个函数集合,或者说是一个等价类。在等价类中,任意两个函数的差别是这样一个函数,它几乎处处都为零;换句话说,实际上是两个函数差的 2 -范数为 0,即从 2 -范数上看,一个等价类中的函数没有什么差别。

下边列出几个希尔伯特空间常用的定理,因为篇幅的限制,我们只就正交系存在定理加以证明。

(1)里斯表示定理(Riesz Representation Theorem)。

为了能够清楚地理解里斯表示定理,我们先引入对偶空间(dual space)的概念。

固定希尔伯特空间 $\mathbb{H}$ 中的一个元素 m 和另一个任意的元素 $g\in\mathbb{H}$,我们知道内积 (g,m) 是一个关于 g 的线性泛函,记作:

$$L[g]=(g,m) \tag{A12.2}$$

因为 g 的任意性(即 g 可以是 $\mathbb{H}$ 中的任意一个),上式实际上代表一簇线性泛函,我们将其组成一个集合。根据内积性质(2)和(3),这样的线性泛函所组成的集合就是一个线性空间,记为 $\mathbb{H}^*$,因为与 $\mathbb{H}$ 的关系,我们称其为 $\mathbb{H}$ 的对偶空间。由此可以看出,$\mathbb{H}$ 的对偶空间是定义在 $\mathbb{H}$ 上的线性泛函所组成的空间。

进一步假设 L 是一个有界线性泛函,即 $|L[g]|<c\|g\|$,其中 c 是一个实数,且 $0\leqslant c<\infty$。根据许瓦茨不等式(Schwarz's inequality),有

$$|L[g]|=|(g,m)|\leqslant\|g\|\|m\| \tag{A12.3}$$

我们常用泛函来表示物理系统的测量结果，但很少关心它是否是无界泛函。

上述结果的逆命题就是希尔伯特空间的里斯表示定理。具体地，定义在希尔伯特空间上的任一线性泛函 $L[g]\in\mathbb{H}^*$ 可以写为 (g,m)，且元素 m 被 L 唯一确定。里斯表示定理告诉我们，如果存在一个线性泛函 $L[g]=(g,m)$ 及其值(例如，地球物理观测数据)，就必定能在 $\mathbb{H}$ 中找到一个对应的解 m(地球物理模型)，其中元素 g 被称为核函数。

(2)分解定理(Decomposition Theorem)。

设 $\mathbb{H}$ 中有两个元素 $f,g\in\mathbb{H}$，如果 $(f,g)=0$，则称 f 与 g 正交(直交)，简记为 $f\perp g$。根据这一定义，在内积空间中，两个互相正交的元素，满足：

$$\|f+g\|^2=\|f\|^2+\|g\|^2 \tag{A12.4}$$

这就是著名的“勾股定理”。事实上：

$$\begin{aligned}\|f+g\|^2&=(f+g,f+g)\\&=(f+g,f)+(f+g,g)\\&=(f,f)+(g,f)+(f,g)+(g,g)\\&=(f,f)+(g,g)\\&=\|f\|^2+\|g\|^2\end{aligned}$$

给定一个向量集 S，若存在另外一个集合 $S^\perp$，$f\in S$ 且 $g\in S^\perp$，使得 $(f,g)=0$，就称 $S^\perp$ 为 S 的正交补集。一般来说，$S^\perp$ 总是希尔伯特空间的一个完备子空间。

一个完备的子空间 $\mathbb{C}$ 就是这样的空间，柯西列在其中收敛于 $\mathbb{C}$ 中的一个元素，因此 $\mathbb{C}$ 是一个真正的希尔伯特空间，通常称 $\mathbb{C}$ 为封闭子空间。但在完备线性向量空间中，封闭的子空间和完备的子空间是同一件事情，不需要加以区别。上述的 S 和 $S^\perp$ 是这样的子空间。

分解定理可以表述为：给定一个完备的子空间 $\mathbb{C}\subset\mathbb{H}$，任何元素 $m\in\mathbb{H}$ 都可以分解为 $\mathbb{C}$ 和 $\mathbb{C}^\perp$ 这两部分的和：

$$m=m'+m^\perp \tag{A12.5}$$

其中，$m'\in\mathbb{C}$，$m^\perp\in\mathbb{C}^\perp$，且这个分解是唯一的。元素 m' 被称为 m 在子空间 $\mathbb{C}$ 上的正交投影，记为

$$P_C:\mathbb{H}\to\mathbb{C} \tag{A12.6}$$

P_C 称为正交投影算子，就上边所述的分解来说，也可以记为

$$m'=P_Cm \tag{A12.7}$$

上述分解可以直观地用图 A12-1 来说明，即一个普通空间的向量，过原点垂直投影到一个平面 C 上；正交补集 $C^\perp$ 是一条过原点垂直于平面 C 的直线。

在地球物理反演中，由于地球物理观测数据的有限性，与模型参数的个数相比，大多数情形下模型参数的个数都大于观测数据的个数，因此地球物理反演问题是一个欠定问题。如果我们把模型及其核函数看成希尔伯特空间的元素，不管是无穷维或是有限维希尔伯特空间，用有限个数据来反演超过数据个数的模型参数时，如何获得一个最接近真实模型的近似解，是我们经常遇到的问题。这个问题也可以抽象地用图 A12-1 来表达，即我们要反演的模型，是根据有限的观测数据(线性泛函的值)及其对应的线性泛函(观测数据和模型之间

的关系——地球物理方程)，找到一个最接近的地球物理模型在其模型子空间的投影；反演的过程就是寻找投影算子的过程。

值得指出的是，数学上，任何投影算子都是幂等的，即 $P_C=P_C^2$；另外，在投影算子非正交的情况下，分解不是唯一的。

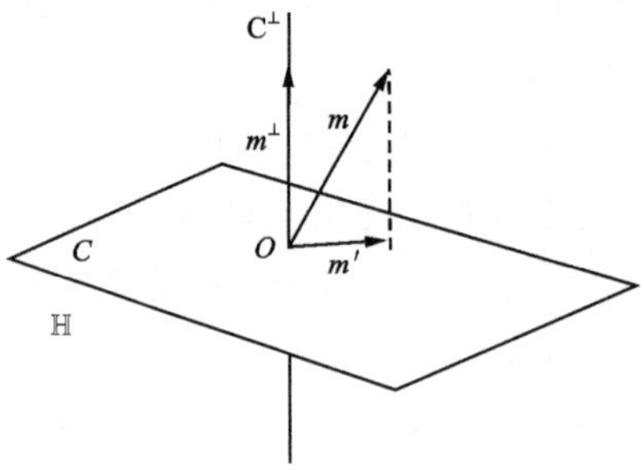

图 A12-1 向量 m 的分解

(3)正交系存在定理。

欧氏空间$\mathbb{R}^n$中，一个矢量可以表达为一组线性无关向量的线性组合。设所选的一组 n 个基矢量$(\boldsymbol{e}_1,\boldsymbol{e}_2,\cdots,\boldsymbol{e}_n)$，满足

$$(\boldsymbol{e}_i,\boldsymbol{e}_j)=\begin{cases}1, & i=j\\ 0, & i\neq j\end{cases}$$

构成一个坐标系的基底。因为这组基矢量彼此正交，且基矢量为单位矢量，我们称这种坐标系为标准正交坐标系。对给定的矢量 $\boldsymbol{x}$ 可以表示为

$$\boldsymbol{x}=x_1\boldsymbol{e}_1+x_2\boldsymbol{e}_2+\cdots+x_n\boldsymbol{e}_n \tag{A12.8}$$

其中，$x_i=(\boldsymbol{x},\boldsymbol{e}_i)$，$i=1,2,\cdots,n$ 表示矢量$\boldsymbol{x}$ 的分量，即矢量 $\boldsymbol{x}$ 在各个基矢量上的投影，可直接写为

$$\boldsymbol{x}=(\boldsymbol{x},\boldsymbol{e}_1)\boldsymbol{e}_1+(\boldsymbol{x},\boldsymbol{e}_2)\boldsymbol{e}_2+\cdots+(\boldsymbol{x},\boldsymbol{e}_n)\boldsymbol{e}_n \tag{A12.9}$$

希尔伯特空间中，也可以引入这种正交坐标系，将一个函数(或矢量)表达为一组基函数(基矢量)的线性组合。这种处理方法类似于欧氏几何，因此希尔伯特空间就可以仿照欧氏空间来处理函数逼近、最优化等分析问题了。

例 1 在 $L^2[0,2\pi]$空间中，定义内积为

$$(f,g)=\frac{1}{\pi}\int_0^{2\pi}f(x)g(x)\mathrm{d}x \tag{A12.10}$$

则函数系：

$$1/\sqrt{2},\cos x,\sin x,\cdots,\cos nx,\sin nx,\cdots \tag{A12.11}$$

组成一个标准正交系。这是一般函数的傅里叶级数表示的基底。

对于无穷维空间，需要选择一组无穷多个函数作为基底。要选择这样一组彼此正交且完全的函数系，实际上并不困难。希尔伯特空间$\mathbb{H}$ 的标准正交系$\{\boldsymbol{e}_i,i=1,2,\cdots,n\}$是完全

的，是指该空间中不存在与所有的 $\{e_i, i=1,2,\cdots,n\}$ 正交的非零元素。所谓完全是指所选的函数基底足以表示任何函数。

例 2　三角函数系：

$$\frac{1}{\sqrt{2\pi}},\frac{1}{\sqrt{\pi}}\cos x,\frac{1}{\sqrt{\pi}}\sin x,\cdots,\frac{1}{\sqrt{\pi}}\cos nx,\frac{1}{\sqrt{\pi}}\sin nx,\cdots \tag{A12.12}$$

是完全标准正交函数系，其内积定义为 $(f,g)=\int_{-\pi}^{\pi}f(x)g(x)\mathrm{d}x$ 。

正交系存在定理：设 $\mathbb{H}$ 是可分的内积空间，则存在完全的标准正交系。

前述的分解定理告诉我们，任何希尔伯特空间都是可分空间。下边我们用构造证明法来确认该定理的正确性。

因 $\mathbb{H}$ 可分，故 $\mathbb{H}$ 中存在可数集

$$G=\{g_1,g_2,\cdots,g_n,\cdots\}$$

使得 $\mathbb{H}$ 中任一元素 x 可用 G 中元素的任何有限线性组合逼近，还可要求 $g_1,g_2,\cdots,g_n,\cdots$ 线性无关。

令 $e_1=\dfrac{g_1}{\|g_1\|}$（因为 $g_1,g_2,\cdots,g_n,\cdots$ 线性无关，故其中无零元素），则 $\|e_1\|=1$。由 e_1 可张成一维子空间 $L_1=\{te_1\}$，$(1\leqslant t<\infty)$。

取出 g_2，由正交分解定理，$g_2=h_2+k_2$，其中 $h_2\perp L_1$，$k_2\in L_1$，故 $k_2=t_1e_1$。由 $(g_2,e_1)=(h_2+k_2,e_1)=(h_2+t_1e_1,e_1)=(h_2,e_1)+(t_1e_1,e_1)$ 因为 $(h_2,e_1)=0$，可知 $t_1=(g_2,e_1)$，从而 $g_2=h_2+t_1e_1$。

令 $e_2=\dfrac{h_2}{\|h_2\|}$，（这里 $h_2\neq\theta$，即 h_2 不是零函数或零矢量，否则 g_1 和 g_2 会线性相关），$\|e_2\|=1$，且 $(e_1,e_2)=0$。令 $L_2=\mathrm{span}\{e_1,e_2\}$，再取出 g_3，则 $g_3=h_3+k_3$，$h_3\perp L_2$，$k_3\in L_2$，由此可计算出 $g_3=h_3+k_3=t'_1e_1+t'_2e_2$，其中 $t'_1=(g_3,e_1)$，$t'_2=(g_3,e_2)$。

同样的方式，令 $e_3=\dfrac{h_3}{\|h_3\|}$，$\|e_3\|=1$，且 $(e_3,e_1)=(e_3,e_2)=0$。依次进行，可归纳得出 $e_1,e_2,\cdots,e_n,\cdots$，满足 $\|e_n\|=1(n=1,2,\cdots)$，且 $(e_i,e_j)=0(i\neq j)$，即 $\{e_n\}$ 是一个标准的正交系。

上述对一组线性无关 $g_1,g_2,\cdots,g_n,\cdots$ 基函数的正交化的过程称为 Gram-Schmidt 正交化，是线性代数和泛函分析中广泛采用的数学方法。下面来验证 $\{e_n\}$ 的完全性。我们用反证法来证明，如果在空间 $\mathbb{H}$ 中再也找不到一个非零元素 x 与构造出的 $\{e_n\}$ 正交，则说明 $\{e_n\}$ 是完全的。

由上述构造标准正交坐标系的过程可知，$g_1=\|g_1\|e_1$，$g_2=\|h_2\|e_2+t_1e_1$，…，即 g_n 是 $\{e_n\}$ 中元素的线性组合。既然 $g_1,g_2,\cdots,g_n,\cdots$ 的有限线性组合能逼近 $\mathbb{H}$ 中的任一非零元素 x，那么 $e_1,e_2,\cdots,e_n,\cdots$ 的有限线性组合也能逼近任一非零元素 x。

$$x=\lim_{n\to\infty}\sum_{i=1}^{n}\alpha_ie_i$$

对任意的 e_j，由内积的连续性，有

$$(x,e_j)=\left(\lim_{n\to\infty}\sum_{i=1}^{n}\alpha_i e_i,e_j\right)=\lim_{n\to\infty}\sum_{i=1}^{n}\alpha_i(e_i,e_j)=\alpha_j(e_j,e_j)=\alpha_j$$

由此可见，如果 $x\in\mathbb{H}$ 与所有 e_j 正交，则必有 $\alpha_j=0(j=1,2,\cdots)$，故 $x=\theta$ 为零元素。这与前面的假设是矛盾的，因而 $\{e_n\}$ 是完全的。

在实际问题中，广泛应用的函数系，如勒让德(Legendre)函数系、埃尔米特(Hermite)函数系、沃什(Walsh)函数系，以及一些小波(wavelet)函数系，都是 L_2 空间中的正交系。下面举例说明勒让德函数系和埃尔米特函数系标准化的过程。

设有一组线性无关的函数 $1,x,x^2,\cdots,x^n,\cdots$，令 $p(x)\geqslant 0$ 为权函数，满足下列条件：对每个 n，积分 $\int_a^b p(x)x^n\mathrm{d}x$ (在勒贝格 Lebesgue 积分意义下)皆有限。定义内积

$$(f,g)=\int_a^b p(x)f(x)g(x)\mathrm{d}x$$

对函数系 $\sqrt{p(x)},x\sqrt{p(x)},x^2\sqrt{p(x)},\cdots$，实行 Gram-Schmidt 正交化，可以构造出一系列以 $p(x)$ 为权函数的正交多项式的集合。

例 3 勒让德多项式正交函数系。常用的勒让德多项式

$$P_0(x)=1,P_1(x)=x,P_2(x)=\frac{1}{2}(3x^2-1),\cdots\cdots$$

是一个非标准的正交函数系。为了构造一个标准化的勒让德标准函数系，我们在区间$[-1,1]$上，且权函数 $p(x)\triangleq 1$，从 $1,x,x^2,\cdots,x^n,\cdots$出发，令 $g_1=1,g_2=x,g_3=x^2,\cdots,g_n=x^{n-1}$，作 Gram-Schmidt 正交化，则

$$e_1=\frac{g_1}{\|g_1\|}=\frac{1}{\sqrt{2}}$$

而 $h_2=g_2-(g_2,e_1)e_1=x$，于是

$$e_2=\frac{h_2}{\|h_2\|}=\sqrt{\frac{3}{2}}x$$

类似地，可得

$$e_3=\sqrt{\frac{5}{2}}\cdot\frac{1}{2}(3x^2-1),\cdots\cdots$$

标准勒让德多项式为

$$e_1=\frac{1}{\sqrt{2}},e_2=\sqrt{\frac{3}{2}}x,e_3=\sqrt{\frac{5}{2}}\cdot\frac{1}{2}(3x^2-1),\cdots\cdots$$

例 4 埃尔米特多项式

在区间$(-\infty,\infty)$，$p(x)\triangleq e^{-\frac{\lambda}{2}x^2}$，$(\lambda>0)$，从$\{x^n e^{-\frac{\lambda}{2}x^2},n=0,1,2,\cdots\}$出发，令 $g_1=e^{-\frac{\lambda}{2}x^2}$，$g_2=xe^{-\frac{\lambda}{2}x^2}$，$g_3=x^2e^{-\frac{\lambda}{2}x^2}$，……。

因 $\|g_1\|=\int_{-\infty}^{\infty}\left(e^{-\frac{\lambda}{2}x^2}\right)^2\mathrm{d}x=\sqrt{\frac{\pi}{\lambda}}$，则 $e_1=\frac{g_1}{\|g_1\|}=\left(\frac{\lambda}{\pi}\right)^{1/4}e^{-\frac{\lambda}{2}x^2}$。

由 $h_2=g_2-(g_2,e_1)e_1=xe^{-\frac{\lambda}{2}x^2}$，$e_2=\frac{h_2}{\|h_2\|}=\sqrt{2\lambda}\left(\frac{\lambda}{\pi}\right)^{1/4}xe^{-\frac{\lambda}{2}x^2}$。

类似地，可以得到，$e_3=\left(\frac{\lambda}{\pi}\right)^{1/4}\frac{1}{\sqrt{2}}(2\lambda x^2-1)e^{-\frac{\lambda}{2}x^2}$，$e_4$，……。

A13 Fréchet 导数和 Gateaux 导数

在地球物理反演中，经常会遇到计算函数和泛函的梯度问题。把一般的导数扩展到赋范空间之间的映射（函数、泛函或算子）上，就是 Fréchet 导数。Fréchet 导数适用于有限维和无穷维空间中的函数和泛函。Gateaux 导数是 Fréchet 导数的特例，是经典的方向导数的推广。

1. Fréchet 导数

Fréchet 导数是用于描述函数或泛函在某一点处的导数的概念。它在泛函分析中极其重要，实际上描述了函数或泛函在某一点处的线性映射。设$\mathbb{X}$和$\mathbb{Y}$都是完备的赋范空间，即巴拿赫（Banach）空间，$\mathbb{U}$是$\mathbb{X}$的开子集，$f:\mathbb{U}\to\mathbb{Y}$是一个映射，$x\in\mathbb{U}$；如果存在一个从$\mathbb{X}$到$\mathbb{Y}$的有界线性算子 T，使得

$$\lim_{\|h\to 0\|}\frac{\|f(x+h)-f(x)-Th\|_{\mathbb{Y}}}{\|h\|_{\mathbb{X}}}=0 \tag{A13.1}$$

称映射 f 在点 x 处 Fréchet 可微。可以证明，当映射 f 在点 x 处 Fréchet 可微时，使上述极限成立的算子 T 是唯一的。算子 T 称为映射 f 在点 x 处的 Fréchet 导数，记为 $Df(x)=T$ 或者 $f'(x)=T$。上式中，参量 $h\in\mathbb{U}$ 表示 x 的增量。有界线性算子 T 的含义是，总有一个足够大的实数 $M>0$ 使得 $\|Th\|_{\mathbb{Y}}\leqslant M\|h\|_{\mathbb{X}}$。式(A13.1)也可以用朗道小量表示法(Landau "little oh" notation)改写为

$$f(x+h)=f(x)+Th+o(\|h\|) \tag{A13.2a}$$

或者

$$f(x+h)-f(x)=Th+o(\|h\|) \tag{A13.2b}$$

其中，$o(\|h\|)$表示一个小量，当$\|h\|\to 0$时，$o(\|h\|)$是一个更快趋近于0的量。从式(A13.2)a上可以理解，所谓 Fréchet 导数 $Df(x)$就是或映射 f 变化量的线性主部。

Fréchet 导数的唯一性为我们求 Fréchet 导数提供了方便，即不管如何求得 T，只要满足式(A13.1)或式(A13.2)，T 就是要求得的导数。下面举地球物理反演中常见的几个求导例子来说明 Fréchet 导数的广泛应用。

例 1 设有一个多元函数 $z=f(x_1,x_2,\cdots,x_N)$，可以抽象化为一个从 N 维欧氏空间到一维实空间的映射：$f:\mathbb{R}^N\to\mathbb{R}$。如果令

$$\boldsymbol{x}=\begin{bmatrix}x_1\\x_2\\\vdots\\x_N\end{bmatrix},\quad \boldsymbol{h}=\begin{bmatrix}\Delta x_1\\\Delta x_2\\\vdots\\\Delta x_N\end{bmatrix},\quad \boldsymbol{T}=\begin{bmatrix}T_1\\T_2\\\vdots\\T_N\end{bmatrix}$$

则 $f(\boldsymbol{x})=f(x_1,x_2,\cdots,x_N)$，依照式(A13.2)b，有

$$f(\boldsymbol{x}+\boldsymbol{h})-f(\boldsymbol{x})=\boldsymbol{T}^{\mathrm{T}}\boldsymbol{h}+o(\|\boldsymbol{h}\|) \tag{A13.3}$$

上式中，$\boldsymbol{T}$ 是 $f(\boldsymbol{x})$ 的 Fréchet 导数。上式可以理解为：对于 $\boldsymbol{x}$ 附近一个极小的变化 $\boldsymbol{h}$，如果能找到 $\boldsymbol{T}$，使 $\boldsymbol{T}^{\mathrm{T}}\boldsymbol{h}$ 能最大限度地逼近由增量 $\boldsymbol{h}$ 引起的 $f(\boldsymbol{x})$ 的变化，即 $f(\boldsymbol{x}+\boldsymbol{h})-f(\boldsymbol{x})$，则 $\boldsymbol{T}$ 为函数 f 在 $\boldsymbol{x}$ 处的导数。对 $f(\boldsymbol{x}+\boldsymbol{h})$ 做泰勒展开，根据 Fréchet 导数 $\boldsymbol{T}$ 的唯一性，可知：

$$\boldsymbol{T}=\left[\frac{\partial f}{\partial x_1},\frac{\partial f}{\partial x_2},\cdots,\frac{\partial f}{\partial x_N}\right]^{\mathrm{T}} \tag{A13.4}$$

上式是函数 $z=f(x_1,x_2,\cdots,x_N)=f(\boldsymbol{x})$ 的梯度，可以记为：$\nabla f=\boldsymbol{T}$。

例 2 设有一组方程，可以用下列 M 个公式描述：

$$d_j=f_j(x_1,x_2,\cdots,x_N)\quad(j=1,2,\cdots,M) \tag{A13.5}$$

或简记为

$$\boldsymbol{d}=\boldsymbol{f}(\boldsymbol{x}) \tag{A13.6}$$

其中，$\boldsymbol{d}=[d_1,d_2,\cdots,d_M]^{\mathrm{T}}$，$\boldsymbol{x}=[x_1,x_2,\cdots,x_N]^{\mathrm{T}}$，$\boldsymbol{f}=[f_1,f_2,\cdots,f_M]^{\mathrm{T}}$。我们来求 $\boldsymbol{f}$ 的 Fréchet 导数。这是一个多维向量函数的求导问题。我们将其抽象化：存在一个从 N 维欧氏空间到 M 维欧氏空间的映射，$\boldsymbol{f}:\mathbb{R}^N\rightarrow\mathbb{R}^M$，若 $\mathbb{U}$ 是 $\mathbb{R}^N$ 的开子集，如果映射 $\boldsymbol{f}$ 在点 $x\in\mathbb{U}$ 是 Fréchet 可微，仿照式(A13.2b)，有

$$\boldsymbol{f}(\boldsymbol{x}+\boldsymbol{h})-\boldsymbol{f}(\boldsymbol{x})=\boldsymbol{T}^{\mathrm{T}}\boldsymbol{h}+o(\|\boldsymbol{h}\|) \tag{A13.7}$$

那么它的导数定义为

$$\begin{cases}D\boldsymbol{f}(\boldsymbol{x}):\mathbb{R}^N\rightarrow\mathbb{R}^M\\ \mathrm{D}\boldsymbol{f}(\boldsymbol{x})=\boldsymbol{T}\end{cases} \tag{A13.8}$$

其中，映射 $\boldsymbol{f}$ 的 Fréchet 导数是一个矩阵，形式如下：

$$\boldsymbol{T}=\boldsymbol{J}_f(\boldsymbol{x})=\left[\frac{\partial f_j}{\partial x_i}\right]_{M\times N} \tag{A13.9}$$

矩阵 $\boldsymbol{J}_f$ 是著名的雅可比矩阵(Jacobian matrix)。事实上，将(A13.5)中的各式做泰勒展开，并保留一阶项，刚好满足式(A13.7)。

2. Fréchet 导数的性质

(1)线性。

如果 f 和 g 是从赋范空间$\mathbb{X}$ 到$\mathbb{Y}$ 的两个映射，且在 $x\in\mathbb{U}$ 处 Fréchet 可微，c 是一个标量(实数或复数)，则 Fréchet 导数服从下面的性质：

$$\begin{aligned}&D(cf)(x)=cDf(x)\\&D(f+g)(x)=Df(x)+Dg(x)\end{aligned} \tag{A13.10}$$

(2)链式规则。

普通导数的链式规则对 Fréchet 导数依然有效。映射 $f:\mathbb{U}\to\mathbb{Y}$ 在 $x\in\mathbb{U}$ Fréchet 可微，且映射 $g:\mathbb{Y}\to\mathbb{W}$，在 $y=f(x)$处可微，那么 f 和 g 的复合映射 $f\circ g$ 在 x 处也是可微的，则成立下式：

$$D(f\circ g)(x)=Dg(f(x))\circ Df(x) \tag{A13.11}$$

式中，等式右端项算子"$\circ$"表示一般乘法和矩阵乘法，左端"$\circ$"表示复合函数。

3. Gateaux 导数

一个映射 $f:\mathbb{U}\subseteq\mathbb{X}\to\mathbb{Y}$ 在 $x\in\mathbb{U}$处被称为 Gateaux 可微，意味着 f 在 x 处的任何方向都有一个方向导数，即存在一个函数 $g:\mathbb{X}\to\mathbb{Y}$，使得

$$g(h)=\lim_{t\to 0}\frac{f(x+th)-f(x)}{t} \tag{A13.12}$$

对于任意选定的向量 $h\in\mathbb{X}$ 都成立。式中 t 是与$\mathbb{X}$ 相关的标量(通常为实数)。$g(h)$是沿着向量 h 的 Gateaux 导数。值得说明的是，如果 f 在 x 处是 Fréchet 可微的，则必定是 Gateaux可微的；但是，不是每一个 Gateaux 可微函数都是 Fréchet 可微的。因为 Fréchet 导数是全向导数，类似于普通的全微分，但每个方向 Gateaux 导数的存在并不能保证有全向导数。